新媒体数据挖掘

XINMEITI
SHUJU WAJUE

张明西　郭　峥　苗润生◎编著

·北京·

图书在版编目（CIP）数据

新媒体数据挖掘 / 张明西，郭峥，苗润生编著
. —北京 ：文化发展出版社，2024.6
ISBN 978-7-5142-4215-7

Ⅰ. ①新… Ⅱ. ①张… ②郭… ③苗… Ⅲ. ①数据采集–研究 Ⅳ. ①TP274

中国国家版本馆CIP数据核字(2024)第046067号

新媒体数据挖掘

张明西　郭　峥　苗润生　编著

出 版 人：宋　娜
责任编辑：杨　琪　　　　　责任校对：岳智勇
责任印制：邓辉明　　　　　封面设计：侯　铮
出版发行：文化发展出版社（北京市翠微路2号 邮编：100036）
发行电话：010–88275993 010–88275711
网　　址：www.wenhuafazhan.com
经　　销：全国新华书店
印　　刷：北京九天鸿程印刷有限责任公司

开　　本：787mm × 1092mm　1/16
字　　数：250千字
印　　张：12.25
版　　次：2024年6月第1版
印　　次：2024年6月第1次印刷

定　　价：59.00元
I S B N：978-7-5142-4215-7

◆ 如有印装质量问题，请与我社印制部联系　电话：010–88275720

PREFACE 前言

在“大数据”、“互联网 +”、人工智能大背景下，上海理工大学在多学科交叉融合发展的基础上开设了新媒体技术专业，从国家战略层面和行业需求出发，对人才培养模式进行探索。面向企事业单位、政府和教育部门等机构，培养掌握新媒体技术基本理论和专业技能的应用型、技能型、复合型人才。新媒体技术专业在计算机学科目录下开展本科人才的培养，未来紧扣融媒体、智能传媒、人工智能等热门领域，在网络社交媒体情感计算、计算挑战和计算方法、舆情监控、新闻推荐等方面进行学生能力拓展和特色培养。

新媒体技术专业的教材编写是新媒体专业建设的重要组成部分，直接影响新媒体技术专业的人才培养质量。由于教学方法和教学范围的发展和变革，当前相关课程在教学过程中并没有合适的教材可选。专业教师主要通过整理和挑选新媒体技术专业相关知识点，结合教学改革和课程要求自编讲义和课件来讲授课程。本教材结合已有的教学总结，通过修改和完善后编定书稿，集结出版，一定程度上填补了新媒体技术教学及新技术运用这些方面的空缺。

本教材是以数据挖掘理论为基础，从新媒体技术专业切入展开，从理论与实践结合的角度进行撰写。与以往同类教材相比，主要特色体现在以下三个方面。首先，结合新媒体技术专业培养体系，从新媒体行业需求出发开展教材编写，注重培养学生关于大数据及新媒体的理论基础和实践能力。其次，结合传统数据挖掘基础理论及大数据处理技术，以新媒体行业需求为切入点进行教材的编写。最后，结合新媒体技术专业的知识体系总体构架，来设计大量新媒体案例，为新媒体技术专业的教学工作提供实践支撑。

本教材的编写由上海理工大学新媒体技术系张明西老师、网络与新媒体系苗润生老师以及上海出版印刷高等专科学校出版与传播系郭峥老师共同承担，其中部分章节内容及全书的图表、代码、案例由上海理工大学计算机技术专业智能媒体技术方向的多名硕士生负责收集、整理，包括戴江海、乔田、何为、赵瑞、许星波、钟昌梅、朱衍熹等多名已毕业和在读硕士生，资料主要来源包括知乎、CSDN、百度百科、集智百科、爱码网等主流网络学习资源及相关教材、国内外文献、译著等，主要相关资料已经在本书的参考文献中列出。

《新媒体数据挖掘》作为上海理工大学一流本科系列教材，根据新媒体技术专业教学改革的变化和知识点的深入进一步调整专业知识结构和体系，更好地供新媒体技术专业的高年级本科生使用，同时也可以作为计算机专业研究生教材，为计算机专业研究生日常教学与科研工作提供参考。

CONTENTS

目录

第 1 章　绪论……1

1.1　新媒体的概念……1

1.2　新媒体数据挖掘应用场景……2

1.2.1　舆情分析……3

1.2.2　产品推荐……3

1.2.3　金融风控……3

1.2.4　公共卫生管理……4

1.2.5　媒体监测……4

1.3　新媒体数据挖掘的研究对象……4

1.3.1　文本数据……4

1.3.2　结构化数据……5

1.3.3　多模态数据……5

1.4　新媒体数据挖掘的研究任务……6

1.4.1　数据分布理论……6

1.4.2　数据搜索理论……7

1.4.3　数据分类……8

1.4.4　聚类分析……10

1.4.5　热点词分析……11

1.4.6　其他研究任务……12

1.5　新媒体数据挖掘的技术难点……12

1.6　本教材的内容和结构……13

第 2 章 数据的基本概念 …… 15

2.1 数据对象与属性类型 …… 15

2.1.1 数据概述 …… 15

2.1.2 数据属性概述 …… 16

2.2 数据的基本统计描述 …… 17

2.2.1 集中趋势的测定 …… 18

2.2.2 离中趋势的测定 …… 22

2.2.3 数据分布形态的测定 …… 24

2.3 数据的可视化 …… 25

2.3.1 数据可视化的提出 …… 26

2.3.2 数据可视化方法 …… 26

2.3.3 数据可视化案例 …… 33

2.4 数据的相似性与相异性 …… 41

2.4.1 相似性和相异性 …… 41

2.4.2 邻近度度量 …… 43

2.4.3 相似性和相异性案例 …… 47

第 3 章 数据分布理论 …… 53

3.1 二八分布法则 …… 53

3.2 网络分布模型 …… 54

3.2.1 幂律分布和 BA 模型 …… 54

3.2.2 无标度网络 …… 57

3.2.3 泊松分布与随机网络 …… 61

3.2.4 六度空间理论 …… 64

3.3 自然语言三大分布定律 …… 65

3.3.1 Zipf 分布 …… 65

3.3.2 Heaps 分布 …… 67

3.3.3 Benford 分布 …… 68

3.3.4 极值理论 …… 71

第 4 章 新媒体数据搜索 …… 73

4.1 新媒体数据搜索的基本概念 …… 73
4.2 数据搜索模型 …… 75
4.2.1 布尔检索模型 …… 75
4.2.2 向量空间模型 …… 77
4.2.3 概率论模型 …… 78
4.3 搜索结果评价 …… 78
4.3.1 无序搜索结果集合和评价 …… 79
4.3.2 有序搜索结果的评价方法 …… 82
4.3.3 相关性判定 …… 85
4.3.4 结果片段 …… 87
4.4 案例分析 …… 89
4.4.1 布尔检索模型及其优化 …… 89
4.4.2 向量空间模型实例 …… 94
4.4.3 概率论模型之 BM25 算法 …… 97

第 5 章 新媒体数据分类技术 …… 100

5.1 数据分类的基本概念 …… 100
5.2 决策树分类方法 …… 102
5.2.1 决策树归纳 …… 104
5.2.2 ID3 算法 …… 107
5.2.3 C4.5 算法 …… 107
5.2.4 SLIQ 算法 …… 108
5.2.5 SPRINT 算法 …… 108
5.3 贝叶斯分类方法 …… 109
5.3.1 贝叶斯定理 …… 109
5.3.2 朴素贝叶斯分类 …… 110
5.3.3 TAN 算法 …… 111
5.4 基于规则的分类 …… 112
5.4.1 使用 IF-THEN 规则分类 …… 112

5.4.2 由决策树提取规则 114
5.4.3 使用顺序覆盖算法的规则归纳 115
5.5 案例分析 117
5.5.1 决策树分类 117
5.5.2 朴素贝叶斯分类——文本分类 119
5.5.3 基于规则的分类——案例分析 120

第 6 章 新媒体数据的聚类分析 122

6.1 聚类分析 122
6.1.1 聚类分析含义及性质 122
6.1.2 聚类算法分类 123
6.1.3 聚类和分类的区别 124
6.1.4 聚类分析中的相似性度量 124
6.2 划分方法 127
6.2.1 K-means 127
6.2.2 K-means 改进算法 130
6.3 层次方法 132
6.3.1 凝聚式层次聚类 132
6.3.2 BIRCH 135
6.4 密度方法 138
6.4.1 DBSCAN 139
6.4.2 OPTICS 141
6.5 案例分析 144
6.5.1 实验环境 144
6.5.2 实验 145

第 7 章 新媒体数据的热点词分析 153

7.1 热点词分析基本概念 153
7.1.1 信息抽取 153
7.1.2 关键词 154
7.1.3 热点词 154

7.1.4 主题模型 …… 154
7.2 LDA 模型 …… 155
7.2.1 多项分布与狄利克雷分布 …… 157
7.2.2 示例分析 …… 159
7.3 LSA 模型 …… 160
7.3.1 SVD …… 161
7.3.2 LSA …… 162
7.3.3 PLSA …… 164
7.4 TextRank …… 165
7.4.1 PageRank …… 165
7.4.2 TextRank …… 168
7.5 案例分析 …… 169
7.5.1 实验环境 …… 169
7.5.2 实验 …… 169
后记 …… 175
参考文献 …… 176

第 1 章 绪论

1.1 新媒体的概念

新媒体是一种基于数字技术，通过计算机网络、无线通信网技术及计算机、手机、数字电视机等终端，向用户提供信息和服务的传播形态。传统媒体是通过电视、广播、报纸、杂志等单一形式完成信息的传播，而新媒体是在传统媒体的基础上运用数字媒体技术开发创意完成的对于信息的传播加工以及新的诠释，它是一种新的媒体概念。从空间上来看，“新媒体”特指当下与“传统媒体”相对应，以数字传输和无线网络技术为支撑，利用其大容量、实时性和交互性，可以跨越地理界线最终得以实现全球化的媒体。

融合的宽带信息网络是各种新媒体形态依托的共性基础，终端移动性是新媒体发展的重要趋势，数字技术是各类新媒体产生和发展的源动力。以数字技术为代表的新媒体，打破了媒介之间的壁垒，消融了媒体介质之间，地域、行政之间，甚至传播者与接受者之间的边界。新媒体主要表现出以下几个特征。

（1）媒体个性化突出。新媒体面向更加细分的受众，面向个人，个人可以通过新媒体定制自己需要的新闻。也就是说，每个新媒体受众手中最终接收到的信息内容组合可以是一样的，也可以是完全不同的。这与传统媒体受众只能被动地阅读或者观看毫无差别的内容有很大不同。

（2）受众多样化选择。从技术层面上讲，在新媒体平台，每个人都能够接受信息或充当信息的发布者，用户可以一边看电视节目、一边播放音乐，同时还能参与对节目的投票，还可以对信息进行检索。这就打破了只有新闻机构才能发布新闻的局限，充分满足了信息消费者的细分需求。与传统媒体的“主导受众型”不同，新媒体是“受众主导型”，受众有更大的选择，可以自由阅读，可以放大信息。

（3）表现形式多样。新媒体形式多样，各种形式的表现过程比较丰富，可融文字、音频、画面为一体，做到即时地、无限地扩展内容，从而使内容变成“活物”。从理论上讲，只要满足计算机条件，一个新媒体即可满足全世界的信息存储需要。除了大容量之外，新媒体还有“易检索性”的特点，可以随时存储内容，查找以前的内容和相关内容非常方便。

（4）信息发布实时性。与广播、电视相比，只有新媒体才真正具备无时间限制，随时可以加工发布。新媒体用强大的软件和网页呈现内容，可以轻松地实现 24 小时在线。新媒体交互性极强，独特的网络介质使得信息传播者与接受者的关系走向平等，受众不再轻易受媒体“摆布”，而是可以通过新媒体的互动，发出更多的声音，影响信息传播者。

广义的新媒体包括两大类：一是基于技术进步引起的媒体形态的变革，尤其是基于无线通信技术和网络技术出现的媒体形态，如数字电视、IPTV（交互式网络电视）、手机终端等；二是随着人们生活方式的转变，以前已经存在，现在才被应用于信息传播的载体，如楼宇电视、车载电视等。狭义的新媒体仅指第一类，基于技术进步而产生的媒体形态。实际上，新媒体可以被视为新技术的产物，数字化、多媒体、网络等最新技术均是新媒体出现的必备条件。新媒体诞生以后，媒介传播的形态就发生了翻天覆地的变化，诸如地铁阅读、写字楼大屏幕等，都是将传统媒体的传播内容移植到了全新的传播空间。

新媒体的种类很多，在现阶段主要包括网络媒体、手机媒体及其两者融合形成的移动互联网，以及其他具有互动性的数字媒体形式。在具体分类上，新媒体可细分为门户网站、搜索引擎、虚拟社区、RSS、电子邮件 / 即时通信 / 对话链、博客 / 播客、维客、网络文学、网络动画、网络游戏、电子书、网络杂志 / 电子杂志、网络广播、网络电视、手机短信 / 彩信、手机报纸 / 出版、手机电视 / 广播、数字电视、IPTV、移动电视、楼宇电视等，划分也可如下文所述。

网络新媒体，亦称第四媒体，包括博客、门户网站、搜索引擎、虚拟社区、RSS、电子邮件 / 即时通信 / 对话链、博客 / 播客 / 微博、维客、网络文学、网络动画、网络游戏、网络杂志、网络广播、网络电视、六维平台、掘客、印客、换客、威客 / 沃客等。移动新媒体包括手机、平板电脑、其他移动设备的短信 / 彩信、报纸 / 出版、电视 / 广播，其中又以播客为次世代流行的新媒体。例如，大众常用的播客平台有 Apple 播客、Google 播客、Spotify、Firstory、Soundon 等平台，其中多为有声节目；新型电视媒体有数字电视、IPTV、移动电视、楼宇电视等；其他新媒体有隧道媒体、路边新媒体、信息查询媒体及其他。

1.2 新媒体数据挖掘应用场景

随着互联网和移动互联网的快速发展，产生了大量的数字信息和数据。这些数据包含了丰富的信息和价值，但是如何从大量的数据中发现有价值的信息和模式成为一个重要的问题。新媒体数据挖掘作为一种有效的信息处理和分析手段，应运而生，并得到了广泛的应用和发展。针对教学而言，新媒体数据挖掘是一门前沿的交叉学科，涉及计算机科学、统计学、人工智能等多个领域，具有很强的实践性和应用性。同时，该课程可以培养学生的数据分析和解决问题的能力，提高其在互联网大数据时代的自身竞争力。

新媒体数据挖掘作为一种前沿的数据处理和分析技术，涵盖了各个领域，具有非常广泛的应用场景。在政府领域，可以用于舆情分析、政策制定等方面；在企业领域，可以用于产品推荐、市场营销、客户服务等方面；在金融领域，可以用于风险控制、投资决策等方面；在医疗领域，可以用于健康管理、疾病预测等方面；在媒体领域，可以用于新闻监测、品牌维护等方面。除此之外，新媒体数据挖掘还可以应用于社交网络分析、安全监控等领域。总之，新媒体数据挖掘具有非常广泛的应用场景，可以为各个领域的发展提供支持和指导。

1.2.1 舆情分析

新媒体中的信息量非常庞大，舆情分析可以帮助企业或政府了解公众对其产品或政策的看法和态度，帮助其及时掌握社会热点和舆情动向，从而采取有针对性的措施。

新媒体数据挖掘对于舆情分析具有非常重要的作用。新媒体数据挖掘技术可以帮助舆情分析人员快速、准确地采集新媒体平台上的相关数据，包括社交媒体、新闻网站、论坛等，大大提高了数据采集的效率和准确性；还可以帮助舆情分析人员从大量的数据中挖掘出与目标舆情相关的信息，包括主题、情感、关键词等。通过对这些信息的分析，可以了解公众对某一事件或话题的态度和看法，及时掌握社会热点和舆情动向。最后，相关技术还可以将分析结果以可视化的形式展现出来，如制作图表、词云图、热度图等。总之，利用新媒体数据挖掘技术进行舆情分析，是一项重要的社会管理工作，可以帮助政府、企业和组织及时了解公众对其政策、产品和服务的评价和态度，及时发现潜在的问题和风险，制定相应的应对措施。

1.2.2 产品推荐

新媒体数据挖掘与产品推荐有着密切的关系。通过对目标用户在新媒体平台上的浏览记录、搜索关键词、购买历史等数据进行分析，可以预测用户的购买倾向和偏好，从而向其推荐相关的产品，提高用户的消费满意度和黏性。例如，在电商平台中，新媒体数据挖掘技术可以分析用户的购物历史、浏览记录、评价信息等，综合考虑用户的兴趣和需求，为用户推荐合适的产品，通过个性化推荐，提高用户满意度，增加购买转化率。在社交媒体平台上，帮助分析用户的关注列表、互动行为和内容偏好等信息，为用户推荐感兴趣的人和内容。例如，微博、抖音等社交平台会通过分析用户的行为数据，推荐与其兴趣相符的内容，提高用户的参与度和黏性。

1.2.3 金融风控

通过对金融市场、企业和个人的行为数据进行分析，可以预测风险事件的发生概率，制定相应的风险控制措施。例如，新媒体数据挖掘可以帮助金融机构实时监测市场舆情、政策变动、行业动态等信息，及时发现市场风险信号；还可以帮助金融机构分析借款人的社交媒体信息、在线购物行为、征信记录等，以构建信贷风险评分模型，从而更准确地评估借款人的信用风险。

1.2.4 公共卫生管理

新媒体数据挖掘在健康管理领域的应用已经变得越来越重要，特别是在面对疫情时，数据挖掘技术为公共卫生管理和疫情防控提供了有力支持。例如，通过新媒体数据挖掘技术，可以实时收集和分析来自各类平台（如社交媒体、新闻网站等）的疫情相关信息，帮助公共卫生部门及时掌握疫情动态，异常状况，提前预警和采取相应措施，有效防控疫情蔓延。此外，通过新媒体数据挖掘可以发现相关新闻在社交媒体上的传播路径，识别关键传播节点和意见领袖，帮助政府和卫生部门开展有针对性的宣传和引导工作，促进科学防疫观念的普及；还可以帮助研究人员分析病毒传播网络和社交网络之间的关联，找出疫情传播的规律和特点，为疫情防控提供科学依据。

1.2.5 媒体监测

新媒体数据挖掘在媒体监测场景下的应用意义重大，它可以帮助企业、政府和其他组织实时获取和分析媒体中的信息，以便更好地了解舆论动态、评估传播效果和制定相应策略。具体场景包括：热点事件监测，通过新媒体数据挖掘实时捕捉热点事件和话题，帮助企业和政府部门及时了解社会关注的焦点；虚假信息检测，分析网络上的信息传播路径和特点，识别虚假信息和谣言，有助于维护网络信息安全和社会稳定；新媒体数据挖掘可以分析信息在不同平台上的传播效果，如传播速度、覆盖范围、传播深度等，以评估新闻、政策、宣传或营销活动的传播效果，为优化传播策略提供依据。

1.3 新媒体数据挖掘的研究对象

1.3.1 文本数据

文本数据是指由文字、符号等组成的半结构化数据。在新媒体中，文本数据主要来源于用户发布的内容、评论、私信等。文本数据不能参与算术运算的任何字符，也称为字符型数据，如英文字母、汉字、不作为数值使用的数字和其他可输入的字符。文本数据不同于传统数据库中的数据，它具有自己的特点。

（1）半结构化。文本数据既不是完全无结构的也不是完全结构化的。例如，文本可能包含结构字段，如标题、作者、出版日期、长度、分类等；也可能包含大量的非结构化的数据，如摘要和内容。

（2）高维。文本向量的维数一般都可以高达上万维，一般的数据挖掘、数据检索的方法由于计算量过大或代价高昂而不具有可行性。

（3）高数据量。一般的文本库中都会存在最少数千个的文本样本，对这些文本进行预处理、编码、挖掘等的工作量是非常庞大的，因而手工的方法通常是不可行的。

（4）语义性。文本数据中存在着一词多义、多词一义，在时间和空间上的上下文相关等情况。

1.3.2 结构化数据

结构化数据是指采用标准化格式的数据，具有明确定义的结构，符合数据模型，遵循持久的顺序，并且易于人类和程序访问。在新媒体中，结构化数据通常包括用户的基本信息（如年龄、性别、地域等）、用户行为数据（如浏览、点赞、评论等）、社交网络数据（如关注关系、好友关系等）等。结构化数据分析通常涉及数据清洗、数据统计、数据可视化、关联规则挖掘等任务。结构化数据也称作行数据，是由二维表结构来逻辑表达和实现的数据，严格地遵循数据格式与长度规范，主要通过关系型数据库进行存储和管理。与结构化数据相对的是不适于由数据库二维表来表现的非结构化数据，包括所有格式的办公文档、XML、HTML、各类报表、图片和音频、视频信息等。支持非结构化数据的数据库采用多值字段、子字段和变长字段机制进行数据项的创建和管理，广泛应用于全文检索和各种多媒体信息处理领域。

1.3.3 多模态数据

模态是指一些表达或感知事物的方式，语音、语言等属于天然的、初始的模态，情绪等属于抽象的模态，不同的存在形式或信息来源均可被称为一种模态。由两种或两种以上模态组成的数据称为多模态数据。多模态用来表示不同形态的数据形式，或者同种形态不同的格式，一般表示文本、图片、音频、视频、混合数据。多模态数据也指对于同一个描述对象，通过不同领域或视角获取到的数据，并且把描述这些数据的每一个领域或视角叫作一个模态。在新媒体平台中，用户产生的内容和互动行为常常涉及多种媒体形式，如图文结合、短视频、语音消息等。多模态数据挖掘需要处理和分析不同类型的数据，如对图像进行图像识别、对音频进行语音识别、对视频进行内容提取等。同时，还需要结合这些不同类型数据的关联信息，进行更高层次的分析任务，如多模态推荐、多模态情感分析等。

1.4 新媒体数据挖掘的研究任务

1.4.1 数据分布理论

在新媒体数据挖掘中，了解数据的分布情况十分重要，数据分布理论是指研究数据在不同情况下分布特征的数学理论。这里主要介绍四种主要的分布理论。

（1）二八分布，又称 80/20 法则、帕累托法则（定律）、巴莱特定律、最省力的法则、不平衡原则等。是 19 世纪末 20 世纪初意大利经济学家帕累托发现的。他认为，在任何一组东西中，最重要的只占其中一小部分，约 20%；其余 80% 尽管是多数，却是次要的。80/20 法则被广泛应用于社会学、经济、用户体验设计、企业管理等。

（2）网络分布模型。

网络分布模型是对现实世界中的复杂网络结构和特性进行建模的一种方法。在研究网络分布模型时，我们通常关注网络中节点和边的分布特性，以便更好地理解网络的拓扑结构和动态行为。接下来，我们将介绍幂律分布、无标度网络、泊松分布、随机网络和六度空间理论这五个重要的网络分布模型。

幂律分布（Power-law distribution）是一种特殊的概率分布，指随机变量的概率与其取值呈反比关系。在复杂网络中，幂律分布常常用来描述网络中节点度的分布，即少数节点具有很高的度，而绝大多数节点的度较低。这种分布模式在许多现实世界的网络中都有体现，如互联网、社交网络、生物网络等。幂律分布的特点是具有无标度性，即网络中没有一个典型的尺度，节点度的分布在不同的尺度上都呈现出类似的特征。

无标度网络（Scale-free network）是一种基于幂律分布的网络模型。无标度网络的关键特征是网络中节点度的分布呈现出幂律关系，即少数节点具有很高的度，而大多数节点的度较低。这种网络结构具有鲁棒性和易受攻击性的双重特点：在随机攻击下，无标度网络的连通性较好，但针对高度节点的攻击会导致网络快速瓦解。无标度网络在许多实际应用场景中都有出现，如社交网络、科学合作网络等。

泊松分布（Poisson distribution）是一种离散型概率分布，常用于描述单位时间或空间内随机事件发生的次数。在网络分布模型中，泊松分布通常用于描述随机网络中节点度的分布。

随机网络（Random network）是一种基于泊松分布的网络模型，其节点的连接是随机的，网络中节点度的分布遵循泊松分布。随机网络模型最著名的代表是 Erdős-Rényi 模型，该模型通过随机连接网络中的节点来生成网络实例。然而，许多现实世界的网络并不遵循泊松分布，而是呈现出幂律分布的特征，这使得随机网络模型在某些场景下无法很好地描述现实网络的特性。

六度空间理论（Six Degrees of Separation）是一个社会学假说，提出任何两个人之间的社交距离大约为六度。也就是说，在社会网络中，你可以通过大约六个中间人，与任何其他人建立联系。这个理论最早可以追溯到 20 世纪初的匈牙利作家 Frigyes Karinthy 的短篇小说。后来，美国社会学家斯坦利·米尔格拉姆（Stanley Milgram）通过实验进一步验证了这个理论，并将其普及。六度空间理论凸显了社会网络中“小世界现象”的特点。在复杂网络中，小世界现象是指网络具有较短的平均路径长度和较高的聚类系数。小世界现象在许多现实世界的网络中都有体现，如社交网络、协作网络等。值得注意的是，随着互联网和社交媒体的发展，人们之间的社交距离可能已经缩短到远低于六度。社交媒体使得人们能够更容易地建立联系、传播信息和互动，从而使得社会网络变得更加紧密。尽管如此，六度空间理论依然是一个具有启发意义的概念，它帮助我们认识到人类社会的相互联系，以及信息和影响力在网络中的传播规律。

（3）自然语言三大分布定律。

① Zipf 分布。1932 年，哈佛大学的语言学专家 Zipf 在研究英文单词出现的频率时，发现如果把单词出现的频率按由大到小的顺序排列，则每个单词出现的频率与它的排名序号的常数次幂存在简单的反比关系：P（r）~ r^-α。这种分布就称为 Zipf 定律，它表明在英语单词中，只有极少数的词被经常使用，而绝大多数词很少被使用。实际上，包括汉语在内的许多国家的语言都有这种特点。物理世界在相当程度上是具有惰性的，动态过程总能找到能量消耗最少的途径，人类的语言经过千万年的演化，最终也具有了这种特性，词频的差异有助于使用较少的词汇表达尽可能多的语义，符合“最小努力原则”。分形几何学的创始人 Mandelbrot 对 Zipf 定律进行了修订，增加了几个参数，使其更符合实际的情形。

② Heaps 分布。Heaps 定律是 Heaps 在 1978 年一本关于信息挖掘的专著中提出的。事实上，他观察到在语言系统中，不同单词的数目与文本篇幅（所有出现的单词累积数目）之间存在幂函数的关系，其幂指数小于 1。

③ Benford 分布。Benford 分布，也称为本福特法则，说明一堆从实际生活得出的数据中，以 1 为首位数字的数的出现概率约为总数的三成，接近直觉得出之期望值 1/9 的 3 倍。推广来说，越大的数，以它为首几位的数出现的概率就越低。它可用于检查各种数据是否有造假。使用条件：①数据至少 3000 笔以上；②不能有人为操控。

（4）极值理论。

极值理论是处理与概率分布的中值相离极大的情况的理论，常用来分析概率罕见的情况，如百年一遇的地震、洪水等，在风险管理和可靠性研究中时常用到。

1.4.2 数据搜索理论

数据搜索是指从大规模非结构化数据的集合中找出满足用户信息需求的资料的过程。信息检索（Information Retrieval）是用户进行信息查询和获取的主要方式，是查找信息的方法和手段。狭义的信息检索仅指信息查询（Information Search），即用户根据需要，采用一定的方法，借助检索工具，从信息集合中找出所需要信息的查找过程。广义的信息检索是信息按一定的方式进行加工、整理、组织并存储起来，再根据信息用户特定的需要将相关信息准确地查找出来的过程，又称信息的存储与检索。一般情况下，信息检索指的就是广义的信息检索，这里主要介绍以下三种数据检索模型。

布尔（Boolean）检索模型是基于集合论和布尔代数的一种简单检索模型。它的特点是查找那些于某个查询词返回为“真”的文档。在该模型中，一个查询词就是一个布尔表达式，包括关键词以及逻辑运算符。通过布尔表达式，可以表达用户希望文档所具有的特征。由于集合的定义是非常直观的，Boolean 模型提供了一个信息检索系统用户容易掌握的框架。查询串通常以语义精确的布尔表达式的方式输入 。Boolean 模型的主要优点在于具有清楚和简单的形式，而主要缺陷在于完全匹配会导致太多或者太少的结果文档被返回。

向量空间模型（Vector Space Model，VSM）由 Salton 等人于 20 世纪 70 年代提出，并成功地应用于著名的 SMART 文本检索系统。把对文本内容的处理简化为向量空间中的向量运算，并且它以空间上的相似度表达语义的相似度，直观易懂，其理论基础是代数学。当文档被表示为文档空间的向量，就可以通过计算向量之间的相似性来度量文档间的相似性，文本处理中最常用的相似性度量方式是余弦距离。向量空间模型把用户的查询要求和数据库文档信息表示成由检索项构成的向量空间中的点，通过计算向量之间的距离来判定文档和查询之间的相似程度并根据相似程度排列查询结果。

概率论模型是基于概率排序原理，在概率框架中处理信息检索问题。模型中假设特征项之间是相互独立的，该模型是基于概率原则：给定一个用户查询 q 和文档集中的一个文档 dj，概率模型试图估计用户找到其感兴趣的文档 dj 的概率，概率模型假设这个相关概率只是依赖于查询和文档表示。进而假设模型在文档集中存在一个子集，它是查询 q 的结果集。理想结果集记为 R，它使得总体的相关概率最大。集合 R 中的文档被认为是与查询相关的，不在集合 R 中的文档则被认为是不相关的。概率论模型的基础是概率，预估计信息资源与用户需求的相关性，根据相关性大小进行排序，排到最前面的文档将会是最有可能满足用户需求的文档。Van Rijsbergen 和 Robertson 等人提出的概率检索模型的基本思想是根据先前检索过程中得到的相关性先验信息来计算文档集合中每篇文档成为相关文档的概率，并根据统计理论（如贝叶斯决策等）来确定哪些文档可作为输出文档集。相关工作中，将布尔检索和概率检索模型有机地结合起来，但它在没有获得样本文档之前，无法估计词条相关性且该方法复杂度较大。

1.4.3 数据分类

数据挖掘技术作为大数据时代网络信息技术发展的产物，主要涉及人工智能、数据库、统计学等，所涉及研究内容比较多，其中比较重要的一个研究分支就是分类。分类算法是目前国内外学者广泛关注的一种数据挖掘技术，该方法是一种有监督的学习方法，通过对已有的训练集合进行分析，从而发现新的数据类型。数据分类是进行数据解析并取得正确分析结果的基础。数据的分类过程一般包含两步，第一步是通过一个已知类标号的数据训练集来构造模型，这一步常被称作训练阶段，可以理解为训练一种分类器；第二步是用该模型对某未知类标号的对象进行分类。

决策树分类是一种归纳式的学习方法，主要是指从一系列无规则、无顺序的样本数据信息中推理出“树”形结构来进行预测的分类规则。决策树分类算法能够直观地反映决策类在各个决策阶段所遇到的问题及关键问题，由根节点、内部节点、叶片节点和有向边缘节点构成。根节点是唯一的，它表示一组被分类的样本，而内部的一组表示该物体的属性，而终端节点则表示该分类的结果。该算法从根节点出发，由上至下选取相应的属性值，将该分支送至相应的节点，反复进行该步骤，直至该路径的最终节点和类别被储存在叶片节点中。举例来说，如果有人申请了一笔贷款，那么银行就会依据申请人的年收入、房产状况、婚姻状况等来确定申请的类别，而这个过程就是以决策树的形式表达。目前决策树算法种类比较多，典型算法有 ID3、C4.5、CART 算法等，其中 C4.5 是对 ID3 的优化改进。ID3 算法是一种贪心算法，用来构造决策树。ID3 算法起源于概念学习系统（CLS），以信息熵的下降速度为选取测试属性的标准，即在每个节点选取还尚未被用来划分的具有最高信息增益的属性作为划分标准，然后继续这个过程，直到生成的决策树能完美分类训练样例。C4.5 分类算法指当一个训练样本是 T 时，在构建相应的决策树时，可以将该训练集合分成若干个子层次，并将其划分为一个单独的单元。在所有的决策树中，分割节点是最终的节点，所以分割进程就会终止。如果其他的子集没有达到训练样本的条件，则必须继续进行分解，直至所有的子集中都有一个元组，并且停止处理的分离。SLIQ 是一种改进的基于 C4.5 的决策树分类方法，它的分类精度与其他决策树算法不相上下，但其执行的速度比其他决策树算法快。SLIQ 算法要求类表驻留内存，当训练集大到类表放不进内存时，SLIQ 算法就无法执行。为此，IBM 提出 SPRINT 算法，它处理速度快、不受内存的限制。SPRINT 算法可以处理超大规模训练样本集，数据样本集数量越大，SPRINT 的执行效率越高，并且可伸缩性更好。与其他类型分类的算法进行对比分析，决策树算法主要有下面三种优点：第一，决策树算法逻辑清晰、层次分明、直观，其分类规则便于人们的理解和实现，是一个相对友好的分类算法；第二，决策树算法分类精度高，采用决策树分类算法在数据的挖掘过程中，每个节点对应一个分类规则，可以准确将每个数据分类到叶片节点；第三，决策树算法运行高效，用时较少。除此之外，决策树的分类算法在应用阶段虽然说有着诸多的优点，但也会出现过度拟合等问题。

贝叶斯分类是建立在贝叶斯理论基础上的。贝叶斯分类技术在众多分类技术中占有重要地位，也属于统计学分类的范畴，是一种非规则的分类方法，贝叶斯分类技术通过对已分类的样本子集进行训练，学习归纳出分类函数（对离散变量的预测称作分类，对连续变量的分类称为回归），利用训练得到的分类器实现对未分类数据的分类。贝叶斯分类是一种在已知的前提下，对类别进行预测的一种方法。判断一个样品是否属于某种类型的可能性，选择最有可能的类别作为最后的样本类别。假设每个训练样本用一个 n 维特征向量 $X=\{x_1, x_2, \cdots, x_n\}$ 表示，分别描述 n 个属性 A_1，A_2，…，A_n 对样本的测量。贝叶斯分类方法的主要特点是：第一，贝叶斯算法的逻辑思路简单、性能好、实用性强；第二，贝叶斯算法稳定性较强，不会过多影响分类结果；第三，越是独立的贝叶斯数据，其分类结果就越是精确。但是，需要指出的是，分类算法必须基于假定的条件独立，即理想状态。朴素贝叶斯方法是在贝叶斯算法的基础上进行了相应的简化，即假定给定目标值时属性之间相互条件独立。朴素贝叶斯分类（NBC）是以贝叶斯定理为基础并且假设特征条件之间相互独立的方法，先通过已给定的训练集，以特征词之间独立作为前提假设，学习从输入到输出的联合概率分布，再基于学习的模型，输入 X 求出使得后验概率最大的输出 Y。TAN 算法通过发现属性对之间的依赖关系来降低 NB 中任意属性之间独立的假设。它是在 NB 网络结构的基础上增加属性对之间的关联（边）来实现的。实现方法是：用节点表示属性，用有向边表示属性之间的依赖关系，把类别属性作为根节点，其余所有属性都作为它的子节点。通常，用虚线代表 NB 所需的边，用实线代表新增的边。属性 Ai 与 Aj 之间的边意味着属性 Ai 对类别变量 C 的影响还取决于属性 Aj 的取值。这些增加的边需满足下列条件：类别变量没有双亲节点，每个属性有一个类别变量双亲节点和最多另外一个属性作为其双亲节点。找到这组关联边之后，就可以计算一组随机变量的联合概率分布如下：其中 ΠAi 代表的是 Ai 的双亲节点。由于在 TAN 算法中考虑了 n 个属性中（n-1）个两两属性之间的关联性，该算法对属性之间独立性的假设有了一定程度的降低，但是属性之间可能存在更多其他的关联性仍没有考虑，因此其适用范围仍然受到限制。

以关联规则为基础的分类算法是在相关规则的基础上，提出了一种 CBA 分类方法。CBA 算法主要由两种工作流组成。首先，通过对非分类的分类关联规则进行检测，再根据所发现的分类关联规则，利用高优先权规则来覆盖整个训练集合。由于这种方法在对训练样本进行扫描时仅需一次扫描，因而可以获得很好的效果。CBA 算法以关联规则为基础构造分类器，其算法具有先验性，能够正确地匹配海量的事务数据，从而有效地提高分类算法的有效性。但在使用该方法时，由于使用了分类规则，有些规则会被忽略，因此，最低支持值必须被设为 0。然而，在建立支持度时，会影响 CBA 算法的优化效率，从而使结果产生频繁，不能将其置于内存中，从而使程序不能正常工作。CBA 算法的最大优势在于其在分类时具有较高的精确度和更全面的检测规则。

1.4.4 聚类分析

聚类分析指将物理或抽象对象的集合分组为由类似的对象组成的多个类的分析过程。所谓聚类分析，也可以认为根据待分类模式特征的相似或相异程度将数据样本进行分组，从而使同一组的数据尽可能相似，不同组的数据尽可能相异。它的目的是用于知识发现而不是用于预测。评判聚类结果的标准就是组内部的数据相似度越大，组与组之间数据的差异度越大，那么聚类效果就越好。聚类分析在计算机科学方面的应用范围非常多，包括模式识别、数据分析、文本挖掘等。根据近年来出现的各种聚类方法的特点，常用的聚类算法可被分成三种：基于划分的聚类算法、基于层次的聚类算法、基于密度的聚类算法。

基于划分的聚类算法是在机器学习中应用最多的。它的原理是：假设聚类算法所使用的目标函数都是可微的，先对数据样本进行初步的分组，再将此划分结果作为初始值进行迭代，在迭代过程中根据样本点到各组的距离反复调整，重新分组，最终得到一个最优的目标函数。最终的聚类结果出现在目标函数收敛的情况下。

基于层次的聚类算法也是一种非常常用的算法，它使用数据的联结规则，通过层次式的架构方式，不断地将数据进行聚合或分裂，用来形成一个层次序列的聚类问题的解。在层次聚类中，组间距离的度量方法选择很重要，广泛使用的组间距离度量方法包括：最小距离、最大距离、平均值的距离、平均距离。按照层次分解的两种顺序，自顶向下和自底向上，层次聚类算法可以被分为两类，一类是凝聚的层次聚类算法，另一类是分裂的层次聚类算法。

基于密度的聚类算法是用密度取代数据的相似性，按照数据样本点的分布密度差异，将样本点密度足够大的区域联结在一起，以期能发现任意形状的组。这类算法的优点在于能发现任意形状的组，还能有效地消除噪声。基于密度算法常用的有 DBSCAN、OPTICS、DENCLUE 等。

无监督学习能够帮助人们在对数据一无所知的情况下，发现数据之间的内在联系和区别，从而找到其中内在的结构和规律。聚类分析作为无监督学习方法中很重要的一种形式，具有很多经典的算法，它在许多关键的领域具有强大的应用。

1.4.5 热点词分析

为了方便用户能快速了解新媒体数据中心主题，在对新媒体数据挖掘过程中会抽取其中的一些热点词来表达数据中心思想。热点词的抽取就是通过一定的方法抽取出能表达中心主题的一系列方法，下面介绍几种常见的热点词分析算法。

主题模型（LDA）是一种典型的词袋模型，即它认为一篇文档是由一组词构成的一个集合，词与词之间没有顺序以及先后的关系，一篇文档可以包含多个主题，文档中每一个词都由其中的一个主题生成。LDA 是一类无监督学习算法，在训练时不需要手工标注的训练集，需要的仅仅是文档集以及指定主题的数量 k 即可。LDA 善于从一组文档中抽取出若干组关键词来表达该文档集的核心思想，因而也为文本分类、信息检索、自动摘要、文本生成、情感分析等其他文本分析任务提供重要支撑。

LSA 模型也称为潜在语义分析，是一种无监督学习方法，主要用在文本的话题分析上，是通过对矩阵进行分解来发现文本与单词之间的基于话题的语义关系。具体实现是将文本集合表示为单词文本矩阵，根据确定的话题个数，对单词文本矩阵进行截断奇异值分解（Truncated SVD），从而得到话题向量空间，以及文本在话题向量空间的表示。

TextRank 模型是基于 PageRank 算法针对自然语言处理的特点进行修改而形成的。使用 TextRank 算法进行关键词提取的思路是将关键词提取问题转化到图模型中进行处理，这样能够考虑到相邻词语的语义关系，并根据各个词之间的相互联系判断其对于文本整体重要性的高低，得到各个词的重要性得分，然后根据其得分从高到低进行排序，设定阈值 H，重要性得分较高的 H 个词即可视为提取出来的文本关键词。

1.4.6 其他研究任务

（1）关联规则挖掘。

关联算法是数据挖掘中的一类重要算法。最初的关联规则挖掘是针对购物篮分析问题提出的，其目的在于发现交易数据库中不同商品之间的关联关系，获得有关顾客购买模式的一般性规则。通过这些规则可以指导商家合理地安排进货、库存及货架设计，该关联规则在分类上属于单维、单层及布尔关联规则，广泛应用于医学、金融、互联网等多个领域，典型的算法是 Apriori 算法。Apriori 算法将发现关联规则的过程分为两个步骤：第一步通过迭代，检索出事务数据库 1 中的所有频繁项集，即支持度不低于用户设定的阈值的项集；第二步利用频繁项集构造出满足用户最小信任度的规则。其中，挖掘或识别出所有频繁项集是该算法的核心，占整个计算量的大部分。

（2）数据联机存储。

联机数据库是网络通信的核心，它是以一定的组织方式将相互有关的数据集合存储在一起的仓库，并以最快的速度、最佳的方式和最少的重复为用户提供信息服务，也可以通过网络实现一个国家、一个地区甚至全世界范围的信息资源共享。

（3）预测分析。

预测分析是利用模型或机器学习算法，基于已有的数据模式来确定将来某时间事件发生的可能性。预测分析的目的是利用过去已有的知识经验和发生过的事情来更好地了解未来以及做出合理的期望。预测分析与数据挖掘这两种方式有效地结合使用，将是一种非常强大而有效的方法，可帮助预测以后可能发生的情况，做出关键决策。

1.5 新媒体数据挖掘的技术难点

新媒体数据挖掘是一项非常复杂和多样化的任务，需要涉及许多领域的知识和技术，关键的技术难点有下述几个方面。

（1）非结构化数据处理。新媒体中的数据大多数为非结构化数据，如文本、图像、音频和视频等。这些数据类型需要采用不同的处理方法和技术，如自然语言处理、计算机视觉和语音识别等。对于非结构化数据的处理，需要强大的算法和计算能力，以提取有效信息并将其转化为结构化数据以便进一步分析。

（2）清洗数据以保证数据质量。新媒体数据通常包含大量的噪声、重复内容、错误信息以及不完整数据。为了保证分析结果的准确性，需要进行数据清洗和预处理，如去除噪声、去除重复内容、纠正错误信息等。这些工作往往需要耗费大量时间和精力，但对于获得有效的数据挖掘结果至关重要。

（3）分类和聚类的构建。分类和聚类是新媒体数据挖掘中的重要任务，用于对数据进行分组和归纳。在新媒体数据挖掘中，分类和聚类有着广泛的应用，如将用户分组、将文章进行归类、将事件进行分类等。分类和聚类的难点在于如何选择合适的算法、如何确定合适的特征和属性、如何处理高维数据等。

（4）多模态数据挖掘面临着一些挑战。新媒体数据中的多模态信息，如文本、图像、音频和视频的结合，需要跨领域的知识和技术进行处理。多模态数据挖掘需要考虑不同数据类型之间的关联性，以便更全面地理解用户的行为和需求。同时，多模态数据挖掘也面临着数据规模、计算复杂度和存储需求等方面的挑战。

（5）实时性和动态性是新媒体数据挖掘的一大挑战。新媒体平台上的数据产生速度极快，用户的行为和需求也会随时发生变化。因此，数据挖掘算法需要具备实时性和动态性，以便在短时间内处理大量数据，并实时调整分析结果以适应用户行为的变化。

（6）保护用户隐私和数据安全。在进行新媒体数据挖掘时，需要遵循相关法律法规和道德规范，确保用户隐私不被泄露，同时保证数据的安全和完整性。这需要在数据挖掘过程中采取一定的技术措施，如数据脱敏、数据加密等，以确保用户隐私和数据安全得到充分保护。

1.6 本教材的内容和结构

本教材旨在全面介绍新媒体数据挖掘的相关理论、技术和应用。内容涵盖了新媒体数据挖掘的研究对象、基本概念、数据分布理论、数据搜索、数据分类、聚类分析以及热点词分析等方面。教材以结构清晰、条理分明、逐步深入为原则，旨在帮助读者逐步掌握新媒体数据挖掘的各项技能。

本教材从第 1 章绪论开始，介绍了新媒体的概念、新媒体数据挖掘的研究对象，如文本数据、结构化数据和多模态数据等。接下来在第 2 章，详细讲述了数据的基本概念、统计描述、可视化方法以及相似性与相异性等内容。在第 3 章数据分布理论部分，对二八分布法则、网络分布模型、自然语言三大分布定律等方面进行了深入探讨。在第 4 章新媒体数据搜索部分，详细介绍了新媒体数据搜索的基本概念、数据搜索模型、搜索结果评价和案例分析。在第 5 章新媒体数据分类技术，讲解了数据分类的基本概念、决策树分类方法、贝叶斯分类方法、基于规则的分类以及相关案例分析。在第 6 章新媒体数据的聚类分析部分，系统地讲解了聚类分析的含义及性质、划分方法、层次方法、密度方法等，以及实际案例分析。最后，在第 7 章新媒体数据的热点词分析章节，详细介绍了热点词分析的基本概念、LDA 模型、LSA 模型和 TextRank 方法，同时结合案例分析，帮助读者更好地理解和应用这些方法。

总之，本教材以扎实的理论基础、丰富的案例分析，全面介绍了新媒体数据挖掘的相关知识。对于学习和研究新媒体数据挖掘的学生和从业者来说，是一本有价值的学习参考资料。

第 2 章 数据的基本概念

2.1 数据对象与属性类型

2.1.1 数据概述

数据源自事实和观察，代表了客观事物，是客观事物未经加工的原始素材。数据可呈现为连续值，如声音和图像，被归类为模拟数据；亦可呈现为离散值，如符号和文字，被归类为数字数据。在计算机系统中，数据以二进制编码 0 和 1 的形式呈现。真实数据通常受到噪声干扰，数量庞大，来源多元。

数据是描述客观事物的符号，是计算机中可操作的对象，能够被计算机识别并输入以进行处理。作为描述客观事物的符号，数据必须满足两个前提条件：一是能够被输入到计算机中；二是能够被计算机程序处理。数值类型如整型、浮点型可进行数值计算，而字符数据类型需要非数值处理；声音、图像、视频等可以通过编码转换成字符数据进行处理。

数据对象是性质相同的数据元素的集合。数据对象是数据的子集。性质相同是指数据元素具有相同数量和类型的数据项，例如，人都有姓名、生日、性别等相同的数据项。既然数据对象是数据的子集，在实际应用中处理的数据元素通常具有相同性质，在不产生混淆的情况下，我们将数据对象也简称为数据。

一个数据对象通常代表一个实体。在应用程序中引用的任何数据结构元素，如文件、数据、变量等都称为数据对象，简称为对象。数据对象可能是外部实体、事物、偶发事件或事件、角色、组织单位、地点或结构等。例如，一个人或一辆车可以被认为是数据对象，在某种意义上它们可以用一组属性来定义。数据对象描述包括了数据对象及其所有属性。数据对象只封装数据并不涉及对数据的操作。

数据属性定义了数据对象的性质，可以用来为数据对象的实例命名，描述实例或者建立对另一个表中的另一个实例的引用。另外，必须把一个或多个属性定义为标识符。一般来讲，数据对象用属性描述。数据对象又可被称为样本、实例、数据点或对象。销售数据库中，对象可以是顾客、商品或销售；医疗数据库中，对象可以是医生或患者；大学数据库中，对象可以是学生、教授和课程。

2.1.2 数据属性概述

数据对象以数据元组的形式存放在数据库中，数据库的行对应于数据对象，列对应于属性。属性是一个数据字段，表示数据对象的一个特征。通常情况下，属性、维、特征和变量表示的是同一个意思。描述顾客对象的属性可能包括顾客 ID 和顾客姓名；描述学生对象的属性可能包括学生 ID 和学生姓名。

（1）标称属性（Nominal Attribute）。

一个属性的类型由该属性可能具有的值的集合决定。属性可以是标称的、二元的、序数的或数值的。标称属性（Nominal Attribute）的值是一些符号或事物的名称。每个值代表某种类别、编码、状态，因此标称属性又被看作分类的（Categorical）；标称属性的值不具备有意义的序，而且不是定量的，也就是说，给定一个对象集，找出这种属性的均值没有意义。在计算机科学中，这些值也被当作枚举的。尽管标称属性的值是一些符号或“事物的名称”，但也可以用数表示这些符号或名称，如头发颜色，可以用 0 表示黑色，1 表示黄色。例如，hair_color（头发颜色）、marital_status（婚姻状况）、occupation（职业）的属性值可用 0 和 1 表示。

（2）二元属性（Binary Attribute）。

二元属性（Binary Attribute）是一种标称属性，只有两个类别或状态：0 和 1，其中 0 通常表示该属性不出现，而 1 表示出现。二元属性又称布尔属性，如果两种状态对应于 true 和 false 的话。序数属性（Ordinal Attribute）是一种属性，其可能的值之间具备有意义的序或秩评定，但是相继值之间的差是未知的。对称的二元属性：如果两种状态具有同等价值，并且携带相同权重，如表示性别，则 0 和 1 分别表示男性或女性没有影响。非对称的二元属性：两种状态的结果不是同等重要的，如 HIV 患者和非 HIV 患者，为了方便，将用 1 对最重要的结果（通常是稀有的）编码（如 HIV 患者），而另一个用 0 编码。

（3）序数属性（Ordinal Attribute）。

序数属性（Ordinal Attribute）对于记录不能客观评价的排序是非常有用的，例如，对一个餐厅评价“优”“良”“差”这些值是有意义的先后次序，但是我们不能说“优”比“良”好多少，“良”比“差”好多少，它们之间的差是未知的。序数属性的其他例子包括教师有助教、讲师、教授、副教授，对于军衔有列兵、下士、中士，等等。序数属性对应的可能的值之间具有意义序或秩评（Ranking）但是相继值之间的差是未知的，也就是对应的值有先后次序。例如 drink_size，表示饮料杯的大小：小、中、大，这些值具有有意义的先后次序。序数属性可以通过把数值量的值域划分成有限个有序类别（如 0——很不满意、1——不满意、2——中性、3——满意、4——很满意），把数值属性离散化而得到。标称、二元和序数属性都是定性的，即它们描述对象的特征，而不给出实际大小或数值。

（4）数值属性（Numeric Attribute）。

数值属性（Numeric Attribute）是定量的，即它是可度量的量，用整数或实数值表示。包括区间标度和比率标度。数值属性特点是定量的可度量的量，用整数或实数表示；可以是区间标度的或比率标度的。区间标度（Interval-scaled）属性用相等的单位尺度度量。区间属性的值有序，可以比较和定量评估值之间的差。例如 Temperature（温度）属性，一般表示 10℃ ~ 15℃。用相等的单位尺度度量，区间属性的值有序，可以为正、0、负。允许比较与定量评估值之间的差。区间标度属性是数值的，中心趋势度量中位数和众数，还可以计算均值。比率标度（ratio-scaled）属性是具有固有零点的数值属性。离散和连续是按照另一种维度来划分属性。离散属性具有有限或无限可数个值，可以用或不用整数表示。如果属性不是离散的，则它是连续的。例如，度量重量、高度、速度和货币量（如 100 元是 1 元的 100 倍）的属性。具有固有零点的数值属性（也就是该种属性中会有固有的为 0 的值）。一个值是另一个的倍数（或比率）；值是有序的（可以计算差、均值、中位数、众数）。

（5）离散属性与连续属性。

机器学习中的分类算法通常把属性分为离散的和连续的。离散属性具有有限个或无限个可数个值，可以用或不用整数表示。例如，hari_color、smoker、drimk_size 都有有限个值，因此是离散的。无限可数：如果一个属性可能的值集合是无限的，但是可以建立一个与自然数一一对应，则该属性是无限可数的。例如，customer_ID 是无限可数的。连续属性如果属性不是离散的，则它是连续的。文献中，术语“数值属性”和“连续属性”可以互换使用。实践中，实数值用有限位数数字表示，连续属性一般用浮点变量表示。

2.2 数据的基本统计描述

基本统计描述可以用来识别数据的性质，凸显哪些数据值应该视为噪声或离群点。集中趋势在统计学中是指一组数据向某一中心值靠拢的程度，它反映了一组数据中心点的位置所在。集中趋势测度就是寻找数据水平的代表值或中心值，低层数据的集中趋势测度值适用于高层次的测量数据，能够揭示总体中众多个观察值所围绕与集中的中心；反之，高层次数据的集中趋势测度值并不适用于低层次的测量数据。

（1）离中趋势测定问题的提出。

由于差异性是数据的本质属性，所以各个数据与其分布中心之间总是存在着不同程度的偏离。我们把数据偏离其中心值的程度叫作离中趋势，离中趋势可以说明数据之间差异程度的大小，那么如何测定一组数据的离散程度呢？离散程度的大小主要通过变异指标来测定。变异指标的主要作用有：可以衡量平均指标的代表程度。变异指标值越大，则数据的离散程度越大、数据越分散，继而平均指标的代表性就越弱；反之，变异指标值越小，则数据的离散程度越小、数据越集中，继而平均指标的代表性就越强。可以反映数据的稳定性和均衡性。变异指标值越大，则数据的离散程度越大，数据的稳定性和均衡性就越差；反之，则数据的离散程度越小，数据的稳定性和均衡性就越好。

（2）分布形态测定问题的提出。

集中趋势和离散程度是数据分布特征的两个重要方面，但要想全面了解数据的分布特点，我们还需要知道数据的分布形状，那么如何测定一组数据的分布形状呢？通过分布形态的测定，我们可以了解数据分布形状的对称性以及分布曲线的扁平陡峭程度。将这两点结合，我们还可以判断数据是否接近于正态分布。

2.2.1 集中趋势的测定

集中趋势主要指标有众数、中位数、平均数、分位数、极差、算术平均数、加权平均数、几何平均数。集中趋势指标的作用是可以反映一组数据分布的中心或一般水平，反映同一现象在不同时间或空间条件下的发展趋势或差异，分析现象之间的依存关系，各种指标的细节如下。

（1）数值平均数只适用于定量数据（数值型数据），而不适用于定性数据。

（2）算术平均数分为简单算术平均数和加权算术平均数。简单算术平均数是根据未分组数据（原始数据）计算的一种平均数，它是将所有的原始数据相加再除以数据总个数得到的。样本计算的简单算术平均数的计算公式定义是：$\bar{X}=\frac{\sum_{i=1}^{n}X_i}{n}$。总体数据计算的简单算术平均数的计算公式为：$\mu=\frac{\sum_{i=1}^{N}X_i}{N}$。

加权算术平均数是根据分组数据计算的一种平均数。设样本被分为 k 组，各组的频数为 f_i 样本计算的加权算术平均数的计算公式为：$\bar{X}=\frac{\sum_{i=1}^{k}X_i f_i}{\sum_{i=1}^{k}f_i}=\sum_{i=1}^{k}X_i\cdot\frac{f_i}{\sum_{i=1}^{k}f_i}$。其中，$X_i$ 有两种情况：在单变量值分组中，X_i 代表各组的变量值；在组距式分组中，X_i 代表各组的组中值，$\frac{f_i}{\sum_{i=1}^{k}f_i}$ 称作权重（频率）。总体数据计算的加权算术平均数的计算公式为：

$$\mu=\frac{\sum_{i=1}^{k}x_i f_i}{\sum_{i=1}^{k}f_i}=\sum_{i=1}^{k}x_i\cdot\frac{f_i}{\sum_{i=1}^{k}f_i} \quad (2-1)$$

（3）调和平均数是加权算术平均数的一种变形。调和平均数与加权算术平均数关系是：若已知各组变量值及其标志总量 m_i（$m_i=x_i f_i$），而缺乏 f_i 的数据时，则加权算术平均数可

通过变形得到 f_i（f_i=x_i/f_i）后，再以 m_i 为权数的调和平均数形式来计算。

$$\bar{X}_H=\frac{\sum X_i f_i}{\sum\frac{X_i f_i}{X_i}}=\frac{\sum m}{\sum\frac{m}{X_i}} \tag{2-2}$$

（4）几何平均数是 n 个变量值连乘积的 n 次方根。简单几何平均数，当样本数据中各变量值出现的次数都相同时，用简单几何平均数公式。

$$\bar{X}_G=\sqrt[n]{X_1\bullet X_2\bullet\cdots\bullet X_n}=\sqrt[n]{\prod_{i=1}^{n}X_i} \tag{2-3}$$

式中，X_i 代表各变量值，n 为样本容量。

加权几何平均数，当样本数据中各变量值出现的次数不全相同时，用加权几何平均数公式。

$$\bar{X}_G=\left(f_1+f_2+\cdots+f_k\right)\sqrt{X_1^{f_1}\bullet X_2^{f_2}\bullet\cdots\bullet X_k^{f_k}}=\sqrt[\sum_{i=1}^{k}f_i]{\prod_{i=1}^{k}X_i^{f_i}} \tag{2-4}$$

式中，X_i 代表各变量值，n 为样本容量。

数据中的位置代表值往往也具有重要的意义，各个位置代表值的含义如下。

（1）众数（Mode）是一组数据中出现频数最多的变量值，通常用符号 M_0 表示。众数主要用于测度分类数据的集中趋势，也可作为顺序数据以及数值型数据集中趋势的测度值。众数代表的是最常见、最普遍的情况。众数不仅可以度量定性数据的集中趋势，还可以度量定量数据的集中趋势。众数是位置型平均数，它只与位置有关，不受数据中极端值的影响；从分布形态上看，众数是一组数据分布最高峰点所对应的变量值；众数具有不唯一性（可以有一个或多个或没有）。

组距式分组数据中众数的求解较为复杂。在组距式分组数据中，求解众数的步骤为：先要确定众数所在组；如果是等距分组数据，那么次数最多的那一 组就为众数组；如果是不等距分组数据，那么组密度（组频率 / 组距）最大的组就为众数组。之后再按照下列公式求解众数的近似值。计算公式如下：

下限公式：

$$M_0\approx L+\frac{f_m-f_{m-1}}{\left(f_m-f_{m-1}\right)+\left(f_m-f_{m+1}\right)}\times d \tag{2-5}$$

上限公式：

$$M_0\approx U\frac{f_m-f_{m+1}}{\left(f_m-f_{m-1}\right)+\left(f_m-f_{m+1}\right)}\times d \tag{2-6}$$

其中，L 是众数所在组的下限，U 是众数所在组的上限，f_m 是众数所在组的次数。f_{m-1} 是众数所在组前一组的次数，f_{m+1} 是众数所在组后一组的次数，d 为众数所在组的组距。

（2）中位数是一组数据从小到大排序后位于中间位置上的变量值，通常用符号表示。由于中位数和位置有关，所以中位数只能度量定序数据和数值型数据的集中趋势；求解中位数的步骤为：首先，对数据进行排序；其次，确定中位数的位置，即中间位置；最后，计算中间位置上的变量值。

中位数的位置计算公式为：数据个数 n 为奇数时，中位数为 $M_e = x_{\left(\frac{n+1}{2}\right)}$。数据个数 n 为偶数时，中位数为 $M_e = \frac{1}{2}\left\{x_{\left(\frac{n}{2}\right)} + x_{n+1}\right\}$

分组数据中位数的求解：对于分组数据而言，不需要再另外排序，直接按照分组的顺序即可。分组数据中位数的位置计算公式：

$$\text{中位数位置} = \frac{\Sigma f_i}{2}\left(\Sigma f_i\text{为各组次数和}\right) \quad (2-7)$$

求出中位数位置后，代入上面公式求解中位数的近似值。

中位数是位置型度量值，其特点是不受极端值的影响，因此具有稳定性；在实际运用中，当数据的偏斜程度较大时，用中位数作为该组数据一般水平的代表值比较合适。

（3）分位数。实际上，测度数据在特定位置上的水平，还可以计算四分位数、十分位数和百分位数等，我们统称它们为分位数。四分位数，一组数据由小到大排序后位于 25% 位置和 75% 位置处的变量值。位于 25% 位置处的变量值（下四分位数，用符号 Q_L 表示）和处在 75% 位置处的变量值（上四分位数，用符号 Q_U 表示），上、下四分位数之间恰好包含了 50% 的数据。

求解四分位数的步骤：先排序，然后确定上、下四分位数的位置，最后求相应位置上的变量值。

$$Q_L\text{位置} = \frac{n}{4};\ Q_u\text{位置} = \frac{3n}{4} \quad (n\text{为数据个数}) \quad (2-8)$$

借助画图可以更清晰地了解数据的分布特征。箱线图将中位数、四分位数和其他指标结合起来，可以更详细地反映数据的分布特征。箱线图是由一组数据的最小（$X_{\min}$）、最大值（$X_{\max}$）、下四分位数（Q_L）、上四分位数（Q_U）和中位数（M_e）这五个特征值构成。通过箱线图，可以观察数据的中心位置、离散程度及对称性等特征，同时还可以进行多组数据分布的比较。箱线图如图 2-1 所示。

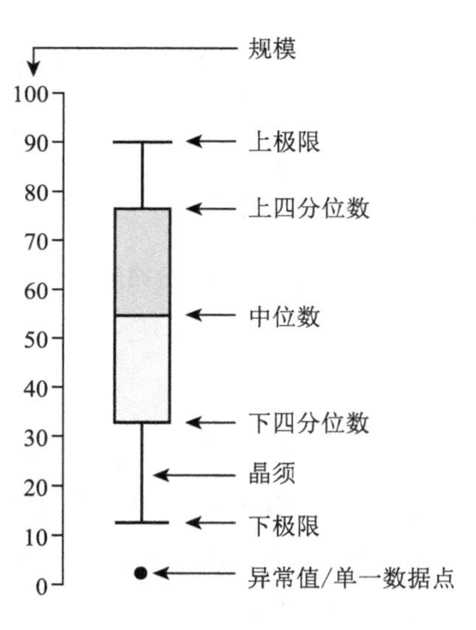

图 2–1　箱线图

算术平均数、众数和中位数三者的比较：①算术平均数属于数值型平均数，它是根据全部数据计算的集中趋势测度值，因此可以综合反映全部数据的信息；众数和中位数属于位置型代表值，它们是根据数据分布的特定位置确定出的集中趋势测度值，因此不能概括全部数据的信息。②算术平均数和中位数在任何一组数据中都存在且具有唯一性，但不一定所有数据都存在众数，且众数也不具有唯一性。一般情况下，在数据量充分大并且具有明显集中趋势时，计算众数才有意义。③算术平均数只适用于定量数据，中位数适用于定序数据和定量数据，众数则适用于所有数据，即定性数据和定量数据均可。④算术平均数受极端值的影响，因此，当数据偏斜程度较大时（数据中存在极端值），不宜用算术平均数来代表数据的一般水平。众数和中位数不受极端值的影响，因此，当数据偏斜程度较大时，可以考虑用众数或中位数来代表数据的一般水平。⑤算术平均数可以估计或推断总体特征值。而众数和中位数不宜用作此类推断。⑥算术平均数和众数、中位数的数量关系主要取决于数据分布的偏斜程度（非对称程度）。对于呈现单峰分布的数据，如果数据的分布是对称的，则众数 M_0、中位数 M_e 和算术平均数 X 三者相等，即 $M_0=M_e=X$。如果数据呈现左偏（负偏）分布，说明数据中存在极小值。从而略使中位数偏小，而众数则完全不受极小值大小和位置的影响，因此一般情况下，三者的关系表现为 $X < M_e < M_0$。如果数据呈现右偏（正偏）分布，则一般有：$M_0 < M_e < X$。⑦皮尔逊经验公式数据呈现偏斜但偏斜程度不大时，算术平均数、众数和中位数之间存在一定的比例关系，即 $x-M_0 \approx 3（x-M_e）$。数值分布图如图 2–2 所示。

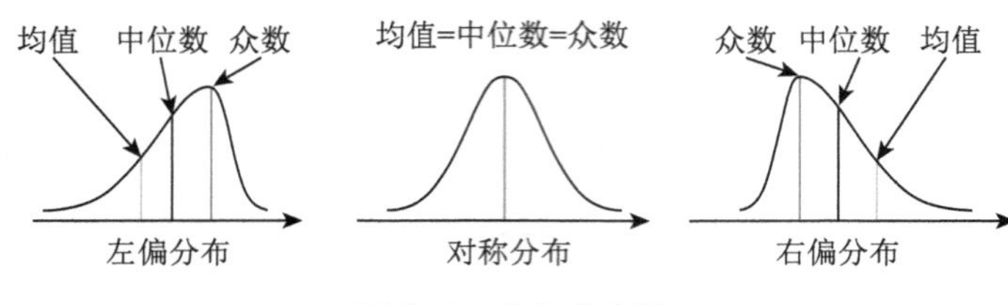

图 2-2 数值分布图

2.2.2 离中趋势的测定

离中趋势又称差异量数、标志变动度等。指在数列中各个数值之间的差距和离散程度。离中趋势的测定是对统计资料分散状况的测定，即找出各个变量值与集中趋势的偏离程度。通过测定离中趋势，可以清楚地了解一组变量值的分布情况。离散程度的主要度量指标包括极差、四分位差、平均差、方差和标准差、离散系数。

（1）极差。

极差（Range）又称全距，是一组数据中最大值与最小值之差，通常用 R 表示。计算公式为：R=max（x_i）−min（x_i）。对于原始数据和单变量值分组数据：max（x_i）为一组数据的最大值，min（x_i）为一组数据的最小值；对于组距式分组数据，极差就用变量值最大组的上限减去变量值最小组的下限近似得到。极差是变异指标中最简单的测度值，其优点是计算简便、易于掌握。但因极差只利用了一组数据两端的信息，容易受到极端值的影响。因此，极差不能全面、稳定地反映数据的离散程度。

（2）四分位差。

四分位差是指上四分位数（Q_U）与下四分位数（Q_L）之差，因此也叫内距或四分间距。计算公式为：$Q_d = Q_U - Q_L$。四分位差只能说明中间 50% 数据的离散程度，它依然不能充分反映全部数据的离散状况。四分位差越大，说明中间 50% 数据的离散程度越大；四分位差越小，说明中间 50% 数据的离散程度越小。在一定程度上，四分位差也可以反映中位数的代表性好坏。四分位差是一种顺序统计量，因此四分位差适用于测度定序数据和定量数据的离散程度。

（3）平均差。

平均差是各变量值与其算术平均数离差绝对值的平均数。因此，也称平均绝对离差，通常用 M.D 表示。平均差的计算有两种情况：①简单平均法。如果数据是未分组数据（原始数据），则用简单算术平均法来计算平均差：$\mathrm{M.D}=\frac{\sum_{i=1}^{n}\left|x_i-x\right|}{n}$（$n$ 为变量值个数）。②加权平均法。如果数据是分组数据，采用加权算术平均法来计算平均差：$\mathrm{M.D}=\frac{\sum_{i=1}^{k}\left|x_i-x\right|f_i}{\sum_{i=1}^{k}f_i}$（$k$ 为组数）。平均差意义明确，计算结果易于理解，并且利用了全

部数据的信息，反映了每个变量值与平均数的平均差异程度。因此能全面地反映一组数据的离散状况。平均差越大，则数据的离散程度越大；平均差越小，则数据的离散程度越小。为了避免正负离差相互抵消的现象发生，平均差在计算时给离差加上了绝对值。但由于绝对值的出现给计算带来了很大的不便，因此在实际应用中受到很大的限制。

（4）方差和标准差。

方差是各变量值与其算术平均数离差平方的算术平均数。标准差就是方差的平方根。方差、标准差利用了全部数据的信息，能较好地反映数据的离散程度；方差、标准差是通过平方的方法消去离差的正负号，这更便于数学上的处理。因此，方差、标准差是统计中最重要的变异指标，同时也是实际中应用最广泛的离散程度测度值。

方差、标准差计算分为总体数据、分组数据和样本数据。对于总体数据，未分组数据（原始数据）的总体方差和标准差的计算公式分别为：

$$\sigma^2 = \frac{\sum_{i=1}^{N}(x_i-\mu)^2}{N}，\ \sigma = \sqrt{\frac{\sum_{i=1}^{N}(x_i-\mu)^2}{N}}$$

分组数据的总体方差和标准差的计算公式分别为：

$$\sigma^2 = \frac{\sum_{i=1}^{k}(x_i-\mu)^2 f_i}{\sum_{i=1}^{k} f_i} . \sigma = \sqrt{\frac{\sum_{i=1}^{K}(x_i-\mu)^2 f_i}{\sum_{i=1}^{K} f_i}} \quad （2-9）$$

样本数据的方差和标准差计算分为未分组数据和分组数据，未分组数据（原始数据）的样本方差和样本标准差的计算公式分别为：

$$S^2 = \frac{\sum_{i=1}^{n}(X_i-\bar{X})^2}{n-1} S = \sqrt{\frac{\sum_{i=1}^{n}(X_i-\bar{X})^2}{n-1}} \quad （2-10）$$

分组数据的样本方差和样本标准差的计算公式分别为：

$$S^2 = \frac{\sum_{i=1}^{k}(X_i-\bar{X})^2 f_i}{\sum_{i=1}^{k} f_i - 1}，\ S = \sqrt{\frac{\sum_{i=1}^{k}(X_i-\bar{X})^2 f_i}{\sum_{i=1}^{k} f_i - 1}} \ （k\text{ 为组数}） \quad （2-11）$$

标准化值就是用各变量值与其平均数的离差再除以其标准差。标准化值的计算公式为：$z_i = \frac{x_i - \bar{x}}{s}$。标准化值具有均值为 0、标准差为 1 的特性。

经验法则（3σ 质量管理法则的原理）使用条件，在正态分布或近似正态分布（对称的钟型分布）的条件下，大约有 68% 的数据位于均值 ±1 个标准差范围内；大约有 95% 的数据位于均值 ±2 个标准差范围内；大约有 99% 的数据位于均值 ±3 个标准差范围内。

切比雪夫定理：利用切比雪夫定理来判断有多少的数据落入以值为中心的 k（标准化值）个标准差范围内。使用条件：任意分布形态的数据根据切比雪夫定理的内容，至少

有 $1-\frac{1}{k^2}$ 的数据落入均值左右 k 个标准差范围内，其中 k 为大于 1 的任意数，当然也可以为小数。k=2 说明至少有 75% 的数据落入均值 ±2 个标准差范围内；k=3 说明至少有 89% 的数据落入均值 ±3 个标准差范围内；k=4 说明至少有 94% 的数据落入均值 ±4 个标准差范围内。

（5）离散系数。

离散系数也称变异系数（coefficient of variation），它是极差、四分位差、平均差或标准差等变异指标与其算术平均数对比的结果。常用的离散系数有极差系数、平均差系数和标准差系数，但应用最广泛的是标准差系数。标准差系数的计算公式：对于总体数据，其标准差系数计算公式为：$v_\sigma=\frac{\sigma}{\mu}$。其中 σ 为总标准差，μ 为总体算术平均数。对于样本数据，其标准差系数计算公式为：$v_s=\frac{S}{\bar{X}}$。其中，S 为样本标准差，$\bar{X}$ 为样本算术平均数。离散系数的作用：离散系数是测度数据离散程度的相对统计量，可用于比较不同变量值水平或不同计量单位的不同组别数据的离散程度。离散系数大的，则该组数据的离散程度就大；离散系数小的，则该组数据的离散程度就小。

总结：反映数据离散程度的各测定值的应用场合为：①对于分类数据，主要用异众比率来测度其离散程度；②对于顺序数据，主要用四分位差来测度其离散程度；③对于数值型数据，主要用方差或标准差来测度其离散程度；④当需要对不同组别数据的离散程度进行比较时，则使用离散系数。

2.2.3 数据分布形态的测定

由于差异性是数据的本质属性，所以各个数据与其分布中心之间总是存在着不同程度的偏离。我们把数据偏离其中心值的程度叫作离散程度，相对离散程度主要指标是离散系数。离散程度可以说明数据之间差异程度的大小，那么如何测定一组数据的离散程度呢？答案是分布形状。通过分布形状我们可以一眼知道这组数据是正态分布还是偏态分布，如果是偏态分布，是正偏态还是负偏态。分布形状主要包括峰态系数和偏态系数，分布形状也主要从峰态系数、偏态系数来进行描述。

通过分布形态的测定，我们可以了解数据分布形状的对称性以及分布曲线的扁平陡峭程度。结合这两点，我们还可以判断数据是否接近于正态分布。接下来描述几种分布形态测定的方法。

（1）矩：数据分布形态的测度主要是通过偏度系数和峰度系数来实现的。矩又是计算偏度系数和峰度系数的基础。矩可分为总体矩和样本矩。

（2）样本矩：一般来说，将一组样本 X_1，…，X_n 与其算术平均数 $\bar{X}$ 离差的 k 次方的

平均数称为样本的 k 阶中心矩，即

$$a_k = \frac{\sum_{i=1}^{n}\left(X_i - \bar{X}\right)^k f_i}{\sum_{i=1}^{n} f_i} \tag{2-12}$$

阶数 k 是正整数，其中 x_i 为各组变量，f_i 为各组变量值的权数，可以看出，一阶原点矩即样本算术平均数。方差为二阶中心矩阶数 k=3 和 k=4 时，矩则可以反映数据的分布形态特征。矩可以看成一系列反映数据分布特征指标的统称。

（3）偏度是指数据分布的不对称程度或偏斜程度。偏度也就是对数据非对称程度和方向的测度。用来测定偏度的统计量是偏度系数，记作 S_K 。对于分组数据，偏度系数 S_K 的计算公式为：$S_K = \frac{a_3}{s^3}$ 。其中，a_3 为样本的 3 阶中心矩，s^3 为样本标准差的三次方。偏度系数性质：如果分布是对称的，则 S_K=0；如果 $S_K \neq 0$，说明分布是非对称的；当 $S_K > 0$ 时，表明分布是右偏分布（正偏分布）；当 $S_K < 0$ 时，表明分布是左偏分布（负偏分布）。S_K 的数值越大，表明数据的偏斜程度越大。

（4）峰度是指数据分布曲线的陡峭或扁平的程度。对峰度的度量通常以正态分布曲线为标准进行比较。如果比正态分布曲线更加尖峭，称为尖峰分布；如果比正态分布曲线更加扁平，称为扁平分布。测量峰度的统计量是峰度系数，记作 K。对于分组数据，峰度系数 K 的计算公式为：$K = \frac{a_4}{s^4} - 3$ ，其中，a_4 为样本的 4 阶中心矩，s^4 为样本标准差的四次方。峰度系数性质：当 K=0 时，说明分布为正态分布；当 $K > 0$ 时，说明曲线是尖峰（陡峭）分布，即数据比正态分布更集中，K 的数值越大，则曲线越陡峭；当 $K < 0$ 时，说明曲线是扁平分布，即数据比正态分布更分散，K 的数值越小，则曲线越平缓。

2.3 数据的可视化

数据可视化是关于数据视觉表现形式的科学技术研究。其中，这种数据的视觉表现形式被定义为，一种以某种概要形式抽提出来的信息，包括相应信息单位的各种属性和变量。它是一个处于不断演变之中的概念，其边界在不断地扩大。主要指的是技术上较为高级的技术方法，而这些技术方法允许利用图形、图像处理、计算机视觉以及用户界面，通过表达、建模以及对立体、表面、属性以及动画的显示，对数据加以可视化解释。与立体建模之类的特殊技术方法相比，数据可视化所涵盖的技术方法要广泛得多。

2.3.1 数据可视化的提出

数据可视化的目的其实就是通过处理之后人们可以更加方便地分析了解数据，例如，人们需要花费很长时间才能整理好的数据，转换成为人们一眼就能看懂的标识；通过各种运算和公式计算得出的几组数据之间不同，在图表中通过颜色的不同、长度的大小就可以非常直观地了解到它们之间的差异。简单来说，就是将数据以最简单的图表或者图像的方式展现给使用者。

人类利用视觉获取的信息量，远远超出其他器官，而数据可视化正是利用人类天生技能来增强数据处理和组织效率。可视化可以帮助我们处理更加复杂的信息并增强记忆。大多数人对统计数据了解甚少，基本统计方法（平均值、中位数、范围等）并不符合人类的认知天性。最著名的一个例子是 Anscombe 的四重奏，根据统计方法看数据很难看出规律，但可视化出来，规律就非常清楚。

因此，数据可视化是一个非常强大的武器，来让人们处理各种复杂的信息。通过数据可视化信息，能让大脑更高效地获取到自己想要的信息，加深想要信息的印象。但是假如数据可视化做得不是那么的强大，也许会给人们带来“不一样”的效果；经过错误的表示可能会对数据的传播造成一定的损害，给使用者的判断造成完全的误导和曲解，因此需要多维度地将数据展现出来，所以就不能是单纯的某一方面。

2.3.2 数据可视化方法

可视化方法可通过创建表格、图标、图像等直观地表示数据。大数据可视化并不是传统的小数据集。一些传统的大数据可视化工具的延伸虽然已经被开发出来，但这些远远不够。在大规模数据可视化中，许多研究人员用特征提取和几何建模在实际数据呈现之前大大减少数据大小。当我们在进行可视化大数据时，选择合适的数据也是非常重要的。许多传统的数据可视化方法经常被使用，比如表格、直方图、散点图、折线图、柱状图、饼图、面积图、流程图、泡沫图表等以及图表的多个数据系列或组合，像时间线、维恩图、数据流图、实体关系图等。此外，一些数据可视化方法经常被使用，却不像前面那些使用的广泛，它们是平行坐标式、树状图、锥形树图和语义网络等。

数据可视化渗透各行各业，下面介绍一些常见的数据可视化工具 / 图表（图 2-3 至图 2-17 来自 https://blog.csdn.net/liverpool_deng_lee/article/details/97142811）。

（1）指示器。

当你想要立即了解业务在特定 KPI 上的表现时，这些工具尤其有用。结合一个简单的“标尺指示器”可视化，可以立即显示您是否在目标之上或之下，以及您是否正在朝着正确的方向移动。如果您将颜色编码（如红色、绿色或上下箭头）合并在一起，这将特别有效。更直接的是一个数字指示器，如图 2-3 所示，它给出了一个简单的标题数字，并显示了与前一年 / 季度 / 月份等的比较情况。

图 2–3　指示器

（2）折线图。

折线图在一系列业务用例中非常流行，因为它们以一种很难被误解的方式快速而简洁地展示了一个总体趋势。特别是，它们可以很好地描述同一时期不同类别的趋势，以帮助进行比较。如图 2–4 所示。

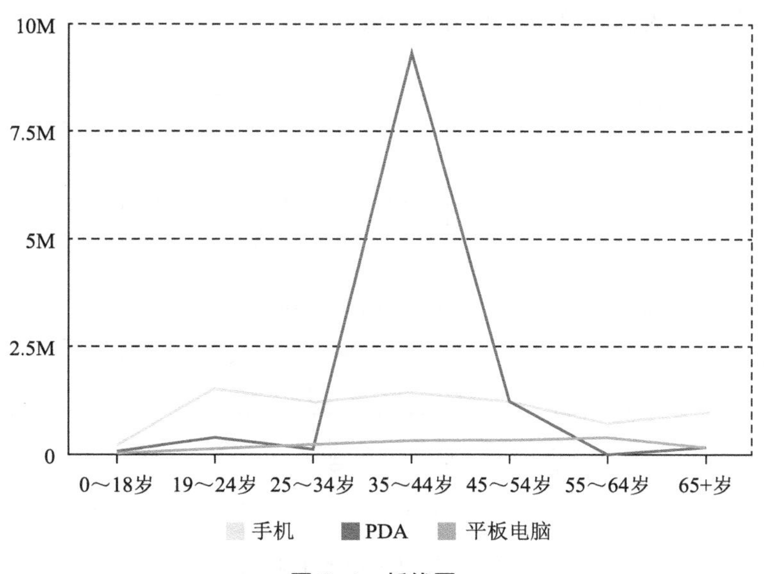

图 2–4　折线图

（3）条形图。

条形图非常适合比较几个不同的值，特别是当其中一些值被分成不同颜色的类别时。为了说明这个图和折线图之间的区别，现在让我们使用上面相同的信息，并将其重新可视化为条形图。如图 2–5 所示。

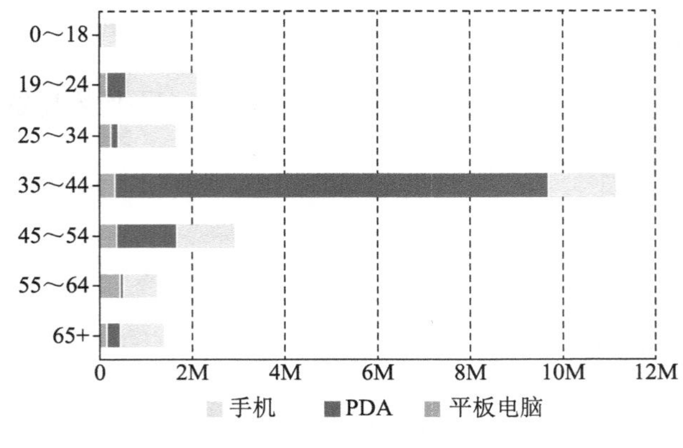

图 2-5　条形图

（4）列图表。

通常，使用柱状图对不同的值进行并排比较是有意义的。还可以使用它们来显示随时间的变化其数据发生的变化，例如，图 2-6 显示了网站页面总浏览量与一系列日期。这些数字并没有随着时间的推移而变化，所以折线图并不能显示出任何有洞察力的趋势；相反，这里的相关信息是每天访问该网站的具体人数。

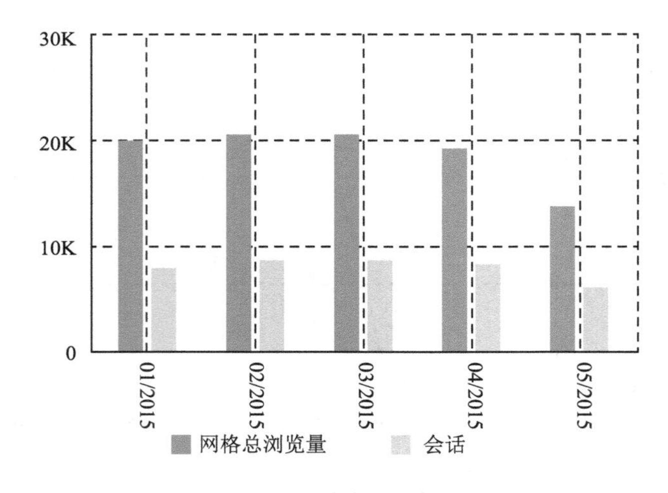

图 2-6　具体人数柱状图

如果你想突出或对比关键数字和总体趋势，你可以结合一个线和柱状图，如图 2-7 的例子所示。

正如你在这里看到的，销售的总数量和每个月的总收入讲述了一个稍微不同的故事。可视化实际上打开了一条新的查询线，可以查看哪些单元是最赚钱的，甚至在销售量更少的情况下也是如此——这可能是决定未来销售和营销策略的关键。

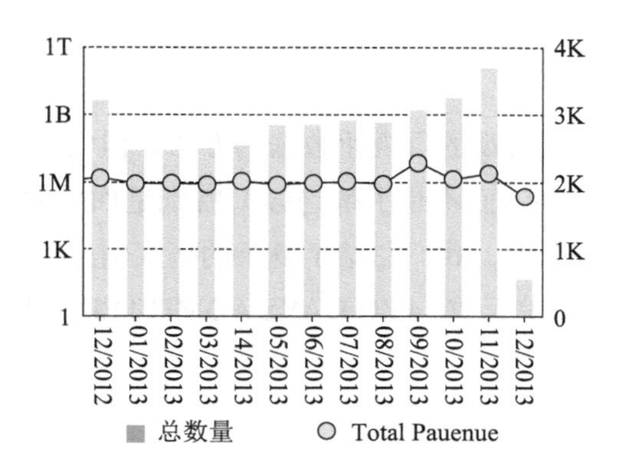

图 2-7 趋势图

（5）饼状图。

饼状图对于即时交流每个值在整体中所占的份额非常有用。它们比简单地列出加起来等于 100% 的百分比要直观得多。饼状图显示了哪些活动带来了最大的市场份额。你马上就会发现 AdWords 是最有效的资源，其次是社交媒体，然后是网络研讨会注册。一个即时的洞察将会向你的营销团队阐明什么是最有效的，帮助他们迅速重新分配资源或重新集中精力，最大限度地提高潜在客户。请注意，要使饼状图有效，您需要有六个或更少的类别。如果超过这个数字，图表就会变得过于拥挤，数值也会变得过于模糊，无法获得有用信息。

（6）面积图。

面积图是有用的，因为它们提供了一个整体的体积，以及这一比例所占的每一个类别。在上面的例子中，可以看到有多少卷（收益）与另一卷（成本）重叠。这是一个伟大的方式对现实马上检查你的收入估计——你看到的黄色条子利润薄，帮助你评估现金流是紧密的地方。如图 2-8 所示。

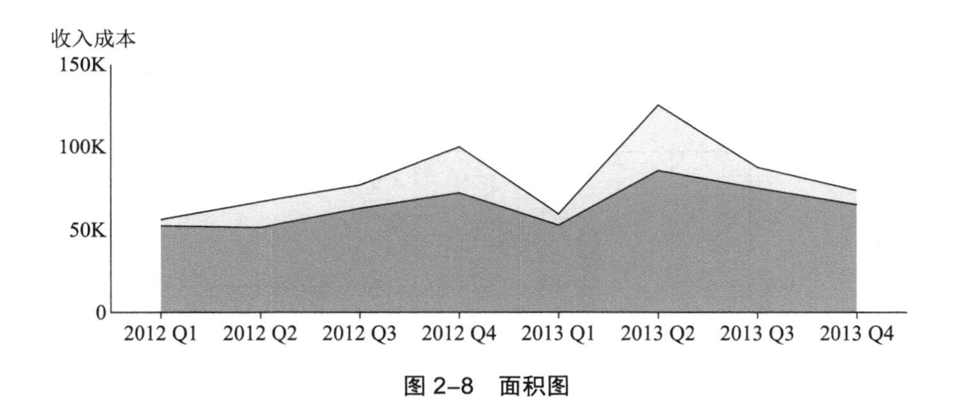

图 2-8 面积图

注意，当您在混合中引入三个以上的值时，像这样的分层可视化可能会开始变得混乱。这类信息可以提供即时的洞察力，帮助解决诸如资源规划、订购模式、分配适当存储空间的财务管理等问题。

（7）数据透视表。

数据透视表不是最美丽或直观的可视化数据的方法，但它们是有用的，当你想要快速提取关键人物，看到确切的数字（而不是了解趋势），特别是如果你没有一个自助式BI工具，它可以自动给你。在这个例子中，我们总结了复杂的病人信息，让你详细地了解费用、病人人数（PATIENTS）和平均住院天数（AVG DAYS ADMITTED）。数据透视表如图 2–9 所示。

TOP 10 DIAGNOSIS

诊断	# 患者人数	平均费用	平均住院日
心脏搭桥	169	$777,872	5.85
心脏骤停	178	$777,426	6.24
化疗	174	$790,289	6.62
慢性头痛	173	$795,728	6.78
糖尿病	191	$786,282	5.67
耳梗塞	175	$755,058	5.63
心电图	183	$786,703	6.03
癫痫	177	$785,052	5.99
低血糖	177	$777,663	5.85
放疗	196	$776,702	6.15

图 2–9　数据透视表

（8）散点图。

这些用圆形颜色表示类别，用圆形大小表示数据的体积，它们被用来形象化两个变量的分布，以及它们之间的关系。例如，图 2–10 显示了每个产品线的销售数量和由此带来的收入，以实物大小表示价值。它还按性别进行了分类（在圆圈上方悬停会显示产品的原始名称）。

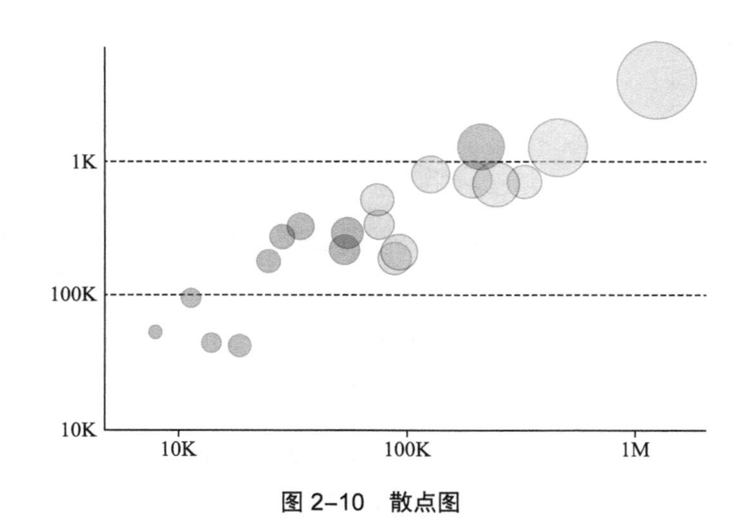

图 2–10　散点图

在这种情况下，将确定你最经常（和最赚钱）的客户目前是男性。例如，这可能导致你要么把更多的营销努力放在男性购物者身上，要么根据你的业务优先级，寻找更有效的方式吸引女性客户。

（9）气泡图。

与散点图相似，气泡图通过圆周尺寸描述值的权重。然而，它们的不同之处在于，它们将许多不同的值打包到一个小空间中，并且每个类别只表示一个度量。当您想要演示几个类别与一大堆无关紧要的类别相比有多么重要时，它们非常有用。

（10）树形图。

树形图对于显示类别和子类别之间的层次结构和比较值非常有用，它允许用户在保留细节的同时，对总体上最重要的区域进行即时预测。用户可以通过将颜色编码的矩形嵌套在彼此内部来实现这一点，并通过加权来反映它们在整体中的份额。这个树形图描述了不同营销渠道的价值，然后按国家进行细分。可以使用户一眼就能看出，AdWords 是你最成功的渠道，但在所有渠道中，美国是最有价值的目的地。

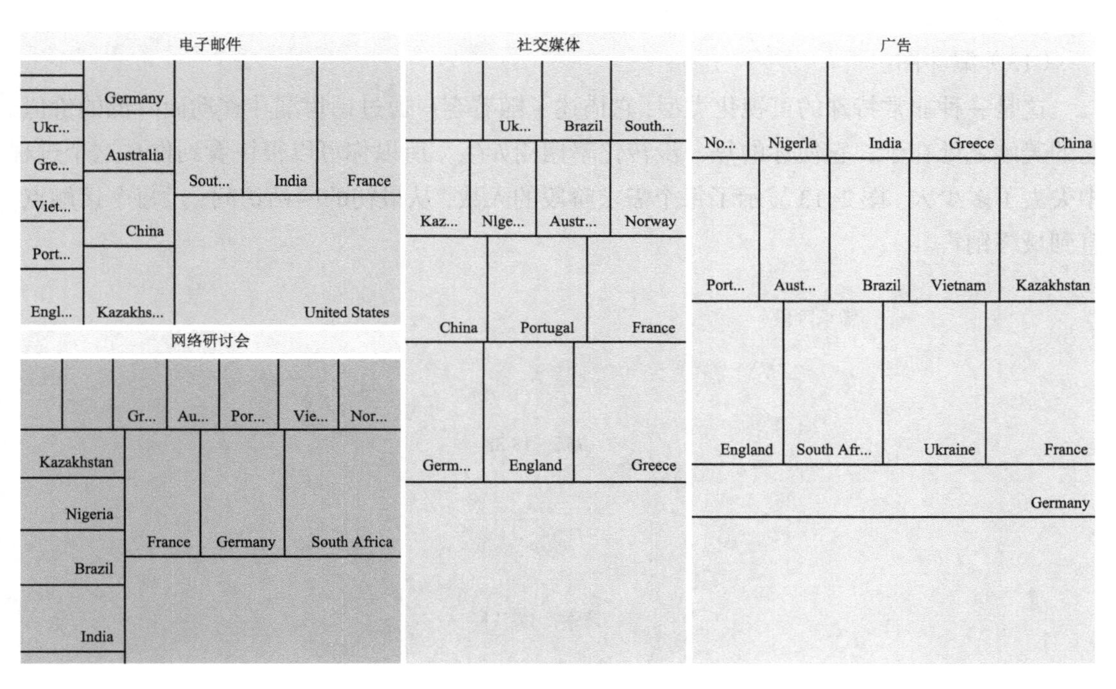

图 2-11　树形图

（11）极坐标图。

极坐标图（或极坐标面积图）是一种饼状图。然而，它不是用角的大小来表示每个值在整体中所占的份额，而是所有的扇区都有相等的角，这个值由它到圆心的距离来表示。下面的示例图 2-12 来自描述多个品牌销售情况的销售仪表板。每个部分代表一个品牌名称，条纹代表新产品，浅灰色代表翻新产品，深灰色代表“未指定”。

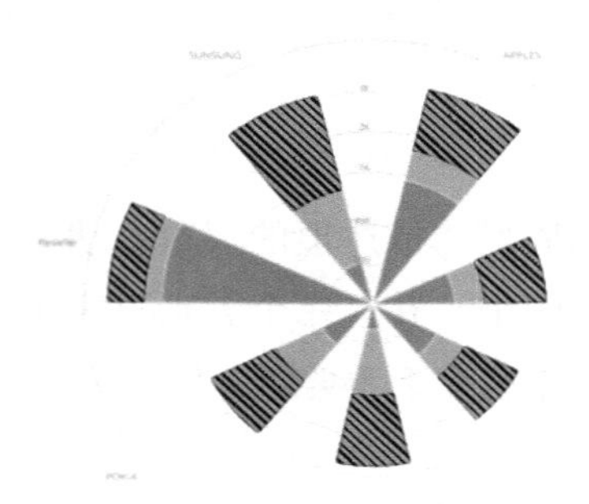

图 2-12　极坐标图

（12）区域地图 / 散点图。

这些类型的数据可视化允许立即看到哪些地理位置对业务最重要。数据被可视化为地图上的颜色点，值由圆的大小表示。

（13）漏斗图。

这是一种非常特殊的可视化类型，它描述了随着客户通过销售漏斗移动而降低的价值。它的美妙之处在于，它使你的每一步转化率栩栩如生，所以你可以很快看到你在这个过程中失去了多少人。图 2-13 显示了每个需求阶段的人数，从最初的网站访问，过每个接触点，直到最终销售。

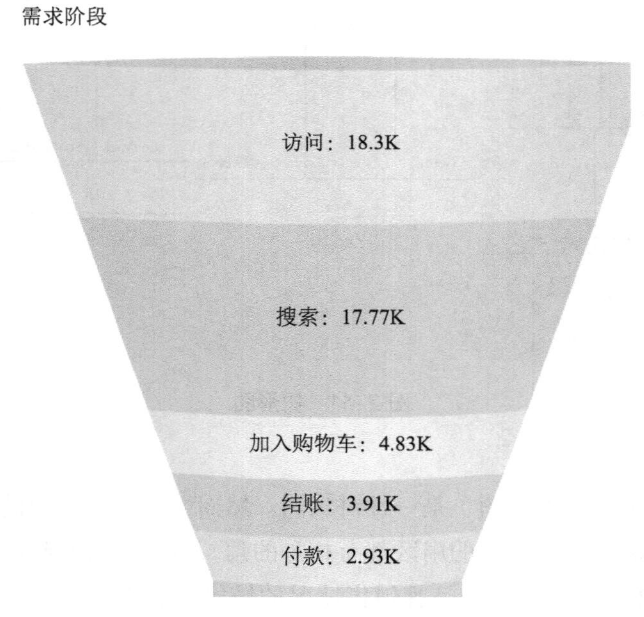

图 2-13　漏斗图

（14）鱼眼 / 笛卡尔变形。

鱼眼 / 笛卡尔变形，这本身并不是一种数据可视化风格，而是一种有用的附加功能，它允许在更复杂的可视化中放大细节，比如力向图或气泡图。当用户将光标移动到图表上时，正在查看的区域在鱼眼视图中会扩展，允许用户根据需要查看更多的颗粒细节。看看它是如何工作的。

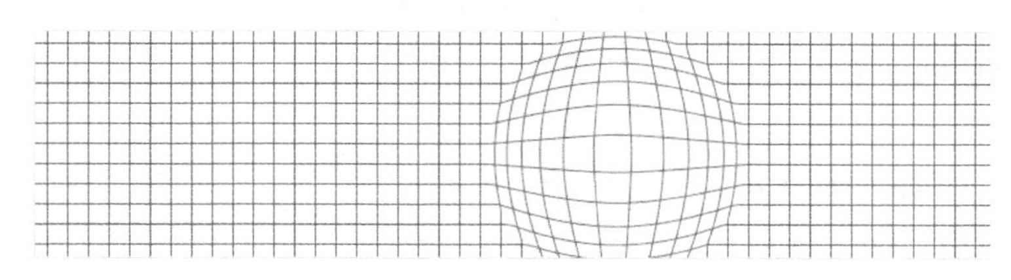

图 2–14　鱼眼 / 笛卡尔变形

无论选择哪种类型的数据可视化，为了使其准确和有效，使用的软件必须能够有效地与用户的数据交互。数据可视化软件应该能够处理抛出的任何数据源，必须能够正确地清理和准备数据，应该能够合并一个强大的外部可视化工具，如 D3，以增强结果。

2.3.3　数据可视化案例

Python 常用来进行数据可视化，因为其中包括很多作图库，Python 中最基本的作图库就是 matplotlib，是一个最基础的 Python 可视化库，一般都是从 matplotlib 上手 Python 数据可视化，然后开始做纵向与横向拓展。Seaborn 是一个基于 matplotlib 的高级可视化效果库，针对的点主要是数据挖掘和机器学习中的变量特征选取，Seaborn 可以用短小的代码去绘制描述更多维度数据的可视化效果图。其他库还包括 Bokeh（是一个用于做浏览器端交互可视化的库，实现分析师与数据的交互）、Mapbox（处理地理数据引擎更强的可视化工具库）等。本书主要使用 matplotlib 进行案例分析。接下来简单描述案例分析的步骤。

（1）确定问题，选择图形。

业务可能很复杂，但是经过拆分，要找到我们想通过图形表达什么具体问题。分析思维的训练可以学习《麦肯锡方法》和《金字塔原理》中的方法。

在 Python 中，我们可以总结为以下四种基本视觉元素来展现图形。

点：scatter plot 二维数据，适用于简单二维关系。

线：line plot 二维数据，适用于时间序列。

柱状：bar plot 二维数据，适用于类别统计。

颜色：heatmap 适用于展示第三维度。

数据间存在分布、构成、比较、联系以及变化趋势等关系。对应不一样的关系，选择相应的图形进行展示。

（2）转换数据，应用函数。

数据分析和建模方面的大量编程工作都是用在数据准备的基础上的，包括加载、清理、转换以及重塑。我们可视化步骤也需要对数据进行整理，转换成我们需要的格式再套用可视化方法完成作图。下面是一些常用的数据转换方法。

合并：merge，concat，combine_frist（类似于数据库中的全外连接）。

重塑：reshape；轴向旋转：pivot（类似 excel 数据透视表）。

去重：drop_duplicates。

映射：map。

填充替换：fillna，replace。

重命名轴索引：rename。

将分类变量转换“哑变量矩阵”的 get_dummies 函数以及在 df 中对某列数据取限定值等。函数则根据第一步中选择好的图形，去找 Python 中对应的函数。

（3）参数设置。

原始图形画完后，我们可以根据需求修改颜色（color）、线型（linestyle）、标记（maker）或者其他图表装饰项标题（Title）、轴标签（xlabel，ylabel）、轴刻度（set_xticks），还有图例（legend）等，让图形更加直观。为了使图形更加清晰明了，做一些修饰工作，具体参数都可以在制图函数中找到。

（4）常用的可视化作图案例（Matplotlib）。

案例 1：饼图的绘制（图 2-15）。

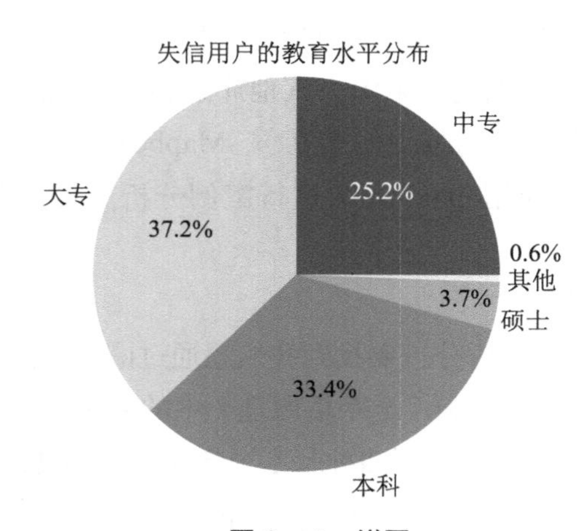

图 2-15　饼图

```
# 导入第三方模块
import matplotlib
import matplotlib.pyplot as plt
plt.rcParams['font.sans-serif']=['Simhei']
plt.rcParams['axes.unicode_minus']=False
ziti = matplotlib.font_manager.FontProperties(fname='C:\Windows\Fonts\simsun.ttc')
```

```
# 构造数据
edu = [0.2515,0.3724,0.3336,0.0368,0.0057]
labels = ['中专','大专','本科','硕士','其他']
# 绘制饼图
plt.pie(x = edu, # 绘图数据
labels=labels, # 添加教育水平标签
autopct='%.1f%%' # 设置百分比的格式，这里保留一位小数
)
# 添加图标题
plt.title('失信用户的教育水平分布')
# 显示图形
plt.show()
```

案例 2：条形图的绘制（图 2-16 至图 2-18）。

```
# 条形图的绘制--垂直条形图
import matplotlib
import matplotlib.pyplot as plt
# 读入数据
GDP = pd.read_excel(r'Province GDP 2017.xlsx')
# 设置绘图风格（不妨使用R语言中的ggplot2风格）
plt.style.use('ggplot')
# 绘制条形图
plt.bar(left = range(GDP.shape[0]), # 指定条形图x轴的刻度值
height = GDP.GDP, # 指定条形图y轴的数值
tick_label = GDP.Province, # 指定条形图x轴的刻度标签
color = 'steelblue', # 指定条形图的填充色
)
# 添加y轴的标签
plt.ylabel('GDP(万亿)')
# 添加条形图的标题
plt.title('2017年度6个省份GDP分布')
# 为每个条形图添加数值标签
for x,y in enumerate(GDP.GDP):
plt.text(x,y+0.1,'%s' %round(y,1),ha='center')
# 显示图形
plt.show()
```

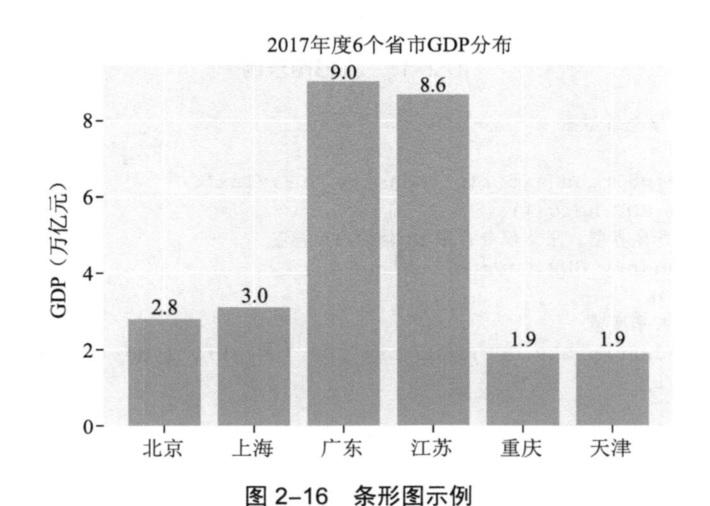

图 2-16　条形图示例

```
# 条形图的绘制--水平条形图
# 对读入的数据作升序排序
GDP.sort_values(by = 'GDP', inplace = True)
# 绘制条形图
plt.barh(bottom = range(GDP.shape[0]), # 指定条形图y轴的刻度值
width = GDP.GDP, # 指定条形图x轴的数值
tick_label = GDP.Province, # 指定条形图y轴的刻度标签
color = 'steelblue', # 指定条形图的填充色
)
# 添加x轴的标签
plt.xlabel('GDP(万亿)')
# 添加条形图的标题
plt.title('2017年度6个省份GDP分布')
# 为每个条形图添加数值标签
for y,x in enumerate(GDP.GDP):
plt.text(x+0.1,y,'%s' %round(x,1),va='center')
# 显示图形
plt.show()
```

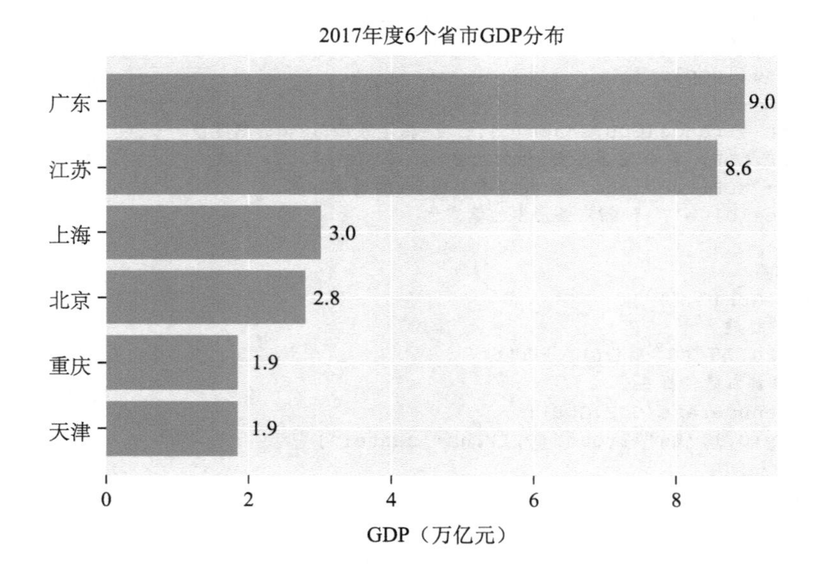

图 2-17　条形图示例

```
# 条形图的绘制--堆叠条形图
# 读入数据
Industry_GDP = pd.read_excel(r'Industry_GDP.xlsx')
print(Industry_GDP.head())
# 取出四个不同的季度标签，用作堆叠条形图x轴的刻度标签
Quarters = Industry_GDP.Quarter.unique()
print(Quarters)
# 取出第一产业的四季度值
Industry1 = Industry_GDP.GPD[Industry_GDP.Industry_Type == '第一产业']
print(Industry1)
# 重新设置行索引
Industry1.index = range(len(Quarters))
print(Industry1)
```

```
# 取出第二产业的四季度值
Industry2 = Industry_GDP.GPD[Industry_GDP.Industry_Type == '第二产业']
print(Industry2)
# 重新设置行索引
Industry2.index = range(len(Quarters))
print(Industry2)
# 取出第三产业的四季度值
Industry3 = Industry_GDP.GPD[Industry_GDP.Industry_Type == '第三产业']
print(Industry3)
# 绘制堆叠条形图
# 各季度下第一产业的条形图
plt.bar(left = range(len(Quarters)), height=Industry1, color = 'steelblue', la-
bel = '第一产业', tick_label = Quarters)
# 各季度下第二产业的条形图
plt.bar(left = range(len(Quarters)), height=Industry2, bottom = Industry1,
color = 'green', label = '第二产业')
# 各季度下第三产业的条形图
plt.bar(left = range(len(Quarters)), height=Industry3, bottom = Industry1 + In-
dustry2, color = 'red', label = '第三产业')
# 添加y轴标签
plt.ylabel('生成总值（亿）')
# 添加图形标题
plt.title('2017年各季度三产业总值')
# 显示各产业的图例
plt.legend()
# 显示图形
plt.show()
```

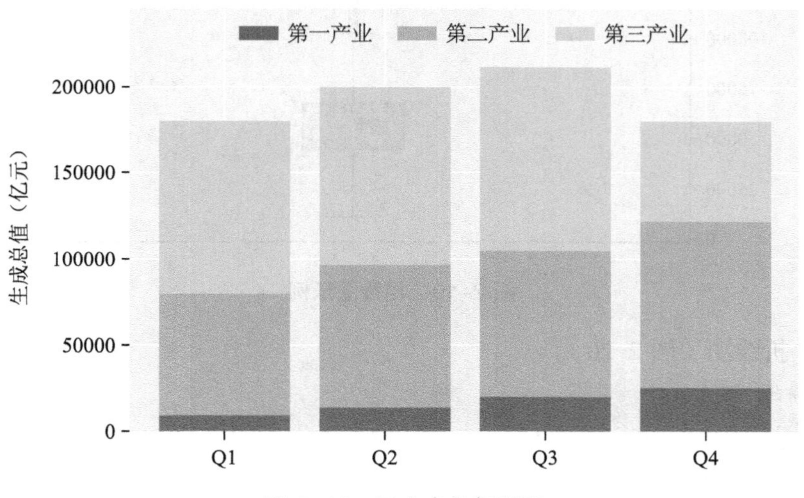

图 2-18　三大产业条形图

案例 3：箱线图（图 2-19）。

```
import pandas as pd
import matplotlib.pyplot as plt
# 读取数据
Sec_Buildings = pd.read_excel(r'sec_buildings.xlsx')
```

```
print(Sec_Buildings.shape)
# 绘制箱线图
plt.boxplot(x = Sec_Buildings.price_unit, # 指定绘图数据
patch_artist=True, # 要求用自定义颜色填充盒形图，默认白色填充
showmeans=True, # 以点的形式显示均值
boxprops = {'color':'black','facecolor':'steelblue'}, # 设置箱体属性，如边框色和填充色
# 设置异常点属性，如点的形状、填充色和点的大小
flierprops = {'marker':'o','markerfacecolor':'red', 'markersize':3},
# 设置均值点的属性，如点的形状、填充色和点的大小
meanprops = {'marker':'D','markerfacecolor':'indianred', 'markersize':4},
# 设置中位数线的属性，如线的类型和颜色
medianprops = {'linestyle':'--','color':'orange'},
labels = [''] # 删除x轴的刻度标签，否则图形显示刻度标签为1
)
# 添加图形标题
plt.title('二手房单价分布的箱线图')
# 显示图形
plt.show()
```

(20275，9)

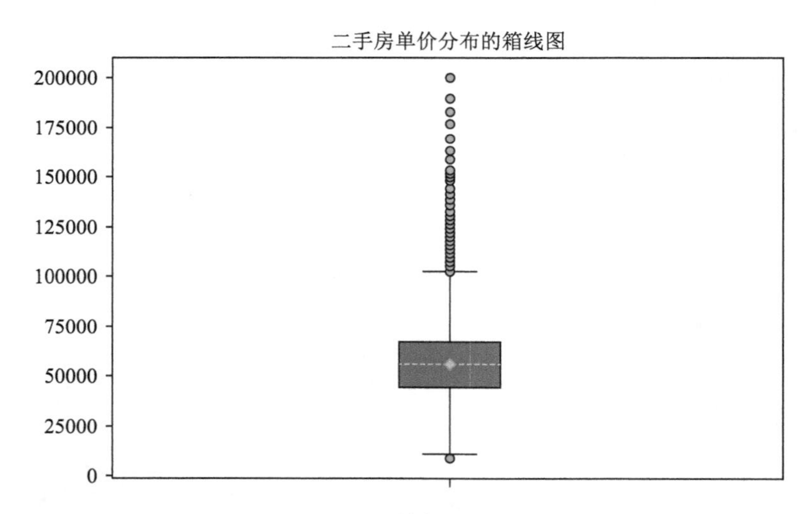

图 2-19　箱线图示例

案例 4：折线图（图 2-20）。

```
# 绘制两条折线图
# 导入模块，用于日期刻度的修改
import pandas as pd
import matplotlib.pyplot as plt
import matplotlib as mpl
# 绘制阅读人数折线图
plt.plot(wechat.Date, # x轴数据
wechat.Counts, # y轴数据
linestyle = '-', # 折线类型，实心线
color = 'steelblue', # 折线颜色
label = '阅读人数'
)
```

```
# 绘制阅读人次折线图
plt.plot(wechat.Date, # x轴数据
wechat.Times, # y轴数据
linestyle = '--', # 折线类型，虚线
color = 'indianred', # 折线颜色
label = '阅读人次'
)
plt.show()
```

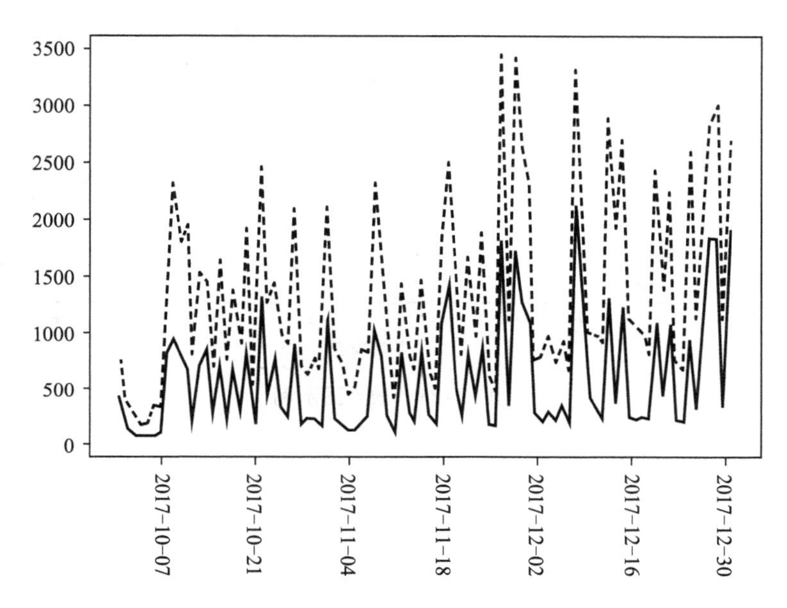

图 2-20　折线图示例

案例 5：散点图（图 2-21）。

```
import pandas as pd
import matplotlib.pyplot as plt
# 读入数据
iris = pd.read_csv(r'iris.csv')
print(iris.shape)
# 绘制散点图
plt.scatter(x = iris.Petal_Width, # 指定散点图的x轴数据
y = iris.Petal_Length, # 指定散点图的y轴数据
color = 'steelblue' # 指定散点图中点的颜色
)
# 添加x轴和y轴标签
plt.xlabel('花瓣宽度')
plt.ylabel('花瓣长度')
# 添加标题
plt.title('鸢尾花的花瓣宽度与长度关系')
# 显示图形
plt.show()
```

(150, 5)

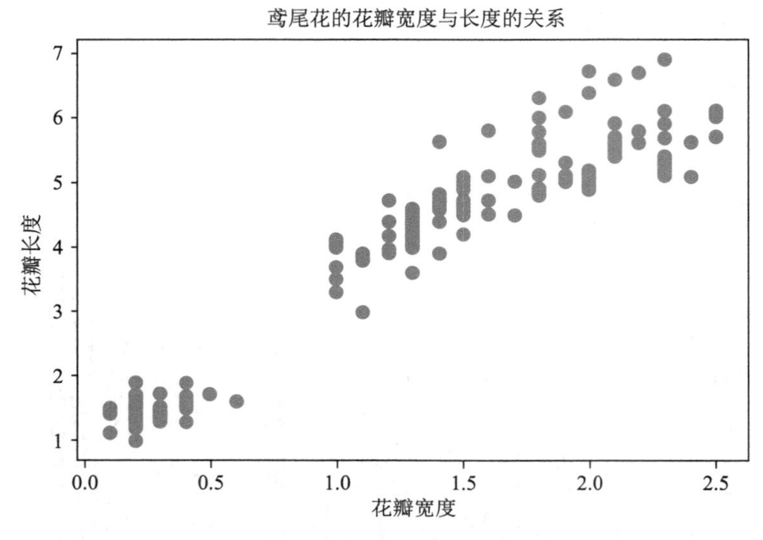

图 2–21　散点图示例

案例 6：气泡图（图 2-22）。

```
import pandas as pd
import matplotlib.pyplot as plt
# 读取数据
Prod_Category = pd.read_excel(r'SuperMarket.xlsx')
print(Prod_Category.shape)
# 将利润率标准化到[0,1]之间（因为利润率中有负数），然后加上微小的数值0.001
range_diff = Prod_Category.Profit_Ratio.max()-Prod_Category.Profit_Ratio.min()
print(range_diff)
Prod_Category['std_ratio'] = (Prod_Category.Profit_Ratio-Prod_Category.Profit_
Ratio.min())/range_diff + 0.001
print(Prod_Category)
# 绘制办公用品的气泡图
plt.scatter(x = Prod_Category.Sales[Prod_Category.Category == '办公用品'],
y = Prod_Category.Profit[Prod_Category.Category == '办公用品'],
s = Prod_Category.std_ratio[Prod_Category.Category == '办公用品']*1000,
color = 'steelblue', label = '办公用品', alpha = 0.6
)
# 绘制技术产品的气泡图
plt.scatter(x = Prod_Category.Sales[Prod_Category.Category == '技术产品'],
y = Prod_Category.Profit[Prod_Category.Category == '技术产品'],
s = Prod_Category.std_ratio[Prod_Category.Category == '技术产品']*1000,
color = 'indianred' , label = '技术产品', alpha = 0.6
)
# 绘制家具产品的气泡图
plt.scatter(x = Prod_Category.Sales[Prod_Category.Category == '家具产品'],
y = Prod_Category.Profit[Prod_Category.Category == '家具产品'],
s = Prod_Category.std_ratio[Prod_Category.Category == '家具产品']*1000,
color = 'black' , label = '家具产品', alpha = 0.6
)
```

```
# 添加x轴和y轴标签
plt.xlabel('销售额')
plt.ylabel('利润')
# 添加标题
plt.title('销售额、利润及利润率的气泡图')
# 添加图例
plt.legend()
# 显示图形
plt.show()
```

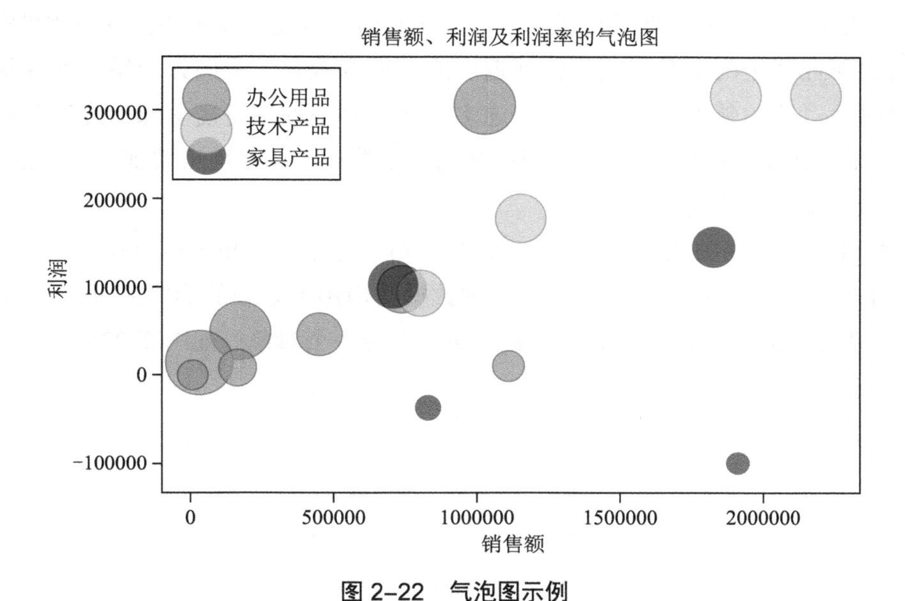

图 2–22　气泡图示例

以上是使用 Python 进行数据可视化的简单案例描述。

2.4　数据的相似性与相异性

通常相似性就是两个数据个体间的相似程度，相异性是相对的概念，通过计算事物之间的相似性和相异性，可以推荐、聚类和分类。相异性也就是距离，如果我们把数据个体看作向量，那么相异性就是两个向量间的距离了。相似性和相异性通常都用区间 [0,1] 内的数值来表示，这两种值是负相关的，因此理论上任意单调递减的函数都可以用来进行两种值的转换。

2.4.1　相似性和相异性

在数据挖掘中，确定适用的算法模型之后，应该让我们的数据也能适用我们的算法。例如，聚类、最近邻分类等算法，在这些算法中我们往往需要给我们的数据分类，相似的分为一类，不相似的分为不同类。 比如为了精准营销，商店需要建立顾客画像，得出具有类似特征（如类似的收入、居住区域和年龄、职业等）的顾客组。也就是我们需要一个评判标准，评估对象之间比较的相似或不相似程度的标准，也就是数据的相似性和相异性。

度量数据的相似度（similarity）和相异度（dissimilarity）之前，我们先引入一个术语叫邻近度（proximity）。邻近度可以表示相似性或者相异性，相当于是一个总括概念。在许多情况下，一旦计算出相似性和相异性，就不再需要原始数据了，这种方法就是将数据变换到相似或相异的空间，然后再进行分析。用术语邻近度来表示相似性和相异性。两个对象之间的邻近度是两个对象之间的邻近度的邻近度函数，我们先介绍如何度量仅包含一个简单属性对象的邻近度，然后再考虑多个属性对象的邻近度。邻近度度量有很多，比如相关和欧几里得距离（在时间序列这样的稠密数据或者二维点用到）、余弦相似度和 Jaccard 系数（文档类稀疏数据）。

相似性和相异性相关的邻近度度量，需要了解数据矩阵和相异性矩阵。

数据矩阵，也叫对象—属性结构：这种数据结构用关系表的形式或 $n \times p$ （n 个对象 p 个属性）表示。矩阵存放 n 个数据对象，每行对应一个对象。如图 2-23 所示。

$$\begin{bmatrix} x_{11} & \cdots & x_{1f} & \cdots & x_{1p} \\ \cdots & \cdots & \cdots & \cdots & \cdots \\ x_{i1} & \cdots & x_{if} & \cdots & x_{ip} \\ \cdots & \cdots & \cdots & \cdots & \cdots \\ x_{n1} & \cdots & x_{nf} & \cdots & x_{np} \end{bmatrix}$$

图 2-23　数据矩阵

相异性矩阵，也叫对象—对象结构：存放 n 个对象两两之间的邻近度。 d（i，j）是对象 i 和对象 j 之间的相异性的度量。一般来说，d（i，j）是个非负数。当 i 和 j 高度相似或接近时，它的值接近于 0，越不同，这个值越大。如图 2-24 所示。那么我们也可以由相异性度量推出相似性。例如，对于标称属性来说：

$$sim(i,\ j) = 1 - d(i,\ j)$$

$$\begin{bmatrix} 0 & & & & \\ d(2,1) & 0 & & & \\ d(3,1) & d(3,2) & 0 & & \\ \vdots & \vdots & \vdots & & \\ d(n,1) & d(n,2) & \cdots & \cdots & 0 \end{bmatrix}$$

图 2-24　相异性矩阵

我们了解完数据矩阵和相异性矩阵后，接下来讲讲不同数据属性度量相异性的方法。

在第一小节详细地讲解了数据属性，每种属性的相异性度量是不一样的。度量数据属性数据的相异性，有很多种方法。当前，被广泛应用的距离度量有欧几里得距离、曼哈顿距离等。要计算这些距离的计算前提是首先应该对数据进行规范化处理。规范化处理首先要有统一的度量单位。比如，长度单位有可能是米或者寸，在这种情况下，我们应该先统一它们的单位。

最常用的距离度量是欧几里得距离公式，如下所示：

$$d(i,\ j)=\sqrt{\left(x_{i1}-x_{j1}\right)^2+\left(x_{i2}-x_{j2}\right)^2+\cdots+\left(x_{ip}-x_{jp}\right)^2} \qquad (2\text{-}13)$$

其中，x_{i1}，x_{i2} 分别是 i 对象的属性们，x_{j1}，x_{j2} 分别是 j 对象的属性们。另一个著名的度量方法是曼哈顿距离公式，如下：

$$d(i,\ j)=\left|x_{i1}-x_{j1}\right|+\left|x_{i2}-x_{j2}\right|+\cdots+\left|x_{ip}-x_{jp}\right| \qquad (2\text{-}14)$$

2.4.2 邻近度度量

邻近度度量方式分为标称属性的邻近度度量、二元属性的邻近度度量、序数属性的邻近性度量、混合类型属性的相异性度量和数值属性距离度量。

（1）标称属性的邻近度度量。

标称属性可以取两个或多个状态。例如，color 是一个标称属性，它可以有五种状态：黄、红、绿、粉红、蓝。两个对象 i 和 j 之间的相异性可以根据不匹配率来计算。如下式所示：

$d(i,\ j)=\dfrac{p-m}{p}$，其中，i，j 是对象，m 是匹配的数目（就是 i 和 j 取值相同状态的属性数），而 p 是刻画对象的属性总数。

（2）二元属性的邻近度度量。

关于二元属性的邻近度度量，需要先了解对称和非对称二元属性刻画的对象间的相异性和相似度度量。那么怎么计算两个二元属性之间的相异性呢？前文说到二元属性只有两种状态：0 或 1。例如，患者的属性 smoker，1 表示抽烟，0 表示不抽烟。假如所有的二元属性都看作具有相同的权重，则可以得到一个行列表，如表 2-1 所示。

表 2-1　二元属性的列联表

	二元属性的列联表			
	对象 j			
		1	0	sum
对象 i	1	q	r	$q+r$
	0	s	t	$s+t$
	sum	$q+s$	$r+t$	p

表 2-1 中，q 是对象 i 和 j 都取 1 的属性数；r 是在对象 i 中取 1，在对象 j 中取 0 的属性数；s 是在对象 i 中取 0，在对象 j 中取 1 的属性数；t 是对象 i 和对象 j 中都取 0 的属性数。属性的总数 $p=q+r+s+t$。

对称的二元属性，每个状态都同样重要，因此基于二元属性的相异性称作对称的二元相异性。如果对象 i 和 j 的相异性都用对称的二元属性刻画，则 i 和 j 的相异性如下式所示：

$$d(i,\ j)=\frac{r+s}{q+r+s+t} \tag{2-15}$$

那么对于不对称的二元属性，两个状态不是一样重要的。取值为 0 的意义很小，我们可以忽略不计，我们称作非对称的二元相似性。所以 i 和 j 的相异性如下式所示：

$$d(i,\ j)=\frac{r+s}{q+r+s} \tag{2-16}$$

这也叫 Jaccard 系数，它是比较常用的一个系数。

（3）序数属性的邻近性度量。

计算对象之间的相异性时，序数属性的处理与数值属性的非常类似。假设 f 是用于描述 n 个对象的一组序数属性之一，关于 f 的相异性计算涉及如下步骤。

① 第 i 个对象的 f 值为 x_{if}，属性 f 有 M_f 个有序的状态，表示排位 1，…，M_f。用对应的排位 $r_{if}\in\{1,\ \cdots,\ M_f\}$ 取代 x_{if}。

② 由于每个序数属性都可以有不同的状态数，所以通常需要将每个属性的值域映射到［0.0，1.0］上，以便每个属性都有相同的权重。我们通过用 z_{if} 代替第 i 个对象的 r_{if} 来实现数据规格化，其中 $z_{if}=\dfrac{r_{if}-1}{M_f-1}$。

③ 相异性可以用上面介绍的任意一种数值属性的距离度量计算，使用 z_{if} 作为第 i 个对象的 f 值。

（4）混合类型属性的相异性度量。

一种这样的技术将不同的属性组合在单个相异性矩阵中，把所有有意义的属性转换到共同的区间［0.0，1.0］上。假设数据集包含 p 个混合类型的属性，对象 i 和 j 之间的相异性 d（i，j）定义为：

$$d(i,\ j)=\frac{\sum_{j=1}^{p}\delta_{ij}^{(i)}d_{ij}^{(0)}}{\sum_{j=1}^{p}\delta_{ij}^{(f)}} \tag{2-17}$$

其中，指示符 $\delta_{ij}^{(f)}$ =0，如果 x_{if} 或 x_{jf} 缺失（对象 i 或对象 j 没有属性 f 的度量值），或

者 $x_{if}=x_{jf}=0$，并且 f 是非对称的二元属性；否则，指示符 $\delta_{ij}^{(f)}=1$。属性 f 对 i 和 j 之间相异性的贡献 $d_{ij}^{(f)}$ 根据它的类型计算：

f 是数值的：$d_{ij}^{(f)}=\dfrac{|x_{if}-x_{jf}|}{\max\limits_{h} x_{hf}-\min\limits_{h} x_{hf}}$，其中 h 遍取属性 f 的所有非缺失对象。

f 是标称或二元的：如果 $x_{if}=x_{jf}$，则 $d_{ij}^{(f)}=0$；否则 $d_{ij}^{(f)}=1$。

f 是序数的：计算排位 r_{if} 和 $z_{if}=\dfrac{r_{if}-1}{M_f-1}$，并将 z_{if} 作为数值属性对待。

上面的步骤与我们所见到的各种单一属性类型的处理相同。唯一的不同是对于数值属性的处理，其中规格化使得变量值映射到了区间［0.0，1.0］。这样，即便描述对象的属性具有不同类型，对象之间的相异性也能够进行计算。

（5）数值属性距离度量。

计算数值属性刻画的对象的相异性的距离度量，包括欧几里得距离、曼哈顿距离和闵可夫斯基距离。最流行的距离度量是欧几里得距离（直线或“乌鸦飞行”距离）。

① 欧几里得距离。

令 $i=(x_{i1}, x_{i2}, \cdots, x_{ip})$ 和 $j=(x_{j1}, x_{j2}, \cdots, x_{jp})$ 是两个被 p 个数值属性描述的对象，对于 n 维空间中的两个点之间的欧几里得距离 $d(i, j)$ 表示如下：

$$d(i, j)=\sqrt{(x_{i1}-x_{j1})^2+(x_{i2}-x_{j2})^2+\cdots+(x_{ip}-x_{jp})^2} \tag{2-18}$$

当 n=2 时，表示二维空间两点（x_1，y_1），（x_2，y_2）之间的距离。

另一个著名的度量方法是曼哈顿（城市块）距离，之所以如此命名，因为它是城市两点之间的街区距离（例如，向南 2 个街区，横过 3 个街区，共计 5 个街区）。其定义公式如下：

$$d(i, j)=|x_{i1}-x_{j1}|+|x_{i2}-x_{j2}|+\cdots+|x_{ip}-x_{jp}| \tag{2-19}$$

即在欧几里德空间的固定直角坐标系上两点所形成的线段对轴产生的投影的距离总和。欧几里得距离和曼哈顿距离都满足如下数学性质。

非负性：$d(i, j)\geqslant 0$，距离是一个非负的数值。

同一性：$d(i, i)=0$，对象到自身的距离为 0。

三角不等式：$d(i, j)\leqslant d(i, k)+d(k, j)$，从对象 i 到对象 j 的直接距离不会大于途经任何其他对象 k 的距离。满足这些条件的测度称为度量。注意非负性被其他三个性质所蕴含。

② 闵氏距离。

两个 n 维变量 $a(x_{11}, x_{12}, \cdots, x_{1n})$ 与 $b(x_{21}, x_{22}, \cdots, x_{2n})$ 间的闵可夫斯基距离定义为:

$d_{12}=\sqrt[p]{\sum_{k=1}^{n}\left|x_{1k}-x_{2k}\right|p}$。

其中 p 是一个变参数。

当 p=1 时，就是曼哈顿距离；

当 p=2 时，就是欧氏距离；

当 $p\rightarrow\infty$ 时，就是切比雪夫距离。

根据变参数的不同，闵氏距离可以表示一类的距离。闵氏距离，包括曼哈顿距离、欧氏距离和切比雪夫距离都存在明显的缺点。举个例子：二维样本（身高，体重），其中，身高范围是 150 ~ 190cm，体重范围是 50 ~ 60kg，有三个样本：a（180，50），b（190，50），c（180，60）。那么 a 与 b 之间的闵氏距离（无论是曼哈顿距离、欧氏距离或切比雪夫距离）等于 a 与 c 之间的闵氏距离，但是身高的 10cm 真的等价于体重的 10kg 吗？因此用闵氏距离来衡量这些样本间的相似度很有问题。 简单说来，闵氏距离的缺点主要有两个：第一，将各个分量的量纲（scale），也就是“单位”当作相同的看待了；第二，没有考虑各个分量的分布（期望、方差等）可能是不同的。

③ 余弦相似性。

文档用数以千计的属性表示，每个属性记录文档中一个特定词（如关键词）或短语的频度。这样，每个文档都被一个所谓的词频向量（term-frequency vector）表示。例如，在表 2-2 中，我们看到文档 1 包含词团队的 5 个实例，而曲棍球出现 3 次。正如计数值 0 所示，教练在整个文档中未出现。这种数据可能是高度非对称的。

表 2-2 文档向量或词频向量文档

文档	团队	教练	曲棍球	棒球	罚球	penalty	得分	胜利	失败	赛季
文档 1	5	0	3	0	2	0	0	2	0	0
文档 2	3	0	2	0	1	1	0	1	0	1
文档 3	0	7	0	2	1	0	0	3	0	0
文档 4	0	1	0	0	1	2	2	0	1	0

词频向量通常很长，并且是稀疏的（它们有许多 0 值）。使用这种结构的应用包括信息检索、文本文档聚类、生物学分类和基因特征映射。对于这类稀疏的数值数据，本章我们研究过的传统的距离度量效果并不好。例如，两个词频向量可能有很多公共 0 值，意味着对应的文档许多词是不共有的，而这使得它们不相似。我们需要一种度量，它关注两个文档确实共有的词，以及这种词出现的频率。换言之，我们需要忽略 0 匹配的数值数据度量。

余弦相似性是一种度量，它可以用来比较文档，或针对给定的查询词向量对文档排序。令 x 和 y 是两个待比较的向量，使用余弦度量作为相似性函数 $\mathrm{sim}(x, y)=\frac{x\cdot y}{\|x\|\|y\|}$。

其中，‖x‖ 是向量 $x=(x_1, x_2, \cdots, x_p)$ 的欧几里得范数，定义为 $\sqrt{x_1^2+x_2^2+\cdots+x_p^2}$ 。从概念上讲，它就是向量的长度。类似地，‖y‖ 是向量 y 的欧几里得范数。该度量计算向量 x 和 y 之间夹角的余弦。余弦值 0 意味两个向量呈 90° 夹角（正交），没有匹配。余弦值越接近于 1，夹角越小，向量之间的匹配越大。注意，由于余弦相似性度量不遵守上面定义的度量测度性质，因此它被称为非度量测度（nonmetric measure）。

2.4.3 相似性和相异性案例

案例 1：标称属性的相似性度量。

在上一小节中，我们讲到了标称属性的定义，简单讲，标称属性是枚举型类别变量，类别间无先后顺序，如颜色有红、橙、黄、绿、青、蓝、紫。如何通过距离来计算标称属性的相异性，通过距离：$d(i, j)=\dfrac{p-m}{p}$，其中 m 为对象 i，j 相同的属性数，p 为对象的属性总数（对象 i 有 p 个属性），计算标称属性距离举例如图 2-25、图 2-26 所示。

```
# 构建数据表
import pandas as pd
df = pd.DataFrame([['A','优秀','45'],
                   [ 'B' ,'一般','22'],
                   ['c','好','64'],
                   ['A','优秀','28']],
                         index = pd.Series([1,2,3,4],name='对象标识符'),
                         columns = ['test-','test-2' ,'test-3']
                  )
df
```

	test-1	test-2	test-3
对象标识符			
1	A	优秀	45
2	B	一般	22
3	C	好	64

```
#导入数据集
data = pd.read_csv('titanic.csv' )

data.rename(columns={'PassengerId':'乘客ID','Pclass' :'客舱等级(1/2/3等舱位)',
                'Name':'乘客姓名' ,
                'Sex':'性别' ,
                'Age' :'年龄',
                'sibsp' :'兄弟姐妹数/配偶数'
                ,'Parch':'父母数/子女数',
                'Ticket' :'船票编号'
                ,'Fare':'船票价格',
                'Cabin':'客舱号',
                'Embarked':'登船港口'},
        inplace=True)

print(data.shape)

data.head()
```

图 2–25　标称属性的相似性度量

	乘客ID	客舱等级(1/2/3等舱位)	乘客姓名	性别	年龄	兄弟姐妹数/配偶数	父母数/子女数	船票编号	船票价格	客舱号	登船港口
0	892	3	Kelly, Mr. James	male	34.5	0	0	330911	7.8292	NaN	Q
1	893	3	Wilkes, Mrs. James (Ellen Needs)	female	47.0	1	0	363272	7.0000	NaN	S
2	894	2	Myles, Mr. Thomas Francis	male	62.0	0	0	240276	9.6875	NaN	Q
3	895	3	Wirz, Mr. Albert	male	27.0	0	[illegible]	0 0 [illegible]	9 36[illegible]	S	
4	896	3	Hirvonen, Mrs. Alexander (Helga E Lindqvist)	female	22.0	1	1	3101298	12.2875	NaN	S

```
#定义一个函数，计算属性对象之间得相似性
def cal_distance(s1, s2):

    #计算两者的距离
    p = len(s1)
    m = sum(s1==s2)
    return (p-m)/p


def nominal_attribute_d(df:pd.DataFrame):

    #计算对象间的距离
    num = df.shape[0]
    res = np.zeros([num, num])

    for i in range(num):
        for j in range(num) :
            if i<j:
                #矩阵右上角的数据设置为0
                res[i, j] = 0
            else:
                #计算矩阵左下角的数据
                res[i, j] = cal_distance(df.iloc[i], df.iloc[j])
    return  res

res = nominal_attribute_d(pd.DataFrame(df.iloc[:, 0]))
res

#计算数据集前10行的相似性
res_t = nominal_attribute_d(data.loc[:10, ['性别', '登船港口']])

res_t

Out[25]:  array([[0. , 0. , 0. , 0. , 0. , 0. , 0. , 0. , 0. , 0. , 0. ],
                 [1. , 0. , 0. , 0. , 0. , 0. , 0. , 0. , 0. , 0. , 0. ],
                 [0. , 1. , 0. , 0. , 0. , 0. , 0. , 0. , 0. , 0. , 0. ],
                 [0.5, 0.5, 0.5, 0. , 0. , 0. , 0. , 0. , 0. , 0. , 0. ],
                 [1. , 0. , 1. , 0.5, 0. , 0. , 0. , 0. , 0. , 0. , 0. ],
                 [0.5, 0.5, 0.5, 0. , 0.5, 0. , 0. , 0. , 0. , 0. , 0. ],
                 [0.5, 0.5, 0.5, 1. , 0.5, 1. , 0. , 0. , 0. , 0. , 0. ],
                 [0.5, 0.5, 0.5, 0. , 0.5, 0. , 1. , 0. , 0. , 0. , 0. ],
                 [1. , 0.5, 1. , 1. , 0.5, 1. , 0.5, 1. , 0. , 0. , 0. ],
                 [0.5, 0.5, 0.5, 0. , 0.5, 0. , 1. , 0. , 1. , 0. , 0. ],
                 [0.5, 0.5, 0.5, 0. , 0.5, 0. , 1. , 0. , 1. , 0. , 0. ]])
```

图 2–26 标称属性的相似性度量

上述计算出的为样本间的距离，如果需要计算相似性，则可以用下式计算：

$$\mathrm{sim}(i,\ j)=1-d(i,\ j)=\frac{m}{p} \tag{2-20}$$

案例 2：二元属性的距离计算。

当该属性的值只有 0，1 两个值时，称为二元属性。当 0 值和 1 值有相同的重要性时称为对称二元属性，如性别中的男女；当 0 和 1 有不一样的重要性时，为非对称二元属性，如是否得癌症。对二元属性的详细介绍，请参考我们的上一小节。

```
#构建书中数据
df2 = pd.DataFrame([['Jack','M','Y','N','P','N','N','N'],
                    ['Jim' , 'M' , 'Y' , 'Y' , 'N' , 'N' ,'N','N'],
                    ['Mary','F','Y','N','P','N' ,'P','N']],
                   columns = ['Name' ,
                              ' gender' ,
                              ' fever' ,
                              ' cough',
                              ' test-1','test-2','test-3', 'test-4'])

df2.set_index('Name',inplace=True)
df2
```

Out[13]:

Name	gender	fever	cough	test-1	test-2	test-3	test-4
Jack	M	Y	N	P	N	N	N
Jim	M	Y	Y	N	N	N	N
Mary	F	Y	N	P	N	P	N

```
#构建函数计算基于非对称属性两对象距离
def cal_distance_2(ss1,ss2):

    rs = sum(ss1!=ss2)
    q = len(
        [tup for tup in zip(ss1,ss2) if tup in [('','y'),('p','p')] ]
    )

    return rs/(q+rs)

jack = df2.loc['Jack',['fever','cough','test-1','test-2','test-3','test-84']]

jim = df2.loc['Jim',['fever', 'cough','test-1','test-2' ,'test-3' , 'test-4']]

mary = df2.loc['Mary',['fever', 'cough' ,'test-i','test-2','test-3','test-4']]

print('jack & jim:',cal_distance_2(jack,jim))

print('jack & mary:',cal_distance_2(jack,mary))

print('mary & jim: ',cal_distance_2(mary,jim))
```

```
jack & jim: 0.6666666666666666
jack & mary: 0.3333333333333333
mary & jim: 0.75
```

图 2-27　二元属性的距离计算

案例 3：数值属性的相异性计算。

欧几里得距离：

$$d(i,\ j)=\sqrt{\left(x_{i1}-x_{j1}\right)^2+\left(x_{i2}-x_{j2}\right)^2+\cdots+\left(x_{ip}-x_{jp}\right)^2} \tag{2-21}$$

曼哈顿距离：$d(i,\ j)=\left|x_{i1}-x_{j1}\right|+\left|x_{i2}-x_{j2}\right|+\cdots+\left|x_{ip}-x_{jp}\right|$

闵可夫斯基距离：

$$d(i,\ j)=\sqrt[h]{\left|x_{i1}-x_{j1}\right|^h+\left|x_{i2}-x_{j2}\right|^h+\cdots+\left|x_{ip}-x_{jp}\right|^h} \tag{2-22}$$

当 h=1 时，$d(i,\ j)$ 为 L1 范数，即曼哈顿距离；当 h=2 时，$d(i,\ j)$ 为 L2 范数，即欧几里得距离。

上确界距离：

$$d(i,\ j)=\lim_{x\to\infty}\left(\sum_{f=1}^{p}\left|x_{if}-x_{jf}\right|^h\right)^{\frac{1}{h}}=\max_{f}^{p}\left|x_{if}-x_{jf}\right| \tag{2-23}$$

上确界距离为两对象属性差值最大值的绝对值，即：

$$\max\left(\left|x_{i1}-x_{j1}\right|,\left|x_{i2}-x_{j2}\right|,\cdots,\left|x_{ip}-x_{jp}\right|\right) \tag{2-24}$$

```
#计算两个数值行序列的闵可夫斯基距离
def cal_distance_order(ss1, ss2, h) :
    num_sum = sum([np.power(abs(ss1.iloc[i] -ss2.iloc[i]), h)
                  for i in range(len(ss1))])

    distance = np.power(num_sum , 1/h)

    return distance

#计算有序数属性刻画的对象之间的距离
def nominal_orderd(df:pd.DataFrame map_dict:dict, h):
    df['trans'] = df.iloc[:, 0]map(map_dict)

    M = max(df.trans)

    df['trans_01'] = df['trans'].apply(lambda x:(x-1)/(M -1 ))
    df2 = pd.DataFrame(df['trans_01'])

    num = df2.shape[0]
    res = np.zeros([num , num])

    for i in range(num):
        for j in range(num) :
            if i<j:
                res[i, j] = 0
            else:
                res[i, j] = cal_distance_order(df2.iloc[i1, df2.iloc[j], h=h)
    return res

map_dict = {'一般':1, '好':2, '优秀':3}
nominal_order_d(pd.DataFrame(df['test-2']), map_dict, h=2)
```

```
Out[185]: array([[0. , 0. , 0. , 0. ],
                 [1. , 0. , 0. , 0. ],
                 [0.5, 0.5, 0. , 0. ],
                 [0. , 1. , 0.5, 0. ]])
```

图 2-28　数值属性的相异性计算

从结果看，仅使用test-2属性计算距离时，样本1，2和样本2，4的距离为1，最不相似，样本1，4的距离为0，完全相同。

案例4：混合属性的距离。

混合属性距离计算的原理：$d\left(i, j\right)=\dfrac{\sum_{f=1}^{p}\delta_{ij}^{(f)}d_{ij}^{(f)}}{\sum_{f=1}^{p}\delta_{ij}^{(f)}}$。

```
def cal_distance_mix(ss1,ss2):
    #计算混合型属性距离
    d=0
    if ssi['test-1'] != ss2['test-1']:
        d+=1
    d+=abs(ss1['test-3_trans'] -ss2['test-3_trans'])

    d+=abs(ss1['test-2_trans_01 t'] - ss2['test-2_trans_01_t'])

    return round(d/3,2)



df3 = df.copy()
df3['test-3_trans'] = df3['test-3']/(max(df3['test-3'])-min(df3['test-3']))

df3['test-2_trans'] = df3['test-2'].map({ '一般':1, '好':2, '优秀':3})


M = max(df3['test-2_trans'])
df3['test-2_trans_01'] = df3['test-2_trans'].apply(lambda x:(x-1)/(M -1 ))

df3['test-2_trans_01_t'] = df3['test-2_trans_01']/(max(df3['test-2_trans_01'])-min(df3['test-2 trans_01']))

num = df3 .shape[0]

res = np.zeros([num,num])

for i in range(num) :

    for j in range(num):

    if i<j:

        res[i,j] = 0
    else:
        res[1,j] = cal_distance_mix(df3.iloc[i,:],df3.iloc[j,:])

res
```

```
array([[0.  , 0.  , 0.  , 0.  ],
       [0.85, 0.  , 0.  , 0.  ],
       [0.65, 0.83, 0.  , 0.  ],
       [0.13, 0.71, 0.79, 0.  ]])
```

图 2-29 混合属性的距离

案例5：余弦相似性。

余弦相似性一般用来比较两个文档的相似性，先将文档转换为词向量，然后求两个词向量的余弦距离，即为余弦相似性，衡量两个向量有多相似，公式为：

$$\mathrm{sim}(x，y)=\frac{x\cdot y}{\|x\|\|y\|} \tag{2-25}$$

```
data2 = pd.DataFrame([['文档1',5,0,3,0,2,0,0,2,0,0],
                     ['文档2',3,0,2,0,1,1,0,1,0,1],
                     ['文档3',0,7,0,2,1,0,0,3,0,0],
                     ['文档4',0,1,0,0,1,2,2,0,3,0]],
                     columns = ['文档','team' ,
                               'coach','hockey' ,
                               'baseball','soccer',
                               'penalty','score',
                               'win','loss','season'])
data2 = data2.set_index('文档')

data2
```

Out[31]:

文档	team	coach	hockey	baseball	soccer	penalty	score	win	loss	season
文档1	5	0	3	0	2	0	0	2	0	0
文档2	3	0	2	0	1	1	0	1	0	1
文档3	0	7	0	2	1	0	0	3	0	0

```
def cal_cos_distance(x,y):

    distance = np.dot(x,y)/(np.linalg.norm(x)*np.linalg.norm(y))

    return round(distance,2)


x = data2.iloc[0,:]
y=data2.iloc[1,:]
cal_cos_distance(x,y)
```

图 2–30　余弦相似性

结果为 0.94 ，跟书中结果一致，从结果来看，两个文档是高度相似的 ，当需要求余弦距离时，$d(i，j)=1-\mathrm{sim}(i，j)=0.06$。当词向量值都为二值属性时，得到余弦相似性的一个简单变种 $\mathrm{sim}(x，y)=\frac{x\cdot y}{x\cdot x+y\cdot y-x\cdot y}$，也被称作 Tanimoto 系数或 Tanimoto 距离。

第 3 章 数据分布理论

3.1 二八分布法则

80/20 法则，是 20 世纪初意大利统计学家、经济学家维尔弗雷多・帕累托提出的，他指出，在任何特定群体中，重要的因子通常只占少数，而不重要的因子则占多数，因此只要能控制具有重要性的少数因子即能控制全局。这个原理经过多年的演化，已变成当今管理学界所熟知的二八法则，即 80% 的公司利润来自 20% 的重要客户，其余 20% 的利润则来自 80% 的普通客户。犹太人认为，存在一条 78 ： 22 宇宙法则，世界上许多事物都是按 78 ： 22 这样的比率存在的。比如空气中，氢气占 78%，氧气及其他气体占 22%。人体中的水分占 78%，其他为 22%，等等。人们把这个法则也用在生存和发展之道上，始终坚持二八法则，把精力用在最见成效的地方。美国企业家威廉・穆尔在为格利登公司销售油漆时，头一个月仅挣了 160 美元，此后，他仔细研究了犹太人经商的“二八法则”，分析了自己的销售图表，发现他 80% 的收益却来自 20% 的客户，但是他过去却对所有的客户花费了同样多的时间，这就是他失败的主要原因。于是，他要求把他最不活跃的 36 个客户重新分派给其他销售人员，而自己则把精力集中到最有希望的客户上。不久，他一个月就赚到了 1000 美元。穆尔学会了犹太人经商的二八法则，连续九年从不放弃这一法则，这使他最终成为凯利・穆尔油漆公司的董事长。不仅犹太人是这样，许多世界著名的大公司也非常注重二八法则。比如，通用电气公司永远把奖励放在第一，它的薪金和奖励制度使员工们工作得更快，也更出色，但只奖励那些完成了高难度指标的员工。摩托罗拉公司认为，在 100 名员工中，前面 25 名是好的，后面 25 名差一些，应该做好两头的工作。对于后 25 人，要给他们提供发展的机会；对于表现好的，要设法保持他们的激情。诺基亚公司也讲究二八法则，二八分布法则示意图如图 3-1 所示。

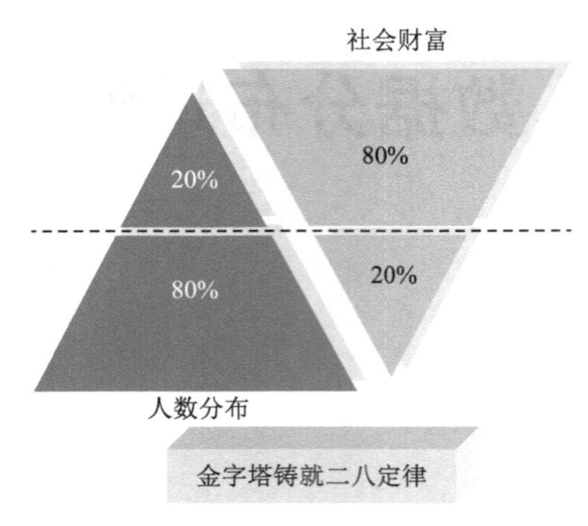

图 3–1　二八分布法则示意图

二八法则可能是最简单、最有知名度的分析方法之一。大部分人都能随口说出几个自认为的二八法则数据，但也容易被误解。如“20% 的人用脖子以上挣钱，80% 的人用脖子以下赚钱”，这不是严格意义上的二八法则，而只能算二八比例。同样，“20% 的人是富人，80% 的人是穷人”这也是二八比例，非二八法则。

二八法则是一种不平衡法则，即 20% 的对象产生 80% 的效果，20% 是对象，80% 是效果，前后不是一个范畴，这些才是真正的二八法则实例。20% 的客户贡献了 80% 的利润，20% 的客户即为利润指标的重点客户；20% 的企业员工拿了公司 80% 的薪水，所以大家要奋斗，期待早日成为管理层；对女孩子来说，80% 的时间只穿衣柜中 20% 的衣服，所以女孩子总感觉衣柜里面永远“少”一件衣服；办公室中，80% 的时间我们只是在 20% 的区域活动，所以这 20% 区域的地毯会更容易脏，也更容易破裂，有经验的物业人员会给这些地方单独铺一块地毯；培训讨论的时候，80% 的发言是由 20% 的人阐述的，有些人说起来就没完，而有些人却惜字如金。所以对一个有经验的培训师来说，他知道什么样的问题该提给什么样的学员。

二八法则的作用是找到对象中的重点因素，将对象分为重点和非重点两个部分。它让我们的管理更有重点，也更有效率，所以常常用在数据分析、销售管理、个人规划等方面。

3.2　网络分布模型

3.2.1　幂律分布和 BA 模型

幂律分布。自然界与社会生活中存在各种各样性质迥异的幂律分布现象。1932 年哈佛大学的语言学专家齐夫（Zipf）在研究英文单词出现的频率时，发现如果把单词出现的频率按由大到小的顺序排列，则每个单词出现的频率与它的名次的常数次幂存在简单的反比关系，这种分布就称为齐夫定律，它表明在各种语言中，只有极少数的词被经常使用，而绝大多数词很少被使用。19 世纪意大利经济学家帕累托（VilfredoPareto）研究了个人收入的统计分布，发现少数人的收入要远多于大多数人的收入，提出了著名的 80/20 法则，即 20% 的人口占据了 80% 的社会财富。齐夫定律与帕累托定律都是简单的幂函数，称之为幂律分布。还有其他形式的幂律分布，像名次—规模分布、规模—概率分布、地震规模大小的分布（古登堡—里希特定律）、月球表面上月坑直径的分布、行星间碎片大小的分布、太阳耀斑强度的分布、计算机文件大小的分布、战争规模的分布、人类语言中单词频率的分布、大多数国家姓氏的分布、学者撰写的论文数及其被引用的次数的分布、网页被点击次数的分布、书籍及唱片的销售册数或张数的分布、每类生物中物种数的分布等都是典型的幂律分布。

这种分布是自然界中的一种常见现象。譬如地震的大小，通常震级越小发生的频率越大，震级越大发生的频率就越小。以震级为自变量，以其发生的频率（或概率）为因变量，符合（负）幂函数。幂律指的是，发的邮件数越多，其人数会越少，二者的关系符合幂函数规律。

幂律分布跟网络的生长机制有关。物理学家巴拉巴西认为，网络生长的方式不是随机发生的，而是优先连接。当新的节点加入网络，或者网络中有新的连接产生时，连接度高的节点会比连接度低的节点更有可能得到新连接，这就是所谓的优先连接。在社交网络中，一个人的朋友越多，就越有可能认识新朋友。在互联网上，一个短视频的点击量越高，就越容易被更多的人看到。在学术界，一篇论文被引用的数量越多，就越有可能被其他的论文引用。正是在优先连接这一机制的作用下，网络才出现了幂律分布的结果。幂律分布的出现，预示着一个系统从无序到有序的过程，从随机网络发展到无标度网络的过程。幂律分布的结果，是少数的节点能够施加影响，重新组织整个系统。

幂律分布的形状，是一个不断下降的曲线，从最高的峰值开始极速下降，后面拖了一个长长的尾巴，如图 3-2 所示。自然界中的很多现象都遵循正态分布。比如，人们的身高、体重、智商，这些统计量都有一个平均值。大家在这个平均值的周围小范围地波动。你高一点，我矮一点，差距不是特别大。但是，还有一类现象，就像我们刚才讲的点击量、关注度、语言，还有城市人口，甚至包括人脉、财富、声望，这些都遵循的是幂律分布。

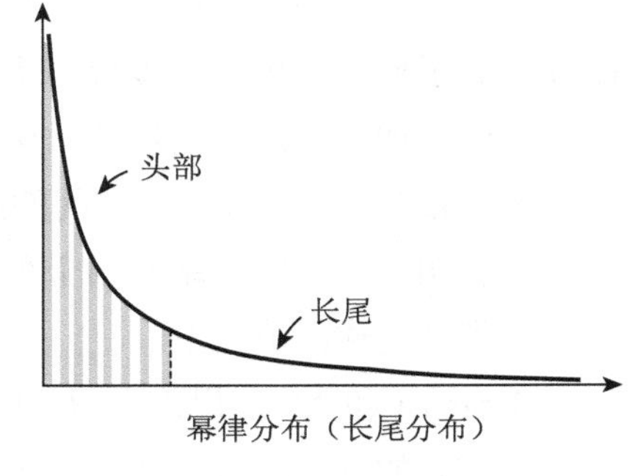

图 3-2　幂律分布

幂律分布之所以产生，是网络中的相互影响和正反馈的结果。你看，身高、体重、智商，这些现象，人和人之间是互不影响、彼此独立的。它们不是网络现象，所以它们服从的是正态分布。但是，财富、人脉、声望，还有人口和点击量，它们都是网络现象。一个人有多少钱、有多少人脉、有多少关注度，是在跟别人的互动中形成的。人们必须把这些现象放到网络之中，才能理解它为什么是这样。

BA 模型。有两位学者为了解释幂律的产生机制，提出了无标度网络模型（BA 模型）。BA 模型具有两个特性，其一是增长性，所谓增长性是指网络规模是在不断地增大的，在研究的网络当中，网络的节点是不断地增加的；其二就是优先连接机制，这个特性是指网络当中不断产生的新的节点更倾向于和那些连接度较大的节点相连接。

复杂网络理论把真实的复杂系统抽象成一些节点和一些线条，节点代表研究的对象，个体线条则代表了这些个体之间的相互作用关系。目前，复杂网络的研究受到了世界各国科学家们的广泛关注，主要原因是它对人们理解真实网络的复杂行为有重要的启示作用，自然界中存在的大量复杂系统都可以通过各种各样的网络模型来加以描述。例如，神经系统可以看成大量神经细胞通过神经纤维相互连接形成的网络，计算机网络可以看作自主工作的计算机通过通信介质如光线、双绞线、同轴电缆等相互连接形成的网络，此外还有电力网络、社会关系网络、生态网络，等等。目前，对复杂网络的研究主要集中在三个领域，一是网络生成机制及演化模型，即通过生成机制建立模型模仿真实网络行为。二是复杂网络的稳定性研究限制条件对网络几何特征的影响，如复杂网络承受意外故障和恶意攻击的能力等。三是复杂网络上的动力学，这是人们研究复杂网络的最终目标，也就是超越网络的拓扑结构，掌握建立在这些网络上的系统工作方式和机理、认识复杂网络内部深奥的难以理解的动力学。例如，复杂网络上的同步、病毒、信息、知识、舆论如何在网络上传播等。学术界十分关心网络结构的复杂性研究的主要原因之一是网络的结构在很大程度上决定了它的功能，网络模型就成了关注的焦点。1999 年 Barabási 和 Alber 等探索了 WWW 几个大型网络的数据库，这些实例首次提供了某些大型网络能够自组织成无标度网络的论据，人们把节点的度服从幂律分布的网络叫作无示度网络。实证结果与理论分析表明这些网络的度分布以幂律衰减，即 P（k）xk"。该网络经过长时间的演化后将导致网络中绝大多数点只有少数连接边，而少数点具有大量连接边。为了寻找无标度网络的形成机理，Barabási 和 Albert 发现增长和择优连接在网络演化中起重要作用。由此他们提出了著名的网络演化模型即 BA 模型。

BA 模型把网络的无标度性归结为两个简单的机制。人们在解决实际问题用 BA 模型时发现它的度分布跟实际不完全相符，人们就想到是不是 BA 模型的形成机理过于简单。因此，为了使网络模型的度分布更接近实际网络，人们在 BA 模型的形成机理的基础上提出了一些更加复杂的演化机理，这就促使 BA 模型的改进模型的研究得到了迅速发展。

Barabási 等人在研究万维网的度分布时意外地发现它并不服从泊松度分布，进一步研究结果表明许多实际网络有两个重要特征：网络通过增添节点在不断增长和新节点总是择优连接到高连通的节点上。

Barabási 和 Alber 提出了 BA 模型。BA 模型第一次把幂律度分布引入网络，它描述的是一个生长的开放系统，从一小组核心节点开始，网络生长的整个过程中，外界会不断地有节点加入这个系统。BA 无标度模型的两个基本假设如下。

（1）网络增长：从 *m* 个节点开始，每一个时间步长增加一个新的节点，在 *mo* 个节点中选择 *m*（*m smo*）个节点与新节点相连。

（2）择优连接：新节点与一个已经存在的节点粗连的概率与节点的度。在经过时间步后这种算法产生一个有 $N = t+m$ 个节点、*m* 条边的网络。

BA 网络模型说明网络的节点是不断增加的，但是新节点的加入不是随机地与原网络中的节点相连而是与原网络中的节点的度成正比，经过长时间的演化，最终演化成幂律指数为 3 的不变网络，即节点的度为 k 的概率与节点的度的 -3 次方成正比。这样就会出现少量的节点获得大量的连接边而大量的节点只有少数连接边的网络。

BA 网络模型的度具有幂律型分布，其度分布的幂律规律也被证明广泛存在于现实网络。BA 模型重要的意义在于它把实际复杂网络的无标度特性，归结为增长和优先连接这两个非常简单明了的机制。BA 模型首次成功地提供了可以解释实际网络无标度的形成机理。而其中增长和择优连接是许多复杂网络自组织成无标度网络的带有普遍意义的形成机理。当然，这也不可避免地使 BA 无标度网络模型和真实网络相比存在一些明显的限制。如它是生长网络模型，它只有节点的加入却没有节点的删除和节点间的重新连接，其实一般自然的或者人造的网络更多的是要与外界有节点交换的，而且节点间的连接也是不断变化的，所以说 BA 模型是不能反映现实网络的真实情况的。BA 模型中只能生成度分布的幂律指数固定为 3 的无标度网络，而各种实际复杂网络的幂律指数则不甚相同，且大都是 2 ~ 3 的范围内。因此 BA 模型的一些改进模型就成为科研工作者广泛关注的研究内容。

3.2.2 无标度网络

对于一些事物，个体与个体之间的差异不大。比如人的身高，中国成年男子的身高平均值在 1.70 米左右，正态分布描述类似这样群体特性大致相同的情况。对于另一些事物，个体与个体之间的差异明显。比如个人收入，大多数人月收入不到一万元，而少数人月收入高达百万元，幂律分布描述类似这样多数个体量级很小，少数个体量级很大的情况。

幂律分布广泛存在于物理学、生物学、社会学、经济学等众多领域中，也同样存在于复杂网络中。学者发现，对于许多现实世界中的复杂网络，如互联网、社会网络等，各节点拥有的连接数（度 Degree）服从幂律分布。也就是说，大多数“普通”节点拥有很少的连接，而少数“热门”节点拥有极其多的连接。这样的网络称作无标度网络（Scale-free Network），网络中的“热门”节点称作枢纽节点（Hub）。例如，在社会网络中，大多节点的度会很小，而少数节点的度很大，微博上一些大 V 的“粉丝”量巨大，他们在消息的传递上具有相当高的话语权。又如，在万维网中，各个网站通过页面链接建立关系。绝大部分网站只有少数站外链接，但有一些网站有相当多的站外链接，如一些门户网站（如中国新浪网）。

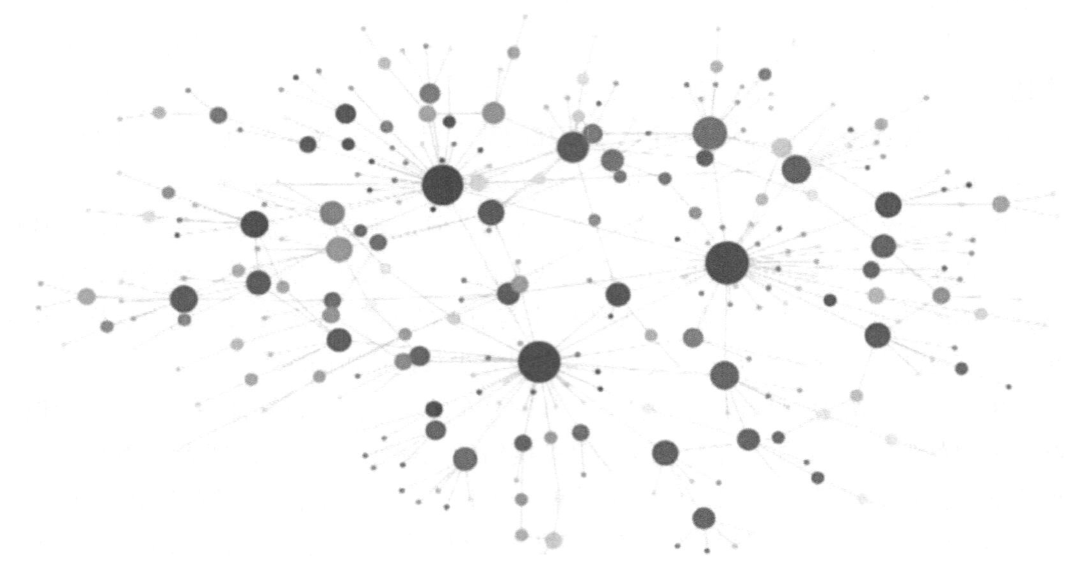

图 3–3　无标度网络示意图

资料来源：https://www.163.com/dy/article/FBJ8MMTA0511D05M.html

无标度网络的概念始于 1999 年 *Science* 杂志刊登的 Albert-László Barabási 和 Réka Albert 的文章。文章通过研究万维网的拓扑结构发现其节点度分布服从幂律分布，随即提出了构造无标度网络的一种经典模型（BA 模型）。之后，学者对无标度网络模型不断丰富和发展，形成了多样的构建方法。此外，人们发现无标度网络具有普遍性，社会网络、生物网络、贸易网络等各类网络都具有无标度网络特征。

数据波动非常大，少数点的数值特别高，大多数的点数值都很低，最大和最小的点之间，可能相差好几个数量级。统计学上，把这种情况叫作"幂律分布"。幂律分布的形状，是一个不断下降的曲线，从最高的峰值开始极速下降，后面拖了一个长长的尾巴。真实世界的网络，大部分都是无标度网络，遵循的是幂律分布。幂律分布的出现，预示着一个系统从无序到有序的过程，从随机网络发展到无标度网络的过程。幂律分布的结果是少数的节点能够施加影响，重新组织整个系统。

在自然界、生物界、工程界、经济界和社会界等领域，大量复杂网络的度分布均具有幂律分布特性，因此这种描述复杂系统严重非均匀分布的无标度性具有普遍性。因此，对无标度网络的拓扑结构进行深入分析研究，有助于更好地了解和掌握现实社会中各种复杂网络的特点。另外，由于复杂网络上的动力学行为通常会依赖于复杂网络的拓扑结构，因此研究复杂网络的无标度性对于理解复杂网络的动力学行为具有重要的理论意义。

无标度网络具有以下特征。

（1）节点度呈幂律分布。

无标度网络是节点度分布（近似）为幂律分布的网络模型。如果用节点度概率分布

$P(k)$ 表示网络中度为 k 的节点出现的频率，则有简洁的公式：$P(k) \sim k^{-\gamma}$。

其中幂指数 γ 是描述网络结构特性的一个参数，取值通常为 2 ~ 3。节点度呈幂律分布的直观表现是：大多数节点的度较小，而少数枢纽节点的度很大。如果把节点比作人，节点的度比作受关注度的话，这句话“翻译”过来就是大多数人默默无闻，少数明星家喻户晓。无标度网络中节点度分布曲线如图 3-4(b)、(d) 所示。人们通常将无标度网络与随机网络作对比。随机网络是通过随机连接节点形成的网络。该网络中节点度呈正态分布，如图 3-4 所示。可以明显看出，随机网络中各节点的度都很相似，不存在枢纽节点。

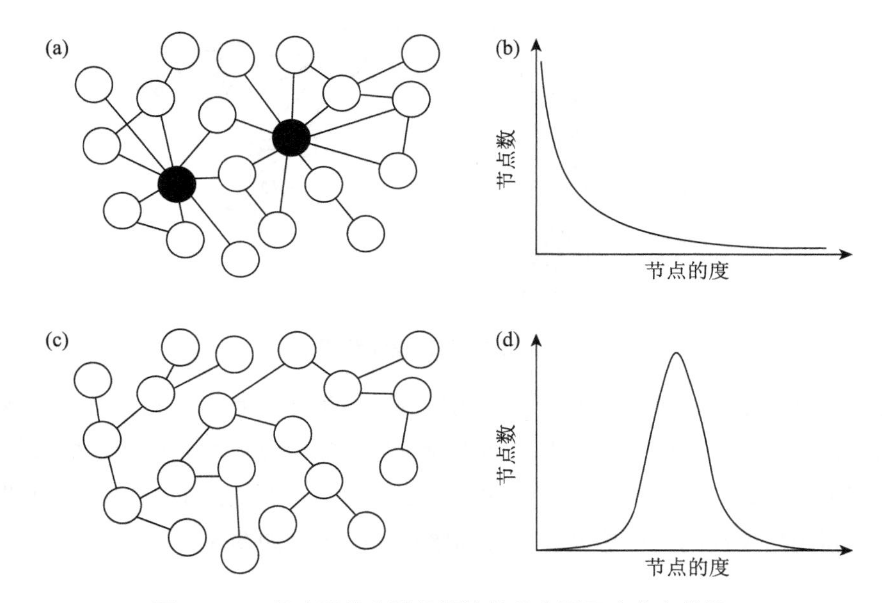

图 3-4　无标度网络和随机网络的示意图及度分布曲线

（2）鲁棒性与脆弱性。

无标度网络同时具有鲁棒性（Robustness）和脆弱性（Vulnerability）。鲁棒性指的是抵抗干扰的能力强，脆弱性说明抵御干扰能力差。无标度网络是同时集这两种“矛盾”的性质于一体。由于枢纽节点的存在，无标度网络对随机故障容错能力强。因为如果错误随机发生，枢纽节点数目很少，几乎不会受到影响，并且删减掉其他节点对网络结构影响很小。但是如果蓄意攻击枢纽节点，则网络结构很容易被破坏，变得离散破碎。根据这个特点，在应对流行病传染时，有学者提出在社会网络中抽取枢纽节点优先进行免疫。通过在 BA 模型上研究发现，如果采取这种策略，只免疫很小一部分节点就可以保证消灭传染病。这在社会舆论管理中有重要的应用。比如，微博上一些大 V 散播谣言就会被禁言，这相当于网络中重要的节点被移除，那么整个微博信息网络就会从谣言或者是从一些不良信息的传播里面恢复到正常。蓄意攻击枢纽节点示例如图 3-5 所示。

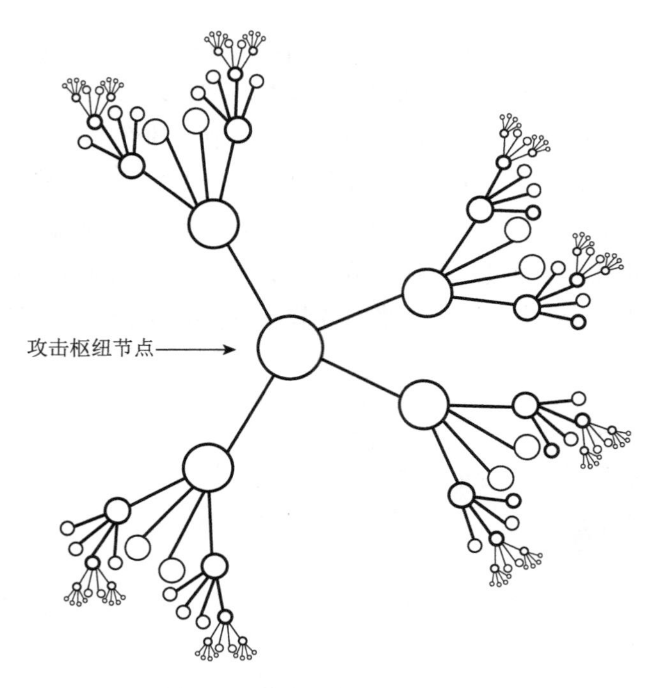

图 3–5 蓄意攻击枢纽节点示例

构建无标度网络：一种简单而合理的无标度网络生成机制。首先，这个模型基于两个假设：生长机制，网络会随着时间的推移不断产生新的节点；优先连接，加入的新节点会倾向于与有更多连接的节点相连。打个比方，会不断地有新用户加入微博，而“粉丝”较多的名人被新用户关注的概率更高。偏好和增长依附示例如图 3–6 所示。

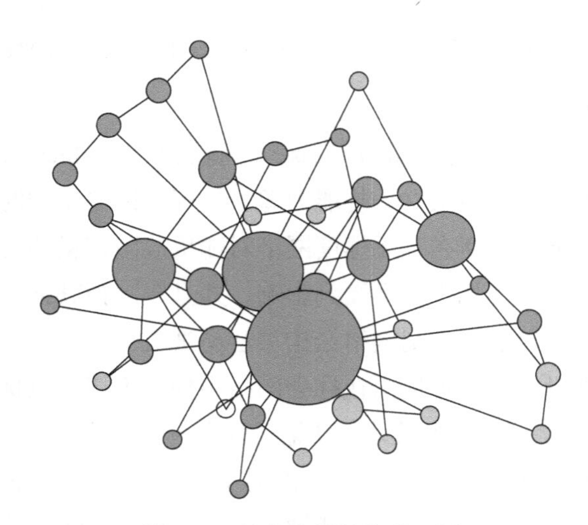

图 3–6 偏好和增长依附示例

在之前的研究中有人通过控制变量法，证明了生长和优先连接两条假设是产生无标度分布的必要条件。

图 3-7 中 A 图表示的是起始有 5 个节点，每个时间间隔加入的节点将与其他 5 个节点产生连接，时间为 150000（○）和 200000（□）时网络的度分布情况，○和□分布基本呈以指数为虚线的斜率的幂律分布，说明无标度网络中度分布与时间无关。B 图模拟的是保留生长机制，用等概率产生新连接代替优先连接的网络模型，图例○、□、◇、△对应的是起始节点和节点产生新连接数均为 1、3、5、7 四种不同的对比情况。注意，此时表示连接度 k 的坐标轴没有对数化处理，即 $P(k) \sim \exp(-\beta k)$，此时无标度现象消失了。若网络中节点不增加，一直保持 N 个节点，节点之间不断进行优先连接，经历约 N^2 时间间隔后，所有节点互相连接，节点的度分布也不符合幂律分布。

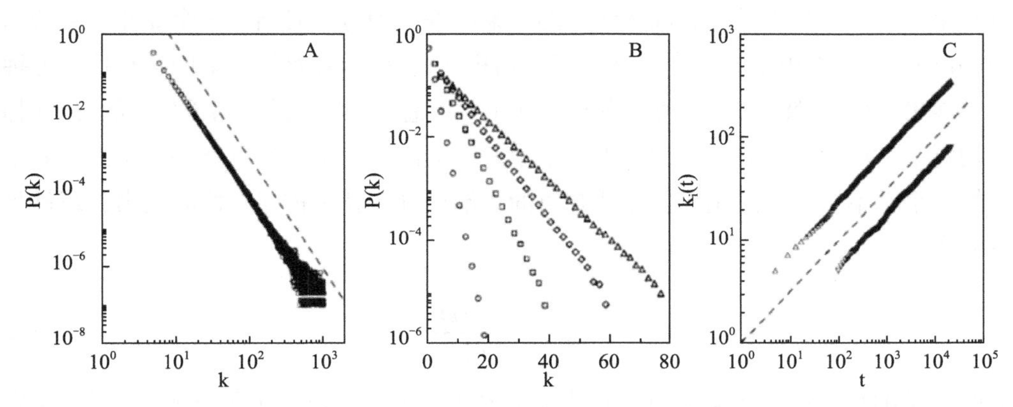

（A）The power-law connectivity distribution at t = 150,000（○）and t = 200,000（□）as obtained from the model, using m_0=m=5. The slope of the dashed line is γ=2.9.（B）The 3（□）, m_0= m = 5（◇）, and m_0 = m = 7（△）.（C）Time evolution of the connectivity for two vertices added to the system at t_1= 5 and t_2= 95. The dashed line has slope 0.5.

图 3–7　控制变量法

通过控制变量法分别对两个假设进行检验，生长和优先连接对于无标度网络的产生来说缺一不可。C 图说明的是在优先连接的假设下，两个节点起始时连接度的差别会随着时间增大，即人们熟知的“富人更富”这一现象。$ki(t)$ 是 t 时刻节点 i 的连接度。t=5 和 t=95 时在初始网络中加入一个节点，先加入的节点记为节点 1，后加入的记为节点 2 。因为优先连接，节点 1 的连接度一直高于节点 2，并且这两点之间连接度之差随着时间增大而越来越大。

3.2.3　泊松分布与随机网络

泊松分布，让我们先通过一个例子，了解什么是“泊松分布”。已知某家小杂货店，平均每周售出 2 个水果罐头。请问该店水果罐头的最佳库存量是多少？假定不存在季节因素，可以近似认为，这个问题满足以下三个条件：第一，顾客购买水果罐头是小概率事件；第二，购买水果罐头的顾客是独立的，不会互相影响；第三，顾客购买水果罐头的概率是稳定的。在统计学上只要某类事件满足上面三个条件它就服从“泊松分布”。泊松分布的公式如下：

$$P_{(X=k)}=\frac{e^{-\lambda}\lambda^{k}}{k!} \tag{3-1}$$

各个参数的含义：P：每周销售 k 个罐头的概率；X：水果罐头的销售变量；k：X 的取值（0，1，2，3…）；λ：每周水果罐头的平均销售量，是一个常数，本题为 2。

根据公式，计算得到每周销量的分布：从上表可见，如果存货 4 个罐头，95% 的概率不会缺货（平均每 19 周发生一次）；如果存货 5 个罐头，98% 的概率不会缺货（平均 59 周发生一次）。

日常生活中，大量事件是有固定频率的。某医院平均每小时出生 3 个婴儿；某公司平均每 10 分钟接到 1 个电话；某超市平均每天销售 4 包 ×× 牌奶粉；某网站平均每分钟有 2 次访问。它们的特点就是，我们可以预估这些事件的总数，但是无法知道具体的发生时间。已知平均每小时出生 3 个婴儿，请问下一个小时，会出生几个？有可能一下子出生 6 个，也有可能一个都不出生。这是我们无法知道的。泊松分布就是描述某段时间内，事件具体的发生概率。

$$P_{(N(t)=n)}=\frac{e^{-\lambda t}(\lambda t)^{n}}{n!} \tag{3-2}$$

上面就是泊松分布的公式。等号的左边，P 表示概率，N 表示某种函数关系，t 表示时间，n 表示数量，1 小时内出生 3 个婴儿的概率，就表示为 $P(N(1)=3)$。等号的右边，λ 表示事件的频率。泊松分布图如图 3-8 所示。

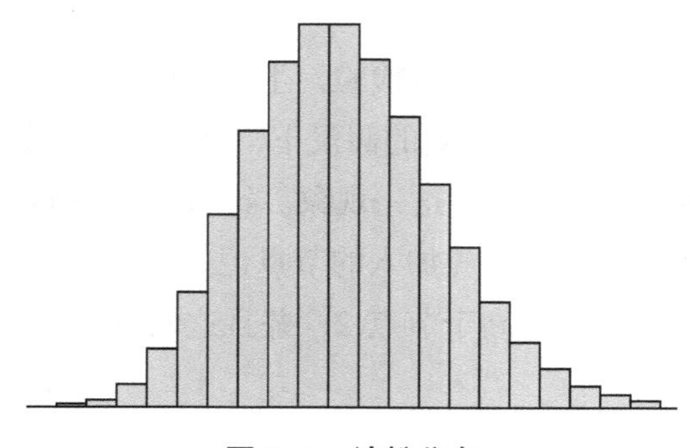

图 3-8　泊松分布

可以看到，在频率附近，事件的发生概率最高，然后向两边对称下降，即变得越大和越小都不太可能。每小时出生 3 个婴儿，这是最可能的结果，出生得越多或越少，就越不可能。

泊松分布的使用范围，Poisson 分布主要用于描述在单位时间（空间）中稀有事件的发生数，即需满足以下四个条件。

（1）给定区域内的特定事件产生的次数，可以根据时间、长度、面积来定义；

（2）各段相等区域内的特定事件产生的概率是一样的；

（3）各区域内，事件发生的概率是相互独立的；

（4）当给定区域变得非常小时，两次以上事件发生的概率趋向于 0。

例如：

（1）放射性物质在单位时间内的放射次数；

（2）在单位容积充分摇匀后水中的细菌数；

（3）野外单位空间中的某种昆虫数量等。

随机网络：在研究网络的实质意义时，我们先抽象地研究一个理想概念下的网络状态，随机网络主流的 $G(n, p)$ 随机网络的生成过程描述为：①给定一定数量的独立的点（node）；②对一对点之间随机生成一个 1 ~ 0 之间的数，如果这个数小于特定的 P 值，则生成一条边，否则不生成边；③对所有点的对进行遍历。

简单来说，给定固定的点数，给定一固定概率使点之间存在一个边，这样的方法生成一个网络关系，是主流的 $G(n, p)$ 随机网络。当然还有 $G(n, 1)$ 随机网络，其意义为给定固定的点数和边数，进行排组。当然，由于现实环境中往往边数是不固定的，所以说在这里，我们所研究的随机网络是 $G(n, p)$ 随机网络。

随机网络，也称计划评审技术（PERT），是一种反映多种随机因素的网络技术。与传统的网络技术不同，随机网络技术模型中的节点、箭线和流量均带有一定程度上的不确定性，不仅反映活动的各种定量参数，如时间、费用、资源消耗、效益、亏损等是随机变量，而且组成网络图的各项活动也可以是随机的，按一定的概率发生或不发生，并且允许多个原节点或自多个汇节点的网络循环回路存在。

与普通网络图比较，随机网络具有以下几个特点：随机网络的箭线和节点不一定都能实现，实现的可能性取决于节点的类型和箭线的概率系数；随机网络中各项活动的时间可以是常数，也可以是服从某种概率分布的密度函数，更具有不确定性；随机网络中可以有循环回路，表示节点或活动可以重复出现；随机网络中的两个中间节点之间可以有一条以上箭线；随机网络中可以有多个目标，每个目标反映一个具体的结果，即可以有多个起点或终点。

随机网络有三种生成过程：① Gilbert 生成过程：从一个完全网络开始，然后删除随机选择的链路，直到获得需要的链路密度为止。② ER 生成过程：通过在随机选择的节点对之间插入链路直到到达需要数量的链路为止。 但是前两个生成过程都会以非零概率产生不连通的网络。③锚定的 ER 随机网络生成过程，会遍历所有节点，以防止产生不连通的网络，当然这样也就不是完全的随机了。随机网络的熵是密度的函数，具有 50% 密度的随机网络是“最佳随机”。随机网络是高度链路有效的，因为少量的链路增加就会对平均路径长度的下降（小世界效应）有很大影响。随机网络的平均路径长度根据其密度而变化。随机网络的聚类系数近似于 CC= 密度 =λ/n。随机网络的直径和半径随着网络密度的增加而快速降低。平均紧度的节点的度随着密度的增加而增加，达到最大值后，沿着最短路径随着密度和平均节点数的增加而减少。

3.2.4 六度空间理论

一个数学领域的猜想，名为六度空间理论（Six Degrees of Separation），中文翻译包括：六度分割理论或小世界理论等。该理论指出，你和任何一个陌生人之间所间隔的人不会超过六个，也就是说，最多通过六个中间人你就能够认识任何一个陌生人，如图 3-9 所示。这就是六度分割理论，也叫小世界理论。这种现象，并不是说任何人与其他人之间的联系都必须通过六个层次才会产生联系，而是表达了这样一个重要的概念：任何两个素不相识的人，通过一定的方式，总能够产生必然联系或关系。显然，随着联系方式和联系能力的不同，实现个人期望的机遇将产生明显的区别。社会网络其实并不高深，它的理论基础正是六度分割。而社会性软件则是建立在真实的社会网络上的增值性软件和服务。

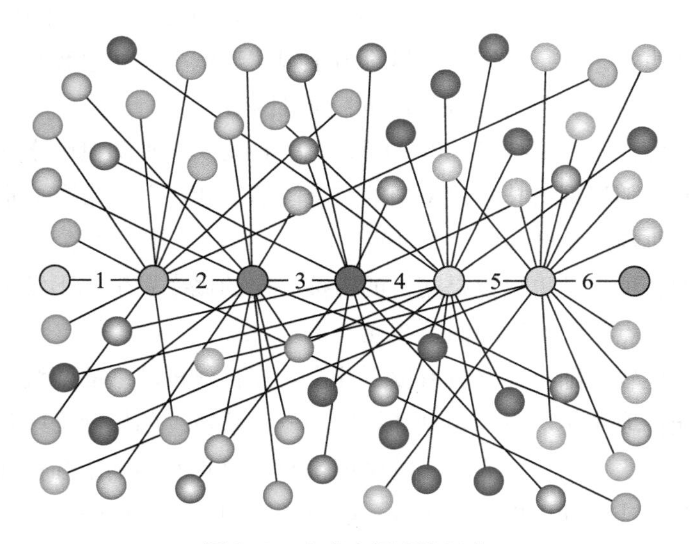

图 3-9　六度空间理论示意

不管理论如何深奥，六度分割和互联网的亲密结合，已经开始显露出商业价值。人们在近几年越来越关注社会网络的研究，很多网络软件也开始支持人们建立更加互信和紧密的社会关联，这些软件被统称为“社会性软件”。例如，Blog 就是一种社会性软件，因为 Blog 写作所需要的个性和延续性，已使 Blogger 圈这种典型的物以类聚的生态形式，越来越像真实生活中的人际圈。据致力于研究社会软件的毛向辉介绍，国外当今更流行的是一种快速交友，或者商业联系的工具，如 LinkedIN。人们可以更容易在全球找到和自己有共同志趣的人、更容易发现商业机会、更容易达到不同族群之间的理解和交流，等等。

社会性软件的定义很多，而且都在不断的发展演变过程之中。它的核心思想其实是一种聚合产生的效应。人、社会、商业都有无数种排列组合的方式，如果没有信息手段聚合在一起，就很容易损耗掉。WWW 成功地将文本、图形聚合在一起，使互联网真正走向应用；即时通信又将人聚合在一起，产生了 ICQ 和 OICQ 这样的工具。然而这还是虚拟的，虚拟虽然是网络世界的一种优势，但是和商业社会所要求的实名、信用隔着一条鸿沟。通过熟人之间，通过六度分割产生的聚合，将产生一个可信任的网络，这其中的商业潜能的确是无可估量的。

聚合作为社会研究的对象也具有实际价值。康奈尔大学的科学家开发了一个算法，能够识别一篇文章中某些文字的“突发”增长，而这些“突发”增长的文字可以用来快速识别最新的趋势和热点问题，因此能够更有效地筛选重要信息。过去很多搜索技术都采用了简单计算文字 / 词组出现频率的方法，却忽略了文字使用增加的速率。如果这种方法应用到广告商，就可以快速找到潜在的需求风尚。

社会、网络、地域、商业、Blog、sns，这些词汇你也许都听麻木了。然而，一旦那些预见先机的人找到聚合它们的商业价值，被改变的绝不仅仅是网络世界。

20 世纪 60 年代，美国心理学家米尔格兰姆设计了一个连锁信件实验。米尔格兰姆把信随机发送给美国各城市的一部分居民，信中写有一个波士顿股票经纪人的名字，并要求每名收信人把这封信寄给自己认为比较接近这名股票经纪人的朋友。这位朋友收到信后，再把信寄给他认为更接近这名股票经纪人的朋友。最终，大部分信件都寄到了这名波士顿股票经纪人手中，每封信平均经手 6.2 次到达。

于是，米尔格兰姆提出六度分割理论，认为世界上任意两个人之间建立联系，最多只需要六个人。六度分割虽然是个社会学的理论，但是实际上它更像一个数学理论，很多人说它和四色问题有异曲同工之妙。在我看来，六度分割很好地阐述了一个网状的结构（我们的人类社会），增强了不同节点之间的联系和连接关系，然而它并不完整，也并不足以指导我们的实践。但这个理论在很大程度上让人们对于信息时代的人类社会有了很深的理解与探索。

3.3 自然语言三大分布定律

3.3.1 Zipf 分布

齐普夫（Zipf）定律是由美国学者 G.K. 齐普夫于 20 世纪 40 年代提出的词频分布定律。1932 年，哈佛大学的语言学专家 Zipf 在研究英文单词出现的频率时，发现如果把单词出现的频率按由大到小的顺序排列，则每个单词出现的频率与它的名次的常数次幂存在简单的反比关系，这种分布就称为 Zipf 定律。按照单词在语料库中出现的次数排序，则该单词的排序数与其在语料库中出现频数成反比，或者说，二者乘积为一个常数。

其公式为：$P(r) = C / r^\alpha$。

这里 r 表示一个单词的出现频率的排名，$P(r)$ 表示排名为 r 的单词的出现频率。单词频率分布中 C 约等于 0.1，α 约等于 1。

这说明在英语单词中，只有极少部分的词被经常使用，而绝大部分词很少被使用。比如，在 Brown 语料库中，“the”是最常见的单词，它在这个语料库中的出现频率大约为 7%（100 万单词中出现 69971 次）。正如齐普夫定律中所描述的一样，出现次数为第二位的单词“of”占了整个语料库的 3.5%（36411 次），之后的是“and”（28852 次）。仅仅 135 个字汇就占了 Brown 语料库的一半。

这样延伸出来，就是常见的 80/20 法则：80% 的资源掌握在 20% 的人手里，前 20% 的单词出现频率占所有单词的 80%。查资料发现，长尾分布就是齐普夫定律。长尾分布在生活中应用的例子太多，比如，下载网络音乐，热门歌曲占据了绝大部分的下载量，冷门歌曲下载虽少，但下载曲线并不是迅速下降为零，而是比较稳定地维持在一定的水平上。也就是说，长尾虽然小，但稳定、持久，并不为零，这样下来，其销量（曲线轮廓所包围的面积）并不小。长尾理论也是利用这样的特性而提出的。

这样有两个问题，一是什么样的分布是迅速降为零的？二是长尾分布什么时候会出现？问题一比较好回答，在 Zipf 分布中，提高 α 即可使分布迅速降低为零。或者有其他方法构造分布函数也可以。对于问题二而言，查到的文章里大部分只讲了分布是什么、公式是什么、应用到什么情景（如歌曲或软件的下载、语料库中的统计、国家 GDP 或个人收入分布），但对于所应用的情景却没有抽象出一个共同的特点。

不过在文章《长尾分布、幂律的产生机制和西蒙模型》中提道：长尾分布是由选择来源的丰富性（如大量供下载的曲目）造成的。一旦多样性选择需求不再因为来源匮乏而受到限制，长尾现象便会自然发生。也就是说，必须来源丰富到所有需求不因来源匮乏而不被满足，这时就符合长尾分布。即人的需求是符合长尾分布的（对热门东西的需求占据大部分，但还有持续不为零的小众需求），但这种需求，在资源不够丰富、匮乏时会受到限制，从而使长尾曲线受到遏制。直到来源丰富，选择被放开，才会将长尾分布的需求表现出来。另外，上面提到的 80/20 法则是 Pareto 提出来的，也有以他名字命名的分布。

19 世纪的意大利经济学家 Pareto 研究了个人收入的统计分布，发现少数人的收入要远多于大多数人的收入，提出了著名的 80/20 法则，即 20% 的人口占据了 80% 的社会财富。个人收入 X 不小于某个特定值 x 的概率与 x 的常数次幂亦存在简单的反比关系：$P[X \geqslant k] \sim x^{(-k)}$，上式即为 Pareto 定律。这就是 zipf 分布的推广，相当于对 Zipf 分布曲线面积进行积分。而 Zipf 分布和 Pareto 分布，两者又都是幂律分布。Zipf 定律与 Pareto 定律都是简单的幂函数，我们称之为幂律分布；还有其他形式的幂律分布，像名次—规模分布、规模—概率分布，其通式可写成 $y=c\times x$^（$-r$），其中 x、y 是正的随机变量，c、r 均为大于零的常数。这种分布的共性是绝大多数事件的规模很小，而只有少数事件的规模相当大。实际上，包括汉语在内的许多国家的语言都有这种特点。这个定律后来在很多领域得到了同样的验证，包括网站的访问者数量、城镇的大小和每个国家公司的数量。

3.3.2　Heaps 分布

希普斯定律（Heaps'Law）是一个语言学中词汇增长的经验法则，它描述的是一个由各种词汇组成的，不断生成的文本或文本集合中词汇所占的比例。Heaps 定律可以用公式表示为 $N(s)=cs^{\theta}$，表示文本长度为 s 时，文本中的词汇量。c 和 θ 是经验系数。在英语语言环境下，c 通常在 10 ~ 100 的范围内，θ 一般在 0.4 ~ 0.6 的范围内。

Heaps 定律描绘的是，随着文本长度的增加，文本不断地生成，文本词汇量的增加边际递减。Heaps 定律已广泛地应用到语言学、经济学、社会学、计算机科学、生物学、地理学乃至整个生产应用中。我们在某种语言的背景中来讨论，随着文本逐渐地加入这种语言的词汇库，该词汇库中的词汇量应该随之增加。但由于新加入的文本有很多是词汇的重复使用，所以词汇库中词汇的增加速度是低于文本长度的增加速度的。一种情况是被创造出来的新词汇。例如，随着互联网络越来越多地被我们所使用，就由网络生成了许多语言，被别人接纳和使用，诸如“杯具”和“给力”等词汇。这种词汇会被人们接受和使用，但其生存周期往往相对较短。

齐普夫定律和希普斯定律的区别。

（1）对 Zipf 定律和 Heaps 定律的再次定义。

定义 r 为一个词根据它的频次 Z（r）而做出的排序，Zipf 定律就是 $Z(r)$ ~ r^$-\alpha$ 的关系，α 就是 Zipf 指数。Heaps 定律用公式表示为 Nt ~ $t\lambda$，在这里 Nt 是当文本长度为 t 的时候不同的词的个数，$\lambda<1$ 是所谓的 Heaps 指数。这两条定律在很多语言系统中共存。

（2）Zipf 定律和 Heaps 定律同时出现。

Gelbukh 和 Sidorov 在英语、俄语和西班牙语的文本中发现了这两个定律，随着使用语言的变化两种定律有着不同的幂指数。Serrano 等人也对工业行业数据库和英文维基百科进行类似的研究。除了对语言文本的统计研究之外，也有学者对这两个定律在其他方面进行了研究。例如，互联网上的标签、科学论文的关键词、搜索引擎结果中的单词以及 Java、c++ 和 C 程序语言的标识符等，都同时表现出 Zipf 定律和 Heaps 定律的形式。Benz 等人研究表明，小的有机分子的特征分布符合 Zipf 定律，而同时这些独特特征的数量符合 Heaps 定律。还有研究表明，加速生成网络的特性与 Heaps 定律有关，其生成的节点数量与所有节点的度是一种亚线性的关系；而那种无标度类结构的网络，如因特网和万维网，其度分布主要是基于幂律分布。

（3）不同学者的不同看法。

Baeza-Yates 和 Navarro 在 2000 年研究表明两个定律是相关的：若幂律分布中的 $\alpha > 1$，很容易推断出如果 Zipf 定律和 Heaps 定律同时成立，那么 $\lambda=1/\alpha$。通过一个更为复杂的方法，Leijenhorst 和 Weide 从 Zipf 定律到 Mandelbrot 定律概括出这个结果，在这个结果中 $z(r) \sim (rc+r)$ ^$-\alpha$，rc 是一个常数。基于西蒙模型的变异，Montemurro 和 Zanette 表明，当幂律分布的幂指数 α 与 Heaps 定律的幂指数 λ 以及其模型参数有一定关系时，Zipf 定律是 Heaps 定律的一个结果，α 依赖于 λ 和建模参数。吕琳媛等人在 2010 年通过一种有限规模系统的研究表明，幂律分布可以导出 Heaps 定律，而上述 $\lambda=1/\alpha$ 是当 $\alpha > 1$ 且系统规模相当大时的一个近似解，并且对 $\alpha < 1$ 的情况进行了讨论。同时基于一个随机模型，Serrano 声称当幂律分布的幂指数 $\alpha > 1$ 的时候，并且 Heaps 定律指数为 $\lambda=1/\alpha$，Zipf 定律可以推导出 Heaps 定律。

3.3.3 Benford 分布

1938 年，物理学家 Frank Benford 发现了一个有趣的数字规律（Benford Law），现实生活中数字的首字母是“1”的概率要远远大于“9”。仔细研究后发现，从 1 ~ 9 出现的概率符合对数分布，“1”出现的概率为 30.1%，“2”出现的概率为 17.6%，而“9”出现的概率只有 4.6%，详见图 3-10，纵坐标是频率，横坐标是数字。

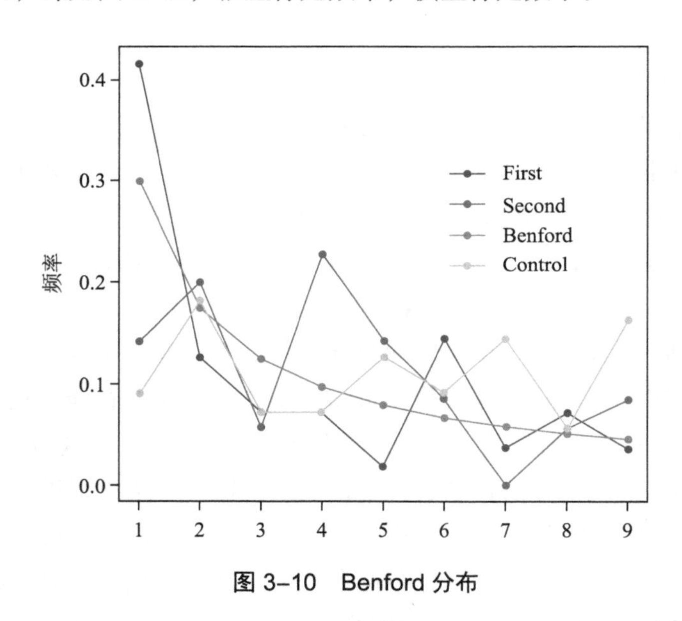

图 3-10　Benford 分布

这是一个令人迷惑、违反直觉的发现，为什么数字的出现概率要这样分布呢？一个可能的解释是符合这个规律的数据有尺度不变的性质，比如一组数据如果以英寸作为单位时符合 Benford 规律，那么把这组数据换成厘米为单位时仍然符合 Benford 规律。换个角度，如果把尺度不变作为基础，那么只有对数分布才能导致尺度不变。虽然这个理由看上去很合理，但只能说是自洽的，仍然没有直接回答为什么要出现这种分布？或者为什么要求尺度不变？

该定律根据其第二位奠基人弗兰克 · 本福特（Frank Benford）的名字被命名为本福特定律。通用电气公司物理学家本福特于 1935 年发现了这一定律。该定律告诉人们在各种各样不同数据库中每个数字（1 ~ 9）作为首个重要阿拉伯数字的频率。除数字 1 始终占据约 1/3 的出现频率外，数字 2 的出现频率为 17.6%，3 出现的频率为 12.5%，依次递减，9 的出现频率是 4.6%。在数学术语中，这一对数定律的公式为 $F(d)=log\left[1+\left(\frac{1}{d}\right)\right]$，此公式中 F 代表频率，d 代表待求证数字。

这一现象让人觉得很奇怪，来自科尔多瓦大学的科学家杰赫斯 • 托里斯、桑索利斯 • 费尔罗德滋、安东尼奥 • 迦米洛和安东尼奥 • 索拉同样也如此认为。科学家们在《欧洲物理杂志》上发表了一篇题为《》数字如何开始？（第一数字定律）》的文章，该文章对这一定律进行了简要的历史回顾。他们的论文同时还对第一数字定律的有效应用进行了阐述，并对为何没有人能够对这一数字出现频率现象做出合理解释的原因进行了阐述。

等离子体物理学专家托里斯说，“自从我了解本福特定律以来，它一直是我很感兴趣的问题之一。在统计物理学课堂上，我一直将此定律作为一个令人惊奇的范例来激发学生们的好奇心”。托里斯解释道，“在本福特之前，有一位深受尊敬的天文学家名为西蒙 • 纽库姆，他在 1881 年发现了这一定律。纽库姆同时代的科学家们并没有对他的科学发现给予足够重视。本福特和纽库姆两位科学家均对这一定律感到困惑：当浏览对数表书籍时，他们注意到书的开始部分要比结束部分脏得多。这就是说，他们的同事到图书馆后，选择各种各样学科书籍时首选第一页开始阅读”。

本福特对此疑问的观察要比纽库姆更深入一些。他开始对其他数字进行调查，发现各个完全不相同的数据，比如人口、死亡率、物理和化学常数、棒球统计表、半衰期放射性同位数、物理书中的答案、素数数字和斐波那契数列数字中均有第一数字定律现象的出现。换句话说，就是只要是由度量单位制获得的数据都符合这一定律。

任意获得的和受限数据通常都不符合本福特定律。比如，彩票数字、电话号码、汽油价格、日期和一组人的体重或者身高数据是比较随意的，或者是任意指定的，并不是由度量单位制获得的。

正如托里斯和他的同事所解释的，数十年来科学家紧随本福特对这一数字现象进行研究，但是除了发现更多的例子外，他们几乎没有发现有关比第一数字定律本身更多的东西。然而科学家们还是发现一些奇特现象。比如，当对数据库中的第二重要数字进行调查时，该定律仍然发挥着作用，但是第二重要数字的重要性却降低。同样，第三和第四重要数字所展现出来的特征就开始变得相同起来，第五重要数字的频率为 10%，刚好是平均数。第二个奇特现象引发了更多的科学兴趣。

科学家们在他们所发表的文章中写道，“1961 年，皮克汉姆发现了首个常规相关结论，该结论显示本福特定律是一个尺度不变原理，同时也是唯一一个提出数字尺度不变原理的定律。那就是说，由于是以公里来表示世界河流的长度，因此它满足本福特定律，同样以英里、光年、微米或者其他长度单位数字都会满足这一定律。”

托里斯同时还解释道：“在 20 世纪晚期，一些重要的预测理论（基数恒定性及唯一性等）被特德 • 希尔和其他数学家证实。虽然一些范例（比如住宅地址号几乎总是以数字 1 开头，低位数总是出现在高位数之前）得到了解释，但是目前仍然没有找到任何能解释各种范例的能用判断标准。”科学家们同时还解释到，没有任何优先标准能够告诉我们什么时候应当或者不应当遵守这一定律设置数字。托里斯说，“现在对该定律的研究取得了许多理论成果，但是一些理论成果仍然是前途未明。为什么一些数字设置，比如通用物理学恒量会如此完美地符合这一定律？我们不仅要了解这一定律的数学原因，还要掌握这一套实验数据的特征。比如它们的连接点是什么？它们来自哪里？很显然，它们是相当独立的。我希望将来能够找到这一定律的总体必然性和充分条件。很多人都对这一定律感兴趣，特别是经济学家。但是我也知道这一定律也许有可能是永远都不可能的事”。

然而，科学家们已经使用该定律进行了许多实践应用。比如，一个公司的年度账目数据应当是满足这一定律，经济学家可以根据这一定律查找出伪造数据。因为伪造数据很难满足这一定律（非常有趣的是，科学家发现数字 5 和 6 是最流行的数字，而不是 1，这表明伪造者试图在账目中间“隐藏”数据）。

本福特定律最近还用于选举投票欺诈发现。科学家依据这一定律发现了 2004 年美国总统选举中佛罗里达州的投票欺诈行为，2004 年委内瑞拉的投票欺诈和 2006 年墨西哥投票欺诈。托里斯说，“有关第一数字定律是通过脏书页发现的故事是完全不可信的。本福特定律不可否认已经得到应用。当这一定律被发现时其能够带来的好处并不明朗。对我而言，它仿佛仅仅只是一个数字奇异现象。这就是简单中可能蕴含有意想不到神奇之处的典型范例”。

Benford 定律在审计方面的应用如下。

对于抽样审计，我们已经进行了详细讲解。抽样审计的方法主要包括随机抽样和重点抽样。随机抽样是采用数理统计与概率论的原理从总体中抽取样本并进行检查；重点抽样是审计人员根据经验和职业判断有针对性地抽取样本并进行检查。我们回顾这两种抽样形式，会发现如下缺点和不足。

（1）随机抽样如果要达到一定精确度，样本必须很大。这对于强调效率、效果和时效性的审计来说，有时可能存在成本高、在预定时间内无法完成任务的情况。审计人员为了在既定时间内完成任务，必然存在大量“开飞机”（没有执行的审计程序在审计底稿中记录已经执行了）的现象，反而大大影响审计效果。

（2）重点抽样强调审计人员的经验和判断。在审计实务中，一般是根据金额大小、性质严重程度并结合随机抽样方法进行抽样的。这种抽样方法对于总体中样本金额差异大、个体数量少的情况下比较适用，但是对于总体中个体数量多、个体间金额比较均匀的情况则显得很吃力。

那么是否有更好的方法可以弥补这些不足呢？这就是本节要讲的方法，这种方法是随机抽样、重点抽样审计方法的有益补充，该方法就是富兰克•本福德定律（Benford's Law）。

本福德早年在通用电器公司（GE）实验室工作，是一名物理学家，20 世纪 20 年代发现了一个令人震惊的数学规律，即在任何一组同质随机发生的数据中，排在数据第一或第二位的数字存有一个可预测到的概率。例如，在一组数据中 1 排在第一位的概率约为 31%，而 9 排在第一位的概率仅有 5%。本福德测试了多种来源的数据组发现存在这样的概率。

本福德定律的含义如下。

一组随机发生的数字，各个数字的首位存在一定规律，越小的数字出现的概率越高，即 0 出现的概率是 100%（实际上首位不可能是 0，因此我们可以认为其出现的概率是 100%），1 出现的概率是 31%，2 出现的概率是 18%，依次类推，9 出现的概率只有不到 5%。其实，本福德定律也服从大数法则和中心极限定理，但是其证明比较复杂，这里不赘述。

本福德定律的应用条件是：

（1）数据不能是规律排序的，比如发票编号、身份证号码等；

（2）数据不能经过人为修饰。

Benford 定律并非符合一切数据，符合的一些数据有：湖的面积、河流的长度、物理学常数、股票指数、计算机文件的大小等。不符合的有摇奖号码、电话号码等。为什么会有这两类数据的差异呢？一定有更深的规律在其中。

最近，来自北京大学的邵立晶和马伯强提出了自然界中 Benford 定律的新的理解方式，他们把 Benford 应用到物理学中常见的三种统计分布中，分别是波尔兹曼—吉布斯分布、玻色—爱因斯坦分布、费米—狄拉克分布，这三种分布分别是经典粒子、玻色子、费米子的分布规律。在自然形成的十进制数据中，任何一个数据的第一个数字 d 出现的概率大致为 log10（$1+1/d$）。

3.3.4 极值理论

极植理论（Extreme Value Theory，EVT）的发展最早可以追溯到 18 世纪的瑞士数学家 Nicolas Bernoulli（尼古拉・伯努利），但是直到 20 世纪 20 年代，预测新纪录的想法才真正吸引了人们的注意。EVT 的中心思想是概率分布，即给出事件发生概率的数学公式。比如说，人的身高服从高斯分布，所以大部分人的身高都距离平均身高不远。而高斯分布长而窄的两个“尾巴”表示有些人特别得高，或者特别得矮。高斯分布是一种非常常见的分布，许多现象都服从高斯分布。所以早期的数学家使用高斯分布来计算极端事件发生的可能性。但是在19世纪20年代，数学家们感觉到高斯分布的“尾巴”不能很好地预测小概率事件。1928年，剑桥数学家R.A.Fisher和同事L.H.C.Tipper发表了他们著名的关于EVT的论文，表明小概率事件服从另一种概率分布。同高斯分布一样，如果事件越极端，其发生的概率就越低。如果要计算具体的发生概率，只要使用以往该极端事件的发生情况拟合曲线就行了。比如说，使用往年某沿海地区海浪最高高度的数据，就可以预测将来该地海浪的最高高度，包括创纪录的新海浪高度的可能性。每过一段时间，小概率事件就会发生，比如巨大的台风，或者跳高纪录被打破。但是到底这样的事件有多极端？极值理论可以回答这个问题。利用以往的记录，比如说500年来的洪水记录，极值理论就可以预测将来发生更大的洪水的可能性。

极值的概念来自数学应用中的最大最小值问题。定义在一个有界闭区域上的每一个连续函数都必定达到它的最大值和最小值，问题在于要确定它在哪些点处达到最大值或最小值。如果不是边界点就一定是内点，因而是极值点。这里的首要任务是求得一个内点成为一个极值点的必要条件。极值理论：n个独立同分布，累积分布函数为$F(x)$的随机变量的极值（这里以最小值为例）服从以下的分布：

$$F_{n,1}(x)=1-\left(1-F(x)\right)^{n} \tag{3-3}$$

对于给定的分布函数$F(x)$，如果存在序列$(a_n>0)$，$\{b_n\}$，使得$F_{n,1}(a_n+b_n)=F(x)$，则称分布函数$F(x)$是最大值稳定的。

极值理论19世纪20年代被数学家发明。长久以来，因为其魔法般预测从未发生过事件的能力，它往往受到人们的质疑。但是现在EVT正在获得越来越广泛的应用，从金融风险评估到海事安全等，也越来越受到人们的信任。一个重要的应用领域是保险行业，EVT被用来计算重大灾难发生的可能性，并由此来确保必要时有足够的赔付资金。

第 4 章 新媒体数据搜索

4.1 新媒体数据搜索的基本概念

在信息高速增长的大数据时代，新媒体领域数据的形成呈现爆炸式增长，数字化生产和数据挖掘分析逐渐发展为一种常态，新媒体作为一种高信息产业，正面临着巨大的挑战。数据挖掘和数据分析的难度大，需借助 Internet 数据检索技术及数据挖掘技术的支持，才能从海量数据中提取出有价值的信息，数据挖掘就是从大量数据中获取有效的、新颖的、潜在有用的、最终可理解的模式的非平凡过程，简单地说，数据挖掘就是从大量数据中提取或“挖掘”知识。基于此，开展基于新媒体信息的数据搜索研究就显得尤为必要。

新媒体数据搜索，也是信息检索领域的任务之一。信息检索（Information Retrieval，IR）是计算机科学的一大研究领域，主要研究如何为用户访问对他们有用的信息提供手段，即信息检索涉及对文档、网页、联机目录、结构化和半结构化记录及多媒体对象等信息项的表示、存储、组织和访问。信息项的表示和组织必须便于用户访问他们感兴趣的信息。信息检索问题：信息检索系统的主要目标是检出所有和用户查询相关的文档，并且把检出的不相关文档控制在最低限度。信息检索主要包括由建立高效的索引，高性能地处理用户的查询，并开发排序算法以提高检索结果的各项指标。

早期的信息检索发展被视为只有图书管理员和信息专家感兴趣的狭窄领域，由于图书馆的信息量庞大且一直在增长，因此建立了专门的数据结构——索引，进行快速搜索。不管采用哪种形式，索引都是每一个现代信息检索系统的核心。索引提供快速访问数据的方法以提高查询操作的效率。数百年来，索引的形式都是手动建立的类目集。索引中的每个类目通常由标志相关主题的标签和指向相关文档的指针组成。现代计算机的出现使得自动构建大规模索引成为可能，万维网（World Wide Web，WWW）在 20 世纪 90 年代初的引入彻底让多媒体和超文本的信息检索工具在现代个人计算机用户中迅速传播。

利用 Web，千千万万的用户创造了庞大数据量的文档、超文本数据，从而构成了人类万物互联的知识宝库，但是，这使得在 Web 上查找有用的信息成了一个棘手的难题。

新媒体数据搜索的发展研究包括但不局限于建模、Web 搜索、文本分类、系统架构、用户界面、数据可视化、过滤和语言处理技术。

广义上说，数据搜索是指将信息按照一定的方式组织和存储起来，并能根据信息用户的需要找出其中相关信息的过程。从本质上讲，数据搜索是一种有目的和组织化的信息存取活动，其中包括“存”和“取”两个基本环节。对于“存”来说，主要指面向来自各种渠道的大量信息资源而进行的高度组织化的存储；对于“取”来说，则要求面向随机出现的各种用户信息需求所进行的高度选择性的查找，并且尤其强调查找的快速与便利。

数据搜索的全称是数据存储与搜索，包含两个方面，存储的过程是信息的组织加工和记录的过程，即建立检索系统（编制检索工具）的过程——输入的过程；检索的过程是按一定方法从检索系统（检索工具）中查出信息用户需要的特定信息的过程——输出的过程。二者是相辅相成的，存储是为了检索，而检索又必须先进行存储。只有经过组织的有序信息集合才能提供检索，因此了解了一个信息系统（检索工具）的组织方式也就找到了检索该检索系统（检索工具）的根本方法。当然，对数据用户而言，后者更为重要，因此，狭义的数据搜索一般仅指检索的过程。

新媒体数据搜索的基本原理：可以把信息检索的基本原理抽象概括为一句话：对信息集合与需求集合的匹配与选择。

信息集合是指有关某一领域的、经采集和加工的信息集合体，是一种公共知识结构。它可以向用户提供所需要的知识或信息，然后是需求集合，用户的信息需求是在社会实践活动中产生的，众多用户不同形态的信息需求的汇集，就形成了需求集合。

为了在信息集合与需求集合之间建立起联系和沟通，以便能从信息集合中快速获取用户所需要的信息和知识，信息检索提供了一种“匹配”机制，这种机制的主要功能在于能快速把需求集合与信息集合依据某种相似性标准进行比较和判断，进而选择出符合用户需要的信息。这里，匹配的相似性标准一般是通过把信息集合和需求集合预先进行某种形式化的加工和表示来提供的。对于文本而言，最主要、最常用的匹配标准是由某个或若干个词汇表达的“主题”。

信息需求的处理与加工。即采用特定的检索语言将信息需求表示出来，换言之，将检索问题或课题进行处理，抽取出主题内容或其他特征。经过这样处理的信息需求称之为Query。

信息集合是指有关某一领域的文献或数据的集合。复杂性、程序化、Accesspoint。每件信息都包含有其内部和外部的特征即信息的属性，这些特征可以用来作为检索的出发点和匹配的依据、我们称之为检索点。匹配与选择是一种机制，它负责把需求集合与信息集合进行相似性比较，然后根据一定的标准选出符合需要的信息。

在下一节中，我们列出信息检索中的三个经典的模型。

布尔检索模型，一个文档通过一个关键词条的集合来表示，这些词条来自一个词典。

在查询与文档的匹配过程中，主要看该文档中的词条是否满足查询的条件。

向量空间模型，计量文档向量与查询词串之间的相似度。

概率论模型，将文档按照与查询的概率相关性的大小进行排序，排在最前面的文档是最有可能被获取的文档。

此外，现代新媒体数据搜索的研究还可以采用神经网络模型、基于命题逻辑模型、聚类模型、基于规则模型、模糊模型和语义模型等，来深入研究查询与文档之间的匹配过程。

4.2 数据搜索模型

数据搜索模型，主要是用于检索和排序的计算用户查询请求和信息的匹配程度的问题。目前已有的检索模型有布尔模型、向量模型、概率模型以及以上三个经典模型的变形模型。通过对经典模型进行分析比较，以便在设计具体的检索系统时，根据检索对象的特点，采取合适的检索模型，提高检索效率。

数据搜索模型是运用数学的语言和工具，对数据搜索系统中的信息及其处理过程加以翻译和抽象，表达为某种数学公式，经过演绎、推断、解释和实际检验之后再来指导信息搜索的实践过程。

首先给出搜索模型的定义：以 $S=(D, T, Q, \rho)$ 四元组的方式来描述一个数据搜索系统。其中，$D=(D_1, D_2, D_3, \cdots, D_n)$ 为系统中经过标引的文献集合；$T=(T_1, T_2, T_3, \cdots, T_m)$ 为所有可能存在的标引词；$Q=(Q_1, Q_2, Q_3, \cdots, Q_l)$ 为提问集合；ρ：$Q \times D \rightarrow R$，ρ 为匹配函数，R 为函数值集合。

1957 年，Y. Bar-Hillel 最先探讨了布尔逻辑应用于计算机检索的可能性。1967 年布尔逻辑检索模型正式被大型文献检索系统所采用，并逐渐成为各种大型联机检索系统和网络搜索引擎的典型、标准检索模式。为弥补布尔逻辑检索模型的不足，相继出现了向量空间检索模型、概率检索模型、模糊集合检索模型、扩展布尔逻辑检索模型等。下面重点介绍布尔逻辑检索模型、向量空间检索模型、概率检索模型。

4.2.1 布尔检索模型

布尔检索模型（Boolean Retrieval Model）是最早提出的一种比较简单的信息检索模型，其数学理论基础是集合论和布尔代数。它将文档看成由词（Term）组成的集合，如果词典中的某个词在文档中出现，标识为 1，否则标识为 0，这样词典中的词和所有文档就构成了一个关联矩阵（Incidence Matrix）。用户的查询用词和布尔运算符组成的布尔表达式（Boolean Expression）表示，布尔运算符有 AND 、OR、NOT 三种，信息检索系统根据布尔表达式运算的结果来决定是否将文档作为检索结果返回。

布尔检索模型比较简单，在早期被广泛应用于文献数据库的检索中，现如今仍然用于某些著名的文献数据库检索中，比如PubMed，但是布尔检索模型有一些明显的缺陷和不足，首先布尔检索模型基于布尔表达式的真假对文档进行检索，只能检索文档与查询是否相关，而无法量化地表示文档和查询相关的程度，因此无法按照相关性对返回的文档进行排序；其次在布尔检索模型中，要进行高效率的检索，用户对自己准备检索的话题要非常了解并具备一定的专业知识，并且能够把自己的信息需求准确地转化为布尔表达式，这些对于非专业的用户是很难做到的。

布尔检索模型的这些缺陷决定了它不适合应用在现在主流的互联网搜索中。

布尔信息检索模型基于经典集合论。文档被表示为它包含的一组术语（不是所有的单词都必须使用），而查询被表示为逻辑表达式。查询中的关键字可以用布尔运算符“与”“或”和“非”连接在一起。每个术语可以有两种逻辑状态之一——它可以存在（逻辑 1）也可以不存在（逻辑 0）。文档与用户查询的相关性是通过将查询的逻辑值评估为 1 或 0 来计算的。对于表示文档的集合中存在的查询中的每个术语，值为 1；对于表示文档的集合中不存在的每个术语，值为 0。

布尔逻辑检索模型采用布尔代数和集合论的方法，用布尔表达式去表达用户的需求信息。传统的布尔逻辑检索模型用一组标记词去表示每个文献。每个提问式 Q 除表示用户需求中的标记词的集合外，还有各标记词的布尔组配。

布尔逻辑检索模型是基于特征项的严格匹配模型，文本查询的匹配规则遵循布尔运算的法则。用户可以根据检索项在文档中的布尔逻辑关系提交查询，搜索引擎则根据事先建立的倒排文件结构确定查询结果。标准的布尔逻辑模型为二元逻辑，所搜索的文档要么与查询相关，要么与查询无关。查询结果一般不进行相关性排序。在布尔逻辑检索模型中，一个文档通过一个关键词条的集合来表示，这些词条都来自一个词典。在查询与文档匹配的过程中，主要看该文档中的词条是否满足查询条件。布尔模型用文档的检索状态值作为一种评价查询和文档相似性的方法。

布尔逻辑检索模型的优点：实现起来比较容易，速度快，计算的代价相对较少；查询语言表达简单，用户可以使用任意复杂的查询表达式，易于表示同义关系词组。它的缺点：布尔检索式的非友善性，即构造一个好的检索式是不容易的，尤其是对复杂的检索课题，不易套用布尔检索模式；易造成零输出或输出过量；无差别的组配元，不能区分各组配元的重要程度；匹配标准存在某些不合理的地方，由于匹配标准是有或无，因此对于文献中标引词的数量没有评判，都一视同仁；检索结果不能按照重要性排序。

基于以上问题，传统的布尔逻辑检索模型经过了改进和扩展导致了一些新的检索模型的出现。但此模型是目前的主流，尤其是在商业性的文献数据系统中。

4.2.2 向量空间模型

向量空间模型（Vector Space Model）最早由 Gerard Salton 提出，如今已成为现代信息检索系统中最常用的模型，Salton 等人基于向量空间模型开发的 SMART 信息检索系统也成为后来信息检索实验系统的样板。同布尔检索模型一样，向量空间模型也将文档看成由词组成的集合，不同的是向量空间模型将文档和查询都表示成由词组成的向量，与向量空间模型紧密相连的是信息检索领域里最重要的两个概念：词频（Term Frequency）和逆文档频率（Inverse Document Frequency）。词频是指某个给定的词在文档中出现的次数，该值通常会利用文档长度、取对数或者最大 TF 值进行归一化（Normalized）。逆文档频率是对一个词重要程度的度量，IDF 值越大说明该词越重要。

向量空间模型将文档和查询都表示为向量，因此线性代数中对向量的运算都可以直接应用于信息检索领域。一个最直接的应用就是通过计算查询向量和文档向量之间夹角的余弦值作为查询和文档的相似度量。

向量空间模型、词频和逆文档频率几乎构成了现代信息检索的基础，它们操作简单，易于实现和量化，并在实际的系统中取得了较好的效果，现有的绝大多数商业或实验信息检索系统都是基于向量空间模型。向量空间模型的一个缺点是它的假设词与词之间是独立的，但这个假设与实际的应用场景是相悖的。

向量空间模型从文本中抽取出关键词，根据该词在文本中的重要程度赋予其一定的权重，把用户模板和待检索文本均表示成向量空间中的向量，利用它们的夹角余弦来判定其相似度。在向量空间模型中，如果某个词在某个文档中出现频率高，而在其他文档中出现频率低，就说明该词对该文档或该类文档更具有代表性，应该具有更高的权重。相反地，如果一个词语在很多文档中都出现，其权重应该比较小。向量空间模型构造的基本思想是用关键词来标识文档，每篇文档都可以用关键词表示成一个 n 维向量，同时给每个关键词赋予一个权值，用来描述其在文档中的重要程度。则文档 D 的向量可以表示为：$D_i=(t_1, t_2, \cdots, t_n)$。其中 t_i 表示第 i 个关键词的权值。同样用户的兴趣度向量可以用 Q 表示，$Q_i=(q_1, q_2, \cdots, q_n)$，其中 q_i 表示权值。从而文档向量 D 和用户兴趣度向量 Q 的相关度由两个向量的夹角余弦值来判断。相似度如下：

$$\mathrm{Sim}(\mathrm{D}, \mathrm{Q})=\cos(D, Q)=\frac{\sum_{i=1}^{n} q_i \cdot t_i}{\sqrt{\sum_{i=1}^{n} q_i} \cdot \sqrt{\sum_{i=1}^{n} t_i^2}} \tag{4-1}$$

从公式中可以看出，Sim（D，Q）的取值在 0 和 1 之间，当夹角为 0 时，取值为 1，相关度为最大，通过相似度进行排序，即使文档与查询仅仅部分匹配也可能被检索出。尽管向量模型结构简单，但对于一般集合它仍是一个适应性极强的排序策略，通过查询扩展和相关反馈，可以改善所产生的排序结果集合。

4.2.3 概率论模型

概率检索模型（Probabilistic Retrieval Model）最早由 Maron 和 Kuhns 于 1960 年提出，试图利用概率论来解决信息检索的相关性排序问题，后来 Robertson 和 Sparck Jones 又在此模型的基础上提出了二项独立模型（Binary Independence Model）。

概率检索模型的基本思想是给定文档 *D*，定义一个指示 *D* 是否与查询相关的随机变量 *R*（*R*=1 表示 *D* 与查询相关，R=0 表示 D 与查询不相关），那么将文档按照概率值 P（RI10）降序排序，即可实现相关性排序。M. Cooper 和 S. E. Robertson 将这一基本思想形式化，提出了概率排序原则（Probability Ranking Principle），所有的概率检索模型都是基于概率排序原则的，只是采用的估计概率值 P（RI10）的方法不同。很多实用信息检索系统采用的相关性排序算法基于概率检索模型，比如非常著名的 BM25 和 BM25F 算法就是以概率检索模型为基础，这两个算法也会在资讯相关性排序中用到。

4.3 搜索结果评价

依据《信息检索导论》一书中的描述，我们可以采用常规的方式来度量搜索的效果，需要一个测试集（test collection），它由以下三个部分构成：

（1）一个文档集；

（2）一组用于测试的信息需求集合，信息需求可以表示成查询；

（3）一组相关性判定结果，对每个查询—文档对而言，通常会赋予一个二值判断结果——要么相关（relevant），要么不相关（nonrelevant）。

常规的系统评价方法主要是围绕相关和不相关文档的概念来展开。对于每个用户信息需求，将测试集中的每篇文档的相关性判定看成一个二类分类问题进行处理，并给出判定结果：相关或不相关。这些判定结果称为相关性判定的黄金标准（gold standard）或绝对真理（ground truth）。测试集中的文档及信息需求的数目必须要合理：由于在不同的文档集和信息需求上的结果差异较大，所以需要在相对较大的测试集合上对不同信息需求的结果求平均。经验上发现 50 条信息需求基本足够（同时 50 也是满足需要的最小值）。

需要指出的是，相关性判定是基于信息需求而不是基于查询来进行的。比如，可能有这样一个信息需求：在降低心脏病发作的风险方面，饮用红葡萄酒是否比饮用白葡萄酒更有效（原文是 whether drinking red wine is more effective at reducing your risk of heart attacks than drinking white wine）。该需求可能会表达成查询 wine AND red AND white AND heart AND attack AND effective。

一篇满足信息需求的文档是相关的，但这并不是因为它碰巧都包含查询中的这些词。

由于信息需求往往并不显式表达，上述区别在实际中常常被误解。尽管如此，信息需求却始终存在。如果用户向 Web 搜索引擎输入 python，那么他们可能想知道可以买宠物蛇的地方，或者想查找与编程语言 Python 相关的信息。对于单个词构成的查询，系统很难知道其背后的真实需求。当然，对于用户而言，他肯定有自己的信息需求，并且能够基于该需求判断返回结果的相关性。要评价一个系统，需要对信息需求进行显式的表达，以便利用它对返回文档进行相关性判定。迄今为止，我们对相关性都进行了简化处理，把相关性考虑为一个只具有如下尺度的概念：一些文档高度相关而其他却不太相关。也就是说，到现在为止，我们仅对相关性给出一个二值判定结果。应该说，这种简化具有一定的合理性。

许多系统都包含多个权重参数，改变这些参数能够调优系统的性能。通过调优参数而在测试集上获得最佳性能并报告该结果是不可取的。这是因为这种调节能在特定的查询集上获得最佳参数，而这些参数在随机给定的查询集上并不一定能够取得最佳性能，因此，上述做法实际上夸大了系统的期望性能。正确的做法是，给定一个或者多个开发测试集（development test collection），在这个开发测试集上调节参数直至最佳性能，然后测试者再将这些参数应用到最后的测试集上，最后在该测试集上得到的结果性能才是真实性能的无偏估计结果。

4.3.1 无序搜索结果集合和评价

在给定测试集的情况下，如何度量系统的效果？数据搜索中最常用的两个基本指标是正确率和召回率。它们最早定义于一种非常简单的情况下：对于给定的查询，系统返回一系列文档集合，其中的文档之间并不考虑先后顺序。后面将介绍如何将这些概念扩展到有序的检索中去。

正确率（Precision，简记为 P）是返回的结果中相关文档所占的比例，定义为：

$$\text{Precision}=\frac{\text{返回结果中相关文档的数目}}{\text{返回结果的数目}}=P(\text{relevantretrieved}) \qquad (4\text{-}2)$$

而召回率（Recall，简记为 R）是返回的相关文档占所有相关文档的比例，定义为：

$$\text{Recall}=\frac{\text{返回结果中相关文档的数目}}{\text{所有相关文档的数目}}=P(\text{retrieved}|\ \text{relevant}) \qquad (4\text{-}3)$$

为了更好地理解上述概念，可以对照表 4-1（contingency table）。

表 4-1　混淆矩阵

	相关（relevant）	不相关（nonrelevant）
返回（retrieved）	真正例（true positives，tp）	伪正例（false positives，fp）
未返回（not retrieved）	伪反例（falsenegatives，fn）	真反例（truenegatives，tn）

于是有：

$$P = \frac{tp}{tp + fp}$$

$$R = \frac{tp}{tp + fn}$$

在这里，读者可能会想到的一个显然可以用于度量信息检索系统效果的指标是精确率（accuracy），也就是文档集中所有判断正确的文档所占的比例。如果采用上述表格中的符号，那么精确率的计算公式为：（tp + tn）/（tp + f p + f n + tn）。采用精确率来度量信息检索的效果看上去有一定的道理，这是因为上述检索系统中实际上存在着两个类别：相关类和不相关类，搜索系统也因此可以看成一个针对二类问题的分类器，这个分类器实际上认为返回的文档是相关文档。精确率指标在很多机器学习问题中的使用非常普遍，是一个非常适合这类问题的效果度量指标。

然而，精确率对于数据搜索来说并不是一个很好的度量指标。原因是：绝大多数情况下，信息检索中的数据存在着极度的不均衡性，通常情况下，超过 99.9% 的文档都是不相关文档。这样就会让所有的文档都判成不相关文档的系统就会获得非常高的精确率值，从而使得该系统的效果看上去似乎很好。而即使系统实际上非常好，试图将某些文档标注为相关文档往往也会导致很高的假阳率（rate of false positive）。然而，将所有文档标注为不相关文档（不返回任何文档）显然不能使检索系统的用户满意。用户往往想浏览某些文档，并且可以假设他们在浏览有用的信息之前能够在一定程度上容忍不相关文档的存在。正确率和召回率只对返回文档中的真正相关文档进行评估，它们分别度量的是返回文档中的相关文档比例和返回的相关文档占所有相关文档的比例。

同时采用正确率和召回率两个指标来度量效果有一个优点，即能够满足偏重其中一个指标的场景的需要。典型的 Web 检索用户希望第一页所有的结果都是相关的，也就是说他们非常关注高正确率，而对是否返回所有的相关文档并没有太大的兴趣。相反地，一些专业的搜索人士（如律师助手、情报分析师等）却往往重视高召回率，有时甚至宁愿忍受极低的正确率也要获得高的召回率。对本机硬盘进行搜索的个人用户也常常关注召回率。然而，这两个指标之间显然存在着某种折中。一个极端的情况是，对于某查询如果返回所有文档，显然此时的召回率为 1，但是此时的正确率往往却很低。一方面，相对于返回文档的数目而言，召回率是一个单调非减函数；另一方面，在一个好的系统中，正确率往往会随着返回文档数目的增加而降低。通常来说，我们希望在容许较小的错误率（此时会达到较高的正确率）的同时达到一定的召回率。

一个融合了正确率和召回率的指标是 F 值（F measure），它是正确率和召回率的调和平均值，定义如下。

$$F=\frac{1}{\alpha\frac{1}{P}+(1-\alpha)\frac{1}{R}}=\frac{(\beta^2+1)PR}{\beta^2P+R} \qquad (4\text{-}4)$$

其中 $\beta^2=\frac{1-\alpha}{\alpha}$。

$\alpha \in [0, 1]$，因此 $\beta^2 \in [0, \infty]$。默认情况下，平衡 F 值（balanced F measure）中正确率和召回率的权重相等，即 $\alpha= 1/2$ 或 $\beta= 1$。尽管是从 α 的角度来体现出 F 是正确率和召回率的调和平均值，但上述等权重情况下我们可以用 β 的取值来记 F 值，此时记为 F1，它是 $F\beta=1$ 的省略形式。当 $\beta = 1$ 时，F 的计算公式可以简化为：

$$F_{\beta=1}=\frac{2PR}{P+R}$$

然而，等权重取值并不是唯一选择。$\beta < 1$ 表示强调正确率，而 $\beta > 1$ 表示强调召回率。例如，如果强调召回率的话，β 可以取 3 或 5。召回率、正确率和 F 值的取值范围都是 [0，1]，当然它们也常常可以写成百分数的形式。

为什么使用调和平均而不是其他简单的平均方法（如算术平均）来计算 F 值呢？前文提到，可以通过返回所有文档来获得 100% 的召回率，此时如果采用算术平均来计算 F 值，那么 F 值至少为 50%。这表明在这里使用算术平均显然是不合适的。而如果采用调和平均来计算，假定 10000 篇文档中只有 1 篇和查询相关，那么此时 F 值为 0.02%。调和平均值小于等于算术平均值和几何平均值。如果两个求平均的数之间相差较大，那么和算术平均值相比，调和平均值更接近其中的较小值。

图 4-1 是调和平均值和其他几种平均值的比较图。本图基于固定的召回率（70%），给出的是在正确率变化的情况下不同平均值的一段变化图。图中可以看到，调和平均值往往小于算术平均值和几何平均值，并且常常与两个数的较小值更接近。图中也可以看出，当正确率也等于 70% 时，各种度量值都相等。

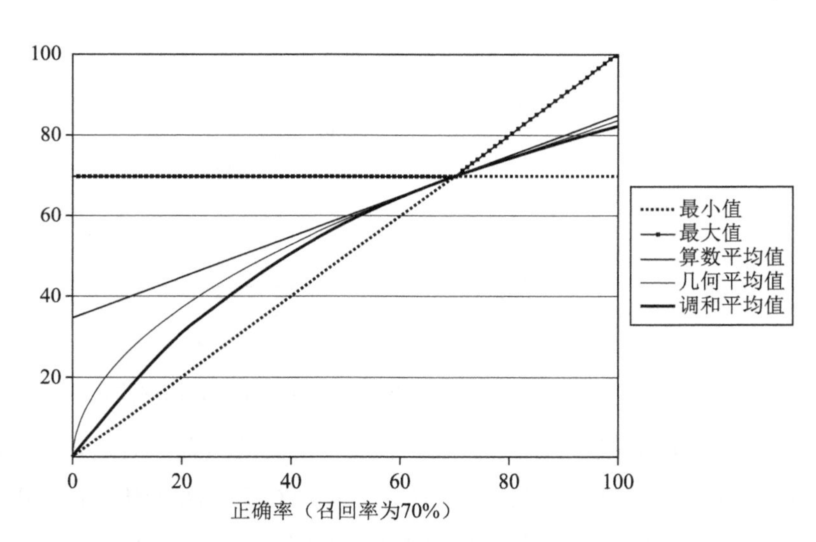

图 4-1　调和平均值和其他几种平均值的比较示例

4.3.2 有序搜索结果的评价方法

正确率、召回率和 F 值都是基于集合的评价方法，它们都利用无序的文档集合进行计算。当面对诸如搜索引擎等系统输出的有序检索结果时，有必要对上述方法进行扩展或者定义新的评价指标。在结果有序的情况下，通常很自然地会将前面 k 个（k=1，2，…）检索结果组成合适的返回文档子集。对每个这样的集合，都可以得到正确率和召回率，分别以它们作为纵坐标和横坐标在平面上描点并连接便可以得到如图 4-2 所示的正确率—召回率曲线（precision-recall curve）。正确率—召回率曲线往往会表现出明显的锯齿形状，这是因为如果返回的第（k+1）篇文档不相关，那么在（k+1）篇文档位置上的召回率和前 k 篇文档位置上的召回率一样，但是正确率显然下降。反之，如果返回的第（k+1）篇文档相关，那么正确率和召回率都会增大，此时曲线又呈锯齿形上升。将这些细微的变化去掉往往非常有用，实现这一目的的常规方法是采用插值的正确率。在某个召回率水平 r 上的插值正确率（interpolated precision，记为 pinterp）定义为对于任意不小于 r 的召回率水平 r' 所对应的最大正确率，即：

$$p_{\text{interp}}(r) = max_{r'\text{Hr}}\, p(r') \qquad (4\text{-}5)$$

上述定义的合理性在于：如果多看一些文档就可提高所看文档中相关文档的比例的话（也就是说在更大的集合中的正确率更高），那么大部分用户都会这样做。在图 4-2 中，插值正确率采用细线表示。依照上述定义，召回率为 0 所对应的正确率值也能得到很好的定义。

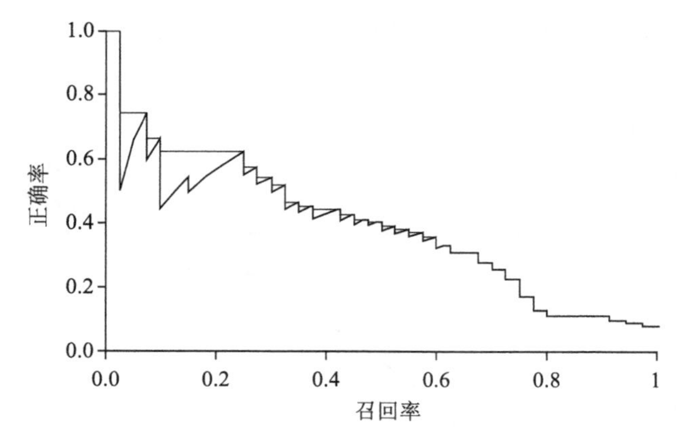

图 4–2　正确率—召回率曲线

整个正确率—召回率曲线具有非常丰富的信息，但是人们往往期望将这些信息浓缩成几个甚至一个数字。传统的做法是（比如在前八次 TREC 的 Ad hoc 任务中）定义一个 11 点插值平均正确率（eleven-point interpolated average precision）。对每个信息需求，插值的正确率定义在 0.0，0.1，0.2，…，1.0 等 11 个召回率水平上。图 4-2 中的正确率—召回率曲线所对应的 11 点上的插值正确率在表 4-2 中列出。对于每个召回率水平，可以对测试集中每个信息需求在该点的插值正确率求算术平均。于是可以画出一条包含 11 个点的正确率—召回率合成曲线。图 4-3 就给出了 TREC8 中一个效果较好的系统的曲线的例子。

表 4-2　11 点插值平均正确率的计算

召回率	插值正确率	召回率	插值正确率
0.0	1.00	0.6	0.36
0.1	0.67	0.7	0.29
0.2	0.63	0.8	0.13
0.3	0.55	0.9	0.10
0.4	0.45	1.0	0.08
0.5	0.41		

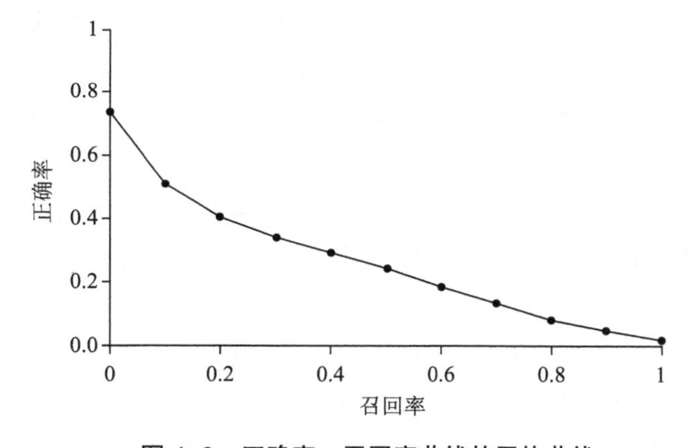

图 4-3　正确率—召回率曲线的平均曲线

图 4-3 在 50 个查询上某 TREC 系统的 11 点插值正确率—召回率平均曲线，该系统的 MAP 值是 0.2553。

近年来，一些其他的评价指标使用越来越普遍。TREC 中最常规的指标是 MAP（mean average precision，平均正确率均值），它可以在每个召回率水平上提供单指标结果。在众多评价指标中，MAP 被证明具有非常好的区别性（discrimination）和稳定性（stability）。对于单个信息需求，返回结果中在每篇相关文档位置上的正确率的平均值称为平均正确率（average precision），然后对所有信息需求平均即可得到 MAP。形式化地，假定信息需求 qj ∈ Q 对应的所有相关文档集合为 {d1，…，dmj}，Rjk 是返回结果中直到遇见 dk 后其所在位置前（含 dk）的所有文档集合，则有：

$$\mathrm{MAP}(Q)=\frac{1}{|Q|}\sum_{j=1}^{|Q|}\frac{1}{m_j}\sum_{k=1}^{m_j}\mathrm{Prcision}\left(R_{jk}\right) \tag{4-6}$$

如果某篇相关文档未返回，那么上式中其对应的正确率值为 0。对于单个信息需求来说，平均正确率是未插值的正确率—召回率曲线下面的面积的近似值，因此，MAP 可以粗略地认为是某个查询集合对应的多条正确率—召回率曲线下面积的平均值。

使用 MAP，就不再需要选择固定的召回率水平，也不需要插值。某个测试集的 MAP 是所有单个信息需求上的平均正确率的均值。这导致的效果是，即使有些查询的相关文档数目较多而有些却很少,但是在最终的 MAP 指示报告中每个信息需求的作用却是相等的。单个系统在不同信息需求集上的 MAP 值往往相差较大（比如，在 0.1 ~ 0.7 变化）。实际上，与单个系统在不同信息需求上的 MAP 差异相比，不同系统在同一信息需求上的 MAP 差异反而相对要小一些。这意味着用于测试的信息需求必须足够大、需求之间的差异也要足够大，这样的话系统在不同查询上体现出的效果才具有代表性。

上述指标实际是在所有的召回率水平上计算正确率。对于许多重要应用特别是 Web 搜索来说，该指标对于用户而言作用并不大，他们看重的是在第 1 页或前 3 页中有多少好结果。于是需要在固定的较少数目（如 10 篇或者 30 篇文档）的结果文档中计算正确率。该正确率称为前 k 个结果的正确率（precision at k，可简写成 P@k），比如 P@10。该指标的优点是不需要计算相关文档集合的数目，缺点就是它在通常所用的指标中是最不稳定的，这是因为相关文档的总数会对 P@k 有非常强的影响。

能够解决上述问题的一个指标是 R-precision。它需要事先知道相关的文档集 Rel，然后计算前 |Rel| 个结果集的正确率。其中 Rel 不一定是完整（complete）的相关文档集合，可以先将不同系统在一系列实验中返回的前 k 个结果组成缓冲池，然后基于缓冲池进行相关性判定从而得到相关文档的集合。R-Precision 能够适应不同相关文档集大小的变化。一个完美系统的 R-Precision 值可以达到 1，而对于一个只包含 8 个相关文档的信息需求而言，最完美的系统的 P@20 值也只能达到 0.4。因此，对于 R-Precsion 指标来说，在不同查询上求平均才更有意义。另外，对用户来说，该指标比 P@k 难理解，但又比 MAP 好理解：对于某查询如果总共有 |Rel| 篇相关文档，而在前 |Rel| 个返回结果中有 r 篇相关文档，那么根据定义，不仅此时的正确率为 r/|Rel|（当然此时的 R-Precision 也是 r/|Rel|），而且召回率也等于这个值。因此，R-Precsion 和有时候用到的正确率召回率等值点（break-even point）的概念是一样的，后者指的是正确率和召回率相等的点。像 P@k 一样，R-Precision 描述的也是正确率—召回率曲线上的一个点，而不是对整条曲线求概括值。因此，在某种程度上很难说清楚为什么只对曲线上的等值点而不是最好的点（F 值最大的点）感兴趣，或是对某个特定应用的固定返回结果数目上的值感兴趣（如 P@k）。尽管如此，虽然 R-Precision 只度量了曲线上的一个点，但是在经验上却证实它和 MAP 高度相关。

另一个在评价时可能会用到的概念是 ROC（ROC 是 receiver operating characteristics 的缩写，但是知道这个对大多数人来说没什么用）曲线。ROC 曲线是基于假阳率（false positive rate）或 1- 特异度（specificity）画出真阳率（true positive rate）或者敏感度

（sensitivity）而得到的曲线。这里，敏感度只是召回率的另外一种叫法。假阳率的计算公式为 fp/（fp + tn）。图 4-4 给出了对应图 4-2 正确率—召回率曲线的 ROC 曲线。ROC 曲线通常起于左下角而逐渐向右上角延伸。一个好的系统，曲线图的左部会比较陡峭。对于无序的检索来说，计算公式为 tn/（fp + tn）的特异度并不被看成一个很有用的概念。返回结果中真正不相关的文档集合通常很大，因此，对于所有的信息需求来说，特异度结果值接近 1，而假阳率接近于 0。所以，图 4-2 中有趣的部分是 0< 召回率 <0.4 这段，在图 4-4 中它被压缩到一个小角落。然而，如果把视角放宽到整个检索，那么 ROC 曲线是有意义的，它提供了对数据观察的另外一个角度。在很多领域，一个普遍使用的指标是计算 ROC 曲线下的面积，这可以看成是基于 ROC 的 MAP 版本。有时候，在非严格的情况下，正确率—召回率曲线也被称为 ROC 曲线。

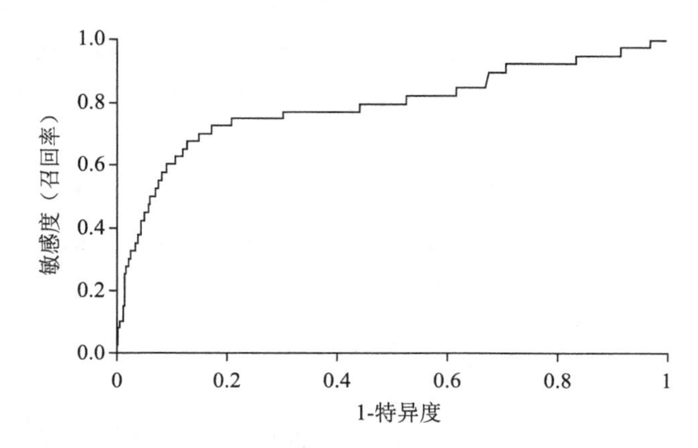

图 4–4　正确率—召回率曲线所对应的 ROC 曲线

最后介绍一种近年来逐渐被采用、往往应用在基于机器学习的排序方法中的指标——CG（cumulative gain，累积增益），一个具体的指标为 NDCG（normalized discounted cumulative gain，归一化折损累积增益）。NDCG 是针对非二值相关情况下的指标。同指标 P@k 一样，它基于前 k 个检索结果进行计算。设 R（j，d）是评价人员给出的文档 d 对查询 j 的相关性得分，那么有：

$$\mathrm{NDCG}(Q,\ k)=\frac{1}{|Q|}\sum_{j=1}^{|Q|}Z_{j,\ k}\sum_{m=1}^{k}\frac{2^{R(j,\ m)}-1}{\log(1+m)} \qquad (4\text{-}7)$$

其中，Zk 是归一化因子，用于保证对于查询 j 最完美系统的 NDCG at k 得分是 1，m 是返回文档的位置。如果某查询返回的文档数 k′ ＜ k，那么上述公式中只需要计算到 k′ 为止。

4.3.3　相关性判定

为了对系统进行恰当地评价，所选取的测试信息需求一定要和测试文档集密切相关，并且能够对系统的使用情况进行预期。这些信息需求最好由领域专家来设计。通过随机组合查询词项的方式来生成信息需求并不是一个好的做法，这是因为这样随机组合生成的结果并不能代表信息需求的真实分布。

给定信息需求集及文档集，需要给出它们之间的相关性判定情况，这是一项需要人工参与的费时费力的工作。对于像 Cranfield 那样极小的文档集来说，可以人工对每对查询和文档进行相关性判定而得到结果。而对于当前的大规模文档集，通常的做法是只对一部分文档子集进行相关性判定。最常规的做法称为缓冲池法（pooling），即将一系列检索系统中每个系统所返回的前 k 篇文档合成一个文档子集，并对这个子集进行相关性判定。这些检索系统往往也是需要评价和比较的对象。当然，有时候这个文档子集中也会加入通过布尔关键词查询得到的结果，或专家通过交互式检索方式得到的文档。

人不是机器，他们给出的文档和查询的相关性判定结果并不完全可靠。实际上，不论是人还是他们的相关性判定结果都极具主观性、差异很大。然而最终的分析表明，数据搜索系统的成功与否取决于它能否满足每个人特定的信息需求，因此上述的差异并不是个问题。

然而，一个有趣的话题是考虑不同人所做出的相关性判定之间的一致性。在社会科学中，一个用于度量这个一致性的常用指标是 kappa 统计量（kappa statistic）。它用于类别型判断结果（比如相关或不相关两类判断结果），是对随机一致性比率的一个简单校正。

$$kappa = \frac{P(A) - P(E)}{1 - P(E)} \tag{4-8}$$

其中，P（A）是观察到的一致性判断比率，而 P（E）是随机情况下所期望的一致性判断比率。对于后者的估计可以有很多选择。一种简单的情况是做二类判定，并不做任何其他假设，那么随机的一致性判断比率是 0.5。然而，通常情况下类别之间的分布是不均衡的，因此通常采用边缘统计量（marginal statistics）来计算随机一致性比率 。这里也有两种做法，一种做法是将每个评判人的边缘分布值进行叠加，另一种是单独计算每个评判人的边缘分布值。实际中两种方法都在使用，但这里我们采用了前者，这是因为不同评判人的边缘分布之间可能差别很大（存在系统性差异），而后者中单独计算的边缘分布可能更会受到这种差异的影响。kappa 统计量的计算过程如表 4-3 所示。当两个判断之间一致时，kappa 统计量取值为 1；如果判断之间的一致性和随机判断一样，则取值为 0；如果还不如随机判断，则取值为负值。如果有两个以上的判断，那么通常会计算两两之间 kappa 值的平均值。虽然具体的取值范围取决于数据使用的目的，但是经验上来说，一般如果 kappa 值大于 0.8，那么表示存在很好的一致性；若取值在 0.67 ~ 0.8，表示存在较好的一致性；如果取值小于 0.67，那么结果的可靠性值得怀疑。

表 4–3 Kappa 统计量的计算

		第 2 个人的相关性判定结果		
		yes	no	total
第 1 个人的相关性判定结果	yes	300	20	320
	no	10	70	80
	total	310	90	400

观察到的两个人的一致性判断比率

P（A）=（300+70）/400=370/400=0.925 边缘统计量

P（nonrelevan1）=（80+90）/（400+400）=170/800=0.2125

P（relevan）=（320+310）/（400+400）=630/800=0.7878

两人的随机一致性比率

P（E）=P（nonelevan）^{2}+P（relevn）^{2}=0.2125^2+0.7878^2=0.665

Kappa 统计量

k=（P（A）-P（E））/（1-P（E））=（0.925-0.665）（1-0.665）=0.776

相关性判定的一致性度量在 TREC 评测和一些医学文档集上得到应用。按照上面提到的经验法则，这些场景下的一致性水平大都落在“ 较好” 对应的那个区间（介于 0.67 ~ 0.8）上。在二值相关性判定中，人与人之间的一致性水平一般，这个事实也是在 IR 评估中不需要更细粒度的相关性定义的一个原因。那么，为什么在不同评估者之间判断存在差异的情况下信息检索的评价仍然有效呢？这是因为人们选择两个评价结果中的一个或另一个作为标准答案进行了评价，不同的选择方法会造成结果得分在绝对值上的不小差异，但是一般情况下却不会对两个系统或一个系统的不同变形情况下的相对排序产生影响。

4.3.4 结果片段

对于某个查询，选择文档或对匹配上的文档进行排序以后，系统要将包含一定信息量的结果列表呈现给用户。很多情况下，用户并不对所有返回文档一一检查，因此，需要在结果列表中提供足够的信息，以便利用这些信息判断文档和自己需求的相关度，并根据这个相关度对结果进行最后的排序。一个常规做法是提供结果片段（snippet），它是结果的一个短摘要，能够帮助用户确定结果的相关性。一般来说，结果片段包括文档的标题以及一段自动抽取的摘要。问题是如何设计这个摘要才能对用户提供最大的帮助。

常用的摘要包括两类：一类是静态（static）摘要，它永远保持不变，并不随查询变化而变化；另一类是动态（dynamic）摘要或基于查询（query dependent）的摘要，它主要根据查询所推导出的信息需求来进行个性化生成，并试图解释在给定查询下返回当前文档的原因。

静态摘要通常由文档的一部分文本或文档元数据单独或共同组成。一种最简单的摘要形式是取文档最开始的两句话或 50 个单词，或者是抽取文档的某些特定域（如标题或作者）。如果不抽取域信息，摘要也可以通过文档的元信息来得到。元信息是提供作者或日期的另一种有效方法，它也会包含设计摘要所需要的元素，比如 HTML Web 网页中 meta 元素的 description 元信息。静态摘要往往在索引构建时便已生成并放入缓存中，这样它们在检索时就能够快速返回并显示，当然此时如果对实际的结果文档内容进行访问则相对耗时。

NLP（natural language processing，自然语言处理）领域中存在大量更好的文本摘要方法。大部分研究的目标仍然是从原始文档中选择部分句子，它们主要关注选择好句子的方法。相关的抽取模型通常将位置因素（比如重视文档的首段和末段以及段落中的首句和末句）和内容因素（强调包含关键词项的句子，这些词项在整个文档集中分布频率较低，但是在返回的单个文档中高频且具有良好的分布特性）综合在一起考虑。在更复杂的 NLP 方法中，系统可以通过自动全文生成方式或者对原文档中句子进行编辑或组合的方法来自动生成摘要句子。例如，可以删除一个比较从句或者将代词替换成它所代表的名词词组。这类通过句子生成的摘要方法仍然停留在研究阶段，很少用于搜索结果，实际上，从原始文档中抽取句子的方法更容易、更安全甚至更好。

动态摘要显示文档的一个或者多个“ 窗口” ，其目的是想通过这些片段，让用户最方便地判断文档和信息需求是否相关。通常这些窗口会包含一个或者多个查询词项，因此也被称为基于关键词上下文（keyword-in-context，简称 KWIC）的结果片段，如图 4-5 所示。当然有时候与静态摘要中的情况一样，该结果片段仍然可能是一段与查询内容无关的信息（如标题）。动态摘要往往通过评分来产生。如果查询就是一个短语，文档中该短语的多次出现将会显示在摘要中。如果查询不是一个短语，文档中包含多个查询词项的窗口将会被选出。一般地，选出的窗口往往是从查询词项左右两边抽取一些词来组成的。这时就可以使用 NLP 技术，这是因为用户希望看到阅读起来更通畅的包含完整短语的结果片段。

图 4-5 是一个动态结果片段产生的例子。该结果片段对应于查询 New Guinea economic development，从文档中选出的结果片段在图中用粗斜字体表示。

…In recent years Papua ***New Guinea*** has faced sewere ***economic*** difficulties and ***economic*** growth has slowed partly as a result of weak governance and civil war and partly as a result of external factors suchas the Bougainville civil war which led to te closure in1989 of the Panguna mine lat that time the mostimportant foreign exchange earner and contributor to Government finances the Asian financial crisis, a decline in the prices of gold and copper and a fall in the production of oil. PNGS ***economic development*** record ooer the past fez years is ewidence that governance issues underly many of the country's problems. Good governance which may be defined as the transparent and accountable management of human natural ***economic*** and financial resources for the purposes of equitable and sustainable ***development*** fows from proper public sector management efficient fiscal and accounting mechanisms and a willingness to make service delivery a priority in practice….

图 4–5　文档片段

通常认为，动态摘要能够大大提高系统的可用性，但是随之而来也会增加系统设计的复杂性。动态摘要不能事先计算，而且，如果系统仅仅包含位置索引，那么便不容易从搜索引擎命中结果中抽取上下文来生成这样的动态摘要。这是使用静态摘要的原因之一。在目前大容量硬盘成本低廉的情况下，解决上述问题的一个常规做法是，在构建索引时利用这些磁盘在本地缓存所有的文档（尽管这种做法会引起包括法律、信息安全和控制方面的目前还远远无法解决的问题），于是，系统能够通过简单地扫描可能出现在结果列表中的文档来抽取包含查询词的结果片段。除了简单地扫描文本之外，生成一段好的 KWIC 结果片段还需要注意一些细节。给定文档中关键词的一系列出现信息，生成动态摘要的目标是选出满足如下条件的片段。

（1）在文档中最大限度地包括这些词项的信息；

（2）内容足够完整，方便用户阅读理解；

（3）足够短，满足摘要在空间上的严格限制。

由于系统要对每个查询生成多个结果片段，所以结果片段的生成速度一定要快。比缓存整篇文档更好的方法是，只缓存一段内容丰富但又有固定大小的文档前缀，比如前 10 000 个字符。对于大多数一般的短文档而言，这样实际上缓存了整篇文档，但是对大文档来说就节省了大量的本地存储资源。超过固定前缀长度的文档在产生动态摘要时只基于文档前缀来实现，而通常来说，该前缀对于查找文档摘要来说无论如何都是非常重要的域。

如果文档自上次“爬虫”和索引器处理之后已经被更新，那么这些变化既不会体现在缓存也不会体现在索引中。这种情况下，索引和摘要都不会精确地反映出当前文档的内容，但是摘要和实际文档内容之间的差异对用户感觉来说会更明显。

4.4 案例分析

4.4.1 布尔检索模型及其优化

在《现代信息检索》一书中，针对布尔查询的检索，布尔查询是指利用 AND、OR 或者 NOT 操作符将词项连接起来的查询。

举个简单的例子：莎士比亚的哪部剧本包含 Brutus 及 Caesar 但是不包含 Calpurnia？

布尔表达式为：Brutus AND Caesar AND NOTCalpurnia。

最笨的方法是线性扫描的方式：从头到尾扫描所有剧本，对每部剧本判断它是否包含 Brutus 和 Caesar ，同时又不包含 Calpurnia。这个方法缺点如下：速度超慢（特别是大型文档集）、处理 NOTCalpurnia 并不容易（一旦包含即可停止判断）、不太容易支持其他操作（例如，find the word Romans nearcountrymen）、不支持检索结果的排序（只返回较好的结果）。

一种非线性扫描的方式是事先给文档建立索引（index），假定我们对每篇文档（这里

是剧本)都事先记录它是否包含词表中的某个词,结果就会得到一个由布尔值构成的词项—文档关联矩阵，如图 4-6 所示。

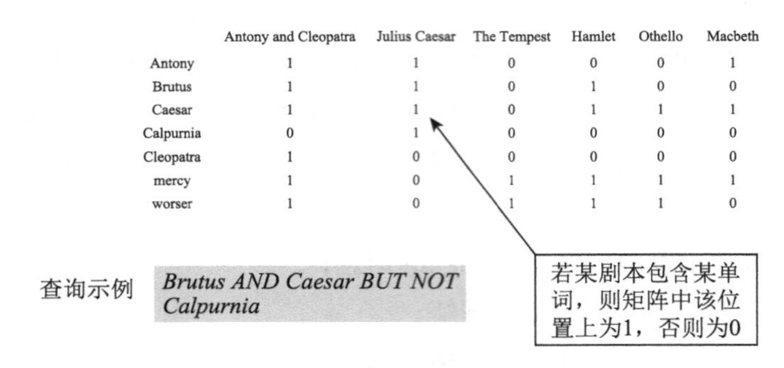

	Antony and Cleopatra	Julius Caesar	The Tempest	Hamlet	Othello	Macbeth
Antony	1	1	0	0	0	1
Brutus	1	1	0	1	0	0
Caesar	1	1	0	1	1	1
Calpurnia	0	1	0	0	0	0
Cleopatra	1	0	0	0	0	0
mercy	1	0	1	1	1	1
worser	1	0	1	1	1	0

图 4-6　词项—文档关联矩阵

为响应查询“Brutus AND Caesar AND NOTCalpurnia”, 我们分别取出“Brutus”“Caesar”及“Calpumia ”对应的行向量，并对 “Calpumia”对应的向量求反，然后进行与操作便可得到:

$$110100 \text{ AND} 110111 \text{ AND } 101111 = 100100$$

结果向量中的第 1 和第 4 个元素为 1，这表明该查询对应的剧本是 Antonyand、Cleopatra 和 Hamlet。

检索效果的评价标准一般为正确率和召回率。正确率 (Precision) 表示返回结果文档中正确的比例，如返回 80 篇文档，其中 20 篇相关，正确率 1/4；召回率 (Recall) 表示全部相关文档中被返回的比例，如返回 80 篇文档，其中 20 篇相关，但是总的应该相关的文档是 100 篇，召回率 1/5。正确率和召回率反映检索效果的两个方面，缺一不可。全部返回，正确率低，召回率 100%；只返回一个非常可靠的结果，正确率 100%，召回率低。因此引入了 F 度量。

F-measure (F- 度量)

$$F = \frac{1}{\alpha \frac{1}{P} + (1-\alpha)\frac{1}{R}}$$

※　$\alpha>0.5$ ：precision is more important

※　$\alpha<0.5$ ：recall is more important

※　Usually $\alpha=0.5$ $F = \frac{2PR}{P+R}$

图 4-7　F 度量

回到刚才的例子，显然用户不能再采用原来的方式来建立和存储一个词项—文档矩阵，假定 N = 1 百万篇文档 (1M)，每篇有 1000 个词 (1K)，每个词平均有 6 个字节

（包括空格和标点符号），那么所有文档将约占 6GB 空间，假定词汇表的大小（词项个数）为 50 万，即 500K，则词项—文档矩阵 =500K × 1M=500G。我们可以对上述例子做个粗略计算，由于每篇文档的平均长度是 1000 个单词，所以 100 万篇文档在词项—文档矩阵中最多对应 10 亿（1 000 × 1 000 000）个 1，也就是在词项—文档矩阵中至少有 99.8%（1 ~ 10 亿 /5000 亿）的元素为 0。很显然，只记录原始矩阵中 1 的位置的表示方法比词项—文档矩阵更好。

上述思路就引出了倒排索引。对每个词项 t，记录所有包含 t 的文档列表，每篇文档用一个唯一的 docID 来表示，通常是正整数，如 1，2，3…通常采用变长表方式来存储 docID 列表。倒排索引如图 4-8 所示。

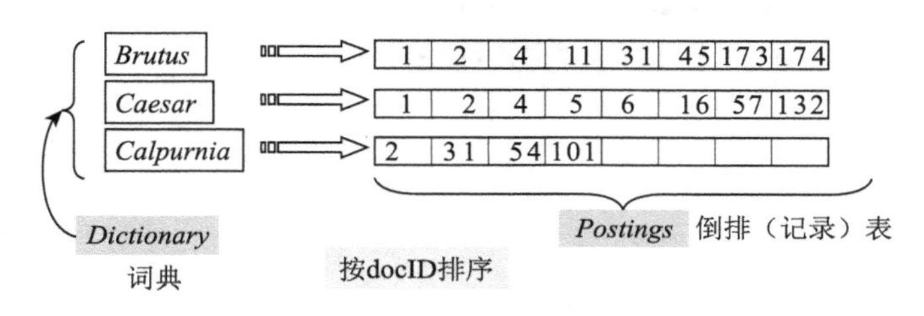

图 4-8　倒排索引

注意，词典部分往往放在内存中，而指针指向的每个倒排记录表则往往存放在磁盘上。词典按照字母顺序进行排序，而倒排记录表则按照文档 ID 号进行排序。倒排索引的构建过程如图 4-9 所示。

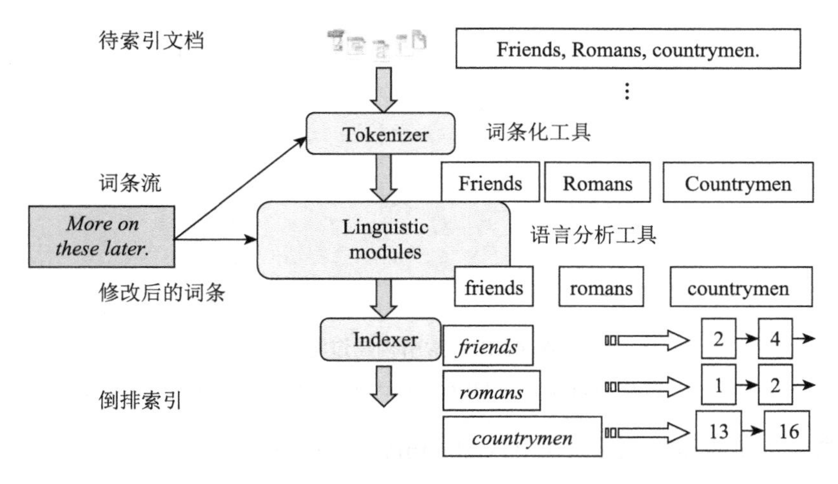

图 4-9　倒排索引的构建过程

索引构建过程如下：文档生成词项——词项排序——合并，如图 4-10 所示。

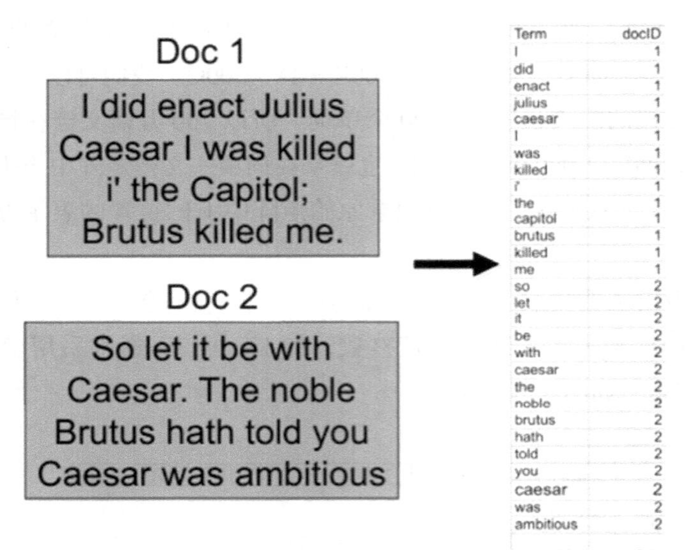

文档生成词项

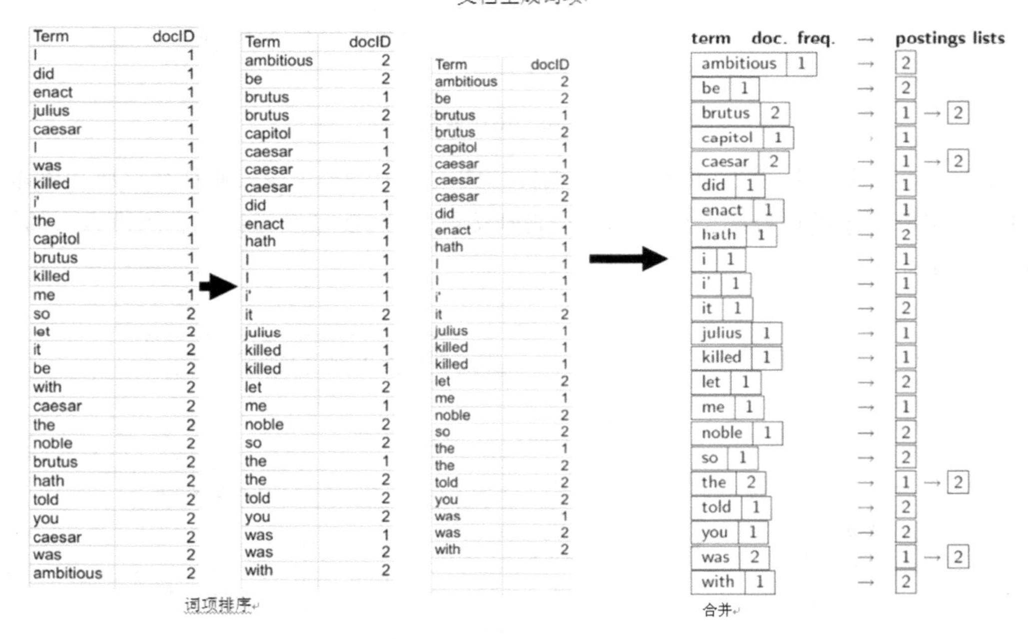

词项排序　　合并

图 4–10　索引构建过程

来源：https://it.cha138.com/nginx/show-195909.html

首先，考虑如下查询：Brutus AND Calpurnia，步骤如下。

（1）在词典中定位 Brutus；

（2）返回其倒排记录表；

（3）在词典中定位 Calpurnia；

（4）返回其倒排记录表；

（5）对两个倒排记录表求交集，如图 4-11 所示。

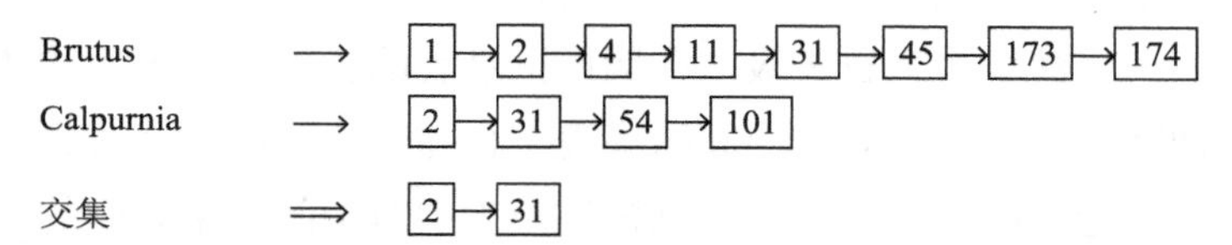

上述合并算法的伪代码描述如下：

```
INTERSECT（p1，p2）
1   answer ← < >
2   while p1 ≠ NIL and p2 p1 ≠ NIL
3   do if docID（p1）=docID（p2）
4   then Add（answer，docID（p1））
5   p1 ← next（p1）
6   p2 ← next（p2）
7   else if docID（p1）<docID（p2）
8   then p1 ← next（p1）
9   else p2 ← next（p2）
10  return answer
```

图 4-11　伪代码

其次，考虑查询优化的问题，查询优化（query optimization ）指的是如何通过组织查询的处理过程来使处理工作量最小。对布尔查询进行优化要考虑的一个主要因素是倒排记录表的访问顺序。一个启发式的想法是，按照词项的文档频率（也就是倒排记录表的长度）从小到大依次进行处理，如果我们先合并两个最短的倒排记录表，那么所有中间结果的大小都不会超过最短的倒排记录表，这样处理所需要的工作量很可能最少。如图 4-12 所示，就是先计算两个短的倒排记录表的 and 运算。

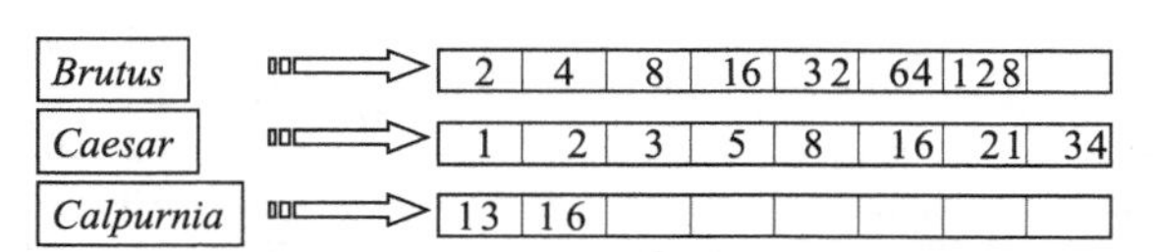

查询：*Brutus AND Calpurnia AND Caesar*

图 4-12　查询优化

对于任意的布尔查询，我们必须计算并临时保存中间表达式的结果。但是，在很多情况下，不论是由于查询语言本身的性质所决定，还是仅仅由于这是用户所提交的最普遍的查询类型，查询往往是由纯“与” 操作构成的。在这种情况下，不是将倒排记录表合并看成两个输入加一个不同输出的函数，而是将每个返回的倒排记录表和当前内存中的中间结果进行合并，这样做的效率更高而最初的中间结果中可以调入最小文档频率的词项所对应的倒排记录表。该合并算法是不对称的：中间结果表在内存中而需要与之合并的倒排记录表往往要从磁盘中读取。此外，中间结果表的长度至多和倒排记录表一样长，在很多情况下，它可能会短一个甚至多个数量级。在倒排记录表的长度相差很大的情况下，就可以使用一些策略来加速合并过程。对于中间结果表，合并算法可以就地对失效元素进行破坏性修改或者只添加标记。或者，通过在长倒排记录表中对中间结果表中的每个元素进行二分查找也可以实现合并。另外一种可能是将长倒排记录表用哈希方式存储，这样对中间结果表的每个元素，就可以通过常数时间而不是线性或者对数时间来实现查找。

4.4.2 向量空间模型实例

文本向量化的目的：便于计算文档时间的相似度。

BOW（bag-of-words model）：假设可以忽略文档内的单词顺序和语法、句法等要素，将其仅仅看作若干个词汇的集合。

VSM（Vector space model）：向量空间模型。是指在 BOW 假设下，将每个文档表示成同一向量空间的向量。

Vector Space Model

- Documents and queries are modeled on a vector space model
- Closeness of query to document is calculated by cosine similarity

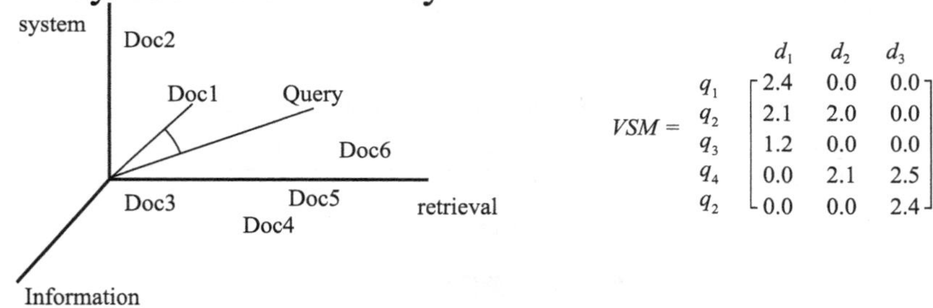

图 4–13　向量空间模型

假设有下面三个文档。

D1: 'Jobs was the chairman of Apple Inc，and he was very famous',

D2: 'I like to use apple computer',

D3: 'And I also like to eat apple'.

• 类似这样一批文档的集合，通常也被称为文集或者语料（corpus）。

• 上述语料中，共有 17 个不同的词：x0: 'also'；1: 'and'；2: 'apple'；3:'chairman'；4: 'computer'；5: 'eat'；6: 'famous'；7: 'he'；8: 'inc'；9: 'jobs'；10: 'like'；11: 'of'；12: 'the'；13: 'to'；14: 'use'；15: 'very'；16: 'was'。

• 因此可构造一个 17 维的向量空间（来源：https://blog.csdn.net/weixin_44440552/article/details/104480334）。

Dim.	0	1	2	3	4	5	6	7	8	9	10	11	12	13	14	15	16
D1	0	1	1	1	0	0	1	1	1	1	0	1	1	0	0	1	2
D2	0	0	1	0	1	0	0	0	0	0	1	0	0	1	1	0	0
D3	1	1	1	0	0	1	0	0	0	0	1	0	0	1	0	0	0

** 停用词：** 非常常见且实际意义有限的词。几乎可能出现在所有场合，因而对某些应用比如信息检索、文本分类等区分度不大。停用词的过滤一般根据实际情况而定。

N-gram 模型。

• N-gram 通常是指一段文本或语音中连续 N 个项目（item）的序列。项目（item）可以是单词、字母、碱基对等。

• N=1 时称为 uni-gram，N=2 时称为 bi-gram，N=3 时称为 tri-gram，以此类推。

• 举例：对于文本 'And l also like to eat apple'，则：

☆ Uni-gram：And，l，also，like，to，eat，apple；

☆ Bi-gram：And l，also，also like，like to，to eat，eat apple；

☆ Tri-gram：And l also，l also like，also like to，like to eat，to eat apple。

• 20 世纪 80 年代，N-gram 被广泛地应用在拼写检查、输入法等应用中。

• 20 世纪 90 年代以后，N-gram 得到新的应用，如自动分类，信息检索等。即将连续的若干词作为 VSM 中的维度，用于表示文档。

• 欧氏距离（euclideanmetric）是一个通常采用的距离定义，指在 n 维空间中两个点之间的真实距离。

• 公式：$d_{12}=\sqrt{\Sigma_{k=1}^{n}\left(x_{1k}-x_{2k}\right)^{2}}$。

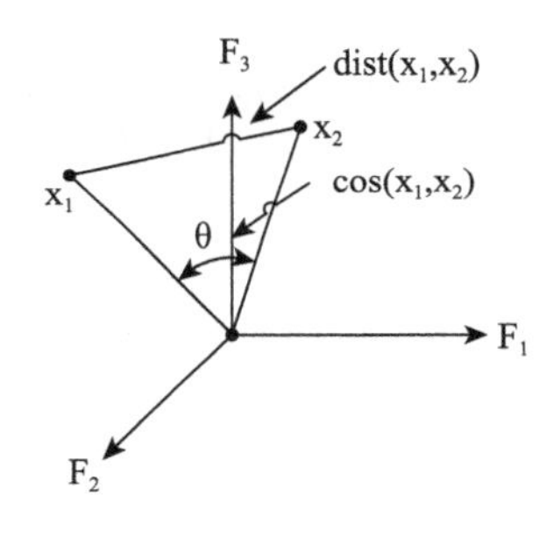

• 余弦相似度，又称为余弦相似性，是通过计算两个向量的夹角余弦值来评估它们的相似度。

• 余弦值越接近 1，就表明夹角越接近 0 度，也就是两个向量越相似，这就叫“余弦相似性”。

• $\cos(\vartheta)=\dfrac{\sum_{k=1}^{n}(x_{1k}\times x_{2k})}{\sqrt{\sum_{k=1}^{n}(x_{1k})^2\times\sqrt{\sum_{k=1}^{n}(x_{2k})^2}}}=\dfrac{x_1\cdot x_2}{\|x_1\|\times\|x_2\|}$

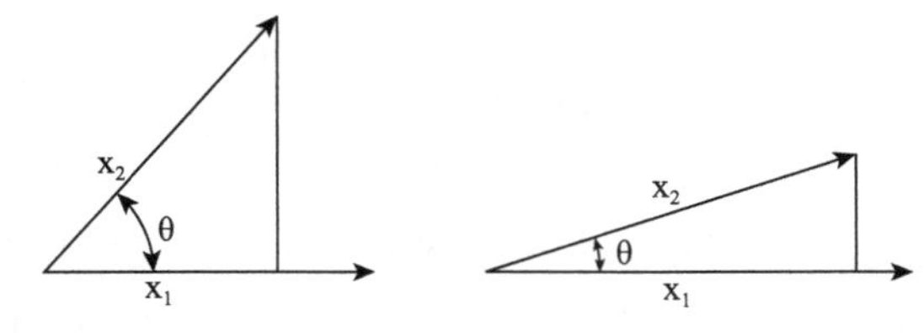

• 背景：特征向量里某些高频词在文集内其他文档里面也经常出现。它们往往太普遍，对区分文档起的作用不大。

☆例如：

D1:'Jobs was the chairman of Apple Inc.',

D2:'l like to use apple computer'.

这两个文档都是关于苹果电脑的，则词条“apple”对分类意义不大。

☆因此有必要抑制那些在很多文档中都出现了的词条的权重。

• 在 *tf-idf* 模式下，词条 *t* 在文档 *d* 中的权重计算为：

$$w(t)=tf(t,d)\times idf(t)$$

其中，*tf*（*t*，*d*）表示为词条 *t* 在文档 *d* 中的出现频率，*if*（*t*）表示与包含词条 *t* 的文档数目成反比（inverse document frequency）。

• *idf*（*t*）怎么计算?

$$idf(t)=(log\frac{n_d}{df(t)}+1)$$

•（optional）数据平滑问题：为了防止分母 *df*（*t*）为零。

$$idf(t)=(log\frac{1+n_d}{1+df(t)}+1)$$

counts=[3，0，1],

[2，0，0],

[3，0，0],

[4，0，0],

[3，2，0]，

[3，0，2]

- 则第一个文档中的三个词条的 *tf-idf* 权重可以如下计算：

$$w(t)=tf(t,\ d)\times idf(t)=3\times\left(\log\frac{nd}{df(t)}+1\right)=3\times\left(log\frac{6}{6}+1\right)=3$$

$$w(t)=tf(t,\ d)\times idf(t)=0\times\left(log\frac{nd}{df(t)}+1\right)=0\times\left(log\frac{6}{1}+1\right)=0$$

$$w(t)=tf(t,\ d)\times idf(t)=1\times\left(log\frac{nd}{df(t)}+1\right)=1\times\left(log\frac{6}{2}+1\right)=2.0936$$

4.4.3 概率论模型之 BM25 算法

BM25 是一种用来评价搜索词和文档之间相关性的算法，它是一种基于概率检索模型提出的算法，通常用来作搜索相关性评分。一句话概况其主要思想：对 Query 进行语素解析，生成语素 *qi*；然后，对于每个搜索结果 *D*，计算每个语素 *qi* 与 *D* 的相关性得分；最后，将 *qi* 相对于 *D* 的相关性得分进行加权求和，从而得到 Query 与 *D* 的相关性得分。

BM25 算法的一般性公式如下：

$$Score(Q,\ d)=\sum_{i}^{n}W_i\cdot R(q_i,\ d) \tag{4-9}$$

其中，*Q* 表示 Query，*qi* 表示 *Q* 解析之后的一个语素（对中文而言，我们可以把对 Query 的分词作为语素分析，每个词看成语素 *qi*）；*d* 表示一个搜索结果文档；*Wi* 表示语素 *qi* 的权重；*R*（*qi*，*d*）表示语素 *qi* 与文档 *d* 的相关性得分。

下面我们来看如何定义 Wi。判断一个词与一个文档的相关性的权重，方法有多种，较常用的是 IDF。这里以 IDF 为例，公式如下。

$$IDFq_i=log\frac{N-n(q_i)+0.5}{n(q_i)+0.5} \tag{4-10}$$

其中，*N* 为索引中的全部文档数，*n*（*qi*）为包含了 *qi* 的文档数。

根据 IDF 的定义可以看出，对于给定的文档集合，包含了 *qi* 的文档数越多，*qi* 的权重则越低。也就是说，当很多文档都包含了 *qi* 时，*qi* 的区分度就不高，因此使用 *qi* 来判断相关性时的重要度就较低。

我们再来看语素 *qi* 与文档 *d* 的相关性得分 *R*（*qi*，*d*）。首先来看 BM25 中相关性得分的一般形式。

$$R(q_i,\ d)=\frac{f_i\cdot(k_1+1)}{f_i+K}\cdot\frac{qf_i\cdot(k_2+1)}{qf_i+k_2}$$

$$K=k_1\cdot(1-b+b\cdot\frac{dl}{avgdl})\tag{4-11}$$

其中，k_1，k_2，b 为调节因子，通常根据经验设置，一般 $k_1=2$，$b=0.75$；f_i 为 q_i 在 d 中的出现频率，qf_i 为 q_i 在 Query 中的出现频率。dl 为文档 d 的长度，$avgdl$ 为所有文档的平均长度。由于绝大部分情况下，q_i 在 Query 中只会出现一次，即 $qf_i=1$，因此公式可以简化为：

$$R(q_i,\ d)=\frac{f_i\cdot(k_1+1)}{f_i+K}\tag{4-12}$$

从 K 的定义中可以看到，参数 b 的作用是调整文档长度对相关性影响的大小。b 越大，文档长度对相关性得分的影响越大，反之越小。而文档的相对长度越长，K 值将越大，则相关性得分会越小。这可以理解为，当文档较长时，包含 q_i 的机会越大，因此，同等 fi 的情况下，长文档与 q_i 的相关性应该比短文档与 q_i 的相关性弱。

综上，BM25 算法的相关性得分公式可总结为：

$$Score(Q,\ d)=\sum_i^n IDF(q_i)\cdot\frac{f_i\cdot(k_1+1)}{f_t+k_1\cdot\left(1-b+b\cdot\frac{dl}{avgdl}\right)}\tag{4-13}$$

从 BM25 的公式可以看到，通过使用不同的语素分析方法、语素权重判定方法，以及语素与文档的相关性判定方法，我们可以衍生出不同的搜索相关性得分计算方法，这就为我们设计算法提供了较大的灵活性。

伪代码如下：

BM25 算法也是如此，计算公式如下：

$$Score(Q,\ d)=\sum_i^n W_i R(q_i,\ d)$$

其中，Q 为用户问题，d 为“标准问”库中的一个标准问题，n 为用户问题中词的个数，q_i 为用户问题中第 i 个词，W_i 为该词的权重，R（q_i，d）为该词与标准问题的相关性分数。

W_i 相当于 TF-IDF 算法中的 IDF，R（q_i，d）相当于 TF-IDF 算法中的 TF；只不过 BM25 对这两个指标进行了优化，具体如下：

$$W_i=log\left(\frac{N-df_i+0.5}{df_i+0.5}\right)$$

其中，N 表示“标准问”库中标准问题的总个数，df_i 表示包含词汇 q_i 的标准问题的个数。

$$R(q_i，d)=\frac{f_i(k_1+1)}{f_i+K}\times\frac{qf_i(k_2+1)}{qf_i+k_2}$$

$$K=k_1\times（1-b+b\times\frac{dl}{avg\_dl}）$$

其中，k_1，k_2 和 b 是调协因子，一般分别设为 2，1，0.75；f_i 表示词汇在标准问题中出现的个数。

第 5 章 新媒体数据分类技术

5.1 数据分类的基本概念

数据分类是一种重要的数据分析形式，它提取并刻画重要数据类的模型。这种模型称为分类器，预测分类的（离散的、无序的）类标号。例如，使用者可以建立一个分类模型，把银行贷款申请划分成安全或危险。这种分析可以帮助其更好地全面理解数据。许多分类和预测方法已经被机器学习、模式识别和统计学方面的研究人员提出。大部分算法是内存驻留的算法，通常假定数据量很小。最近的数据挖掘研究建立在这些工作基础上，开发了可伸缩的分类和预测技术，能够处理大的、驻留磁盘的数据。分类有大量应用，包括欺诈检测、目标营销、性能预测、制造和医疗诊断。

银行贷款员需要分析数据，以便搞清楚哪些贷款申请者是“安全的”，银行的“风险”是什么。计算机行业的销售经理需要数据分析，以便帮助他猜测具有某些特征的顾客是否会购买新的计算机。医学研究人员希望分析乳腺癌数据，以便预测病人应当接受三种具体治疗方案中的哪一种。在上面的每个例子中，数据分析任务都是分类（classfication），都需要构造一个模型或分类器（classifer）来预测类标号，如贷款申请数据的“安全”或“危险”，销售数据的“是”或“否”，医疗数据的“治疗方案 A”“治疗方案 B”或“治疗方案 C”。这些类别可以用离散值表示，其中值之间的次序没有意义。例如，可以使用值 1、2 和 3 表示上面的治疗方案 A、B 和 C，其中这组治疗方案之间并不存在蕴含的序列。

假设销售经理希望预测一位给定的顾客在某购物网站的一次购物期间将花多少钱。该数据分析任务就是数值预测（numeric prediction）的一个例子，其中所构造的模型预测是一连续值函数或有序值，而不是类标号。这种模型是预测器（predictor）。回归分析（regres sionanalysis）是数值预测最常用的统计学方法，因此这两个术语常常作为同义词使用，尽管还存在其他数值预测方法。分类和数值预测是预测问题的两种主要类型。本章将主要讲述分类。

“如何进行分类？”数据分类是一个两阶段过程，包括学习阶段（构建分类模型）和分类阶段（使用模型预测给定数据的类标号）。对于贷款申请数据，该过程显示在图 5-1

中（为了便于解释，数据被简化。实际上，我们可能需要考虑更多的属性）。

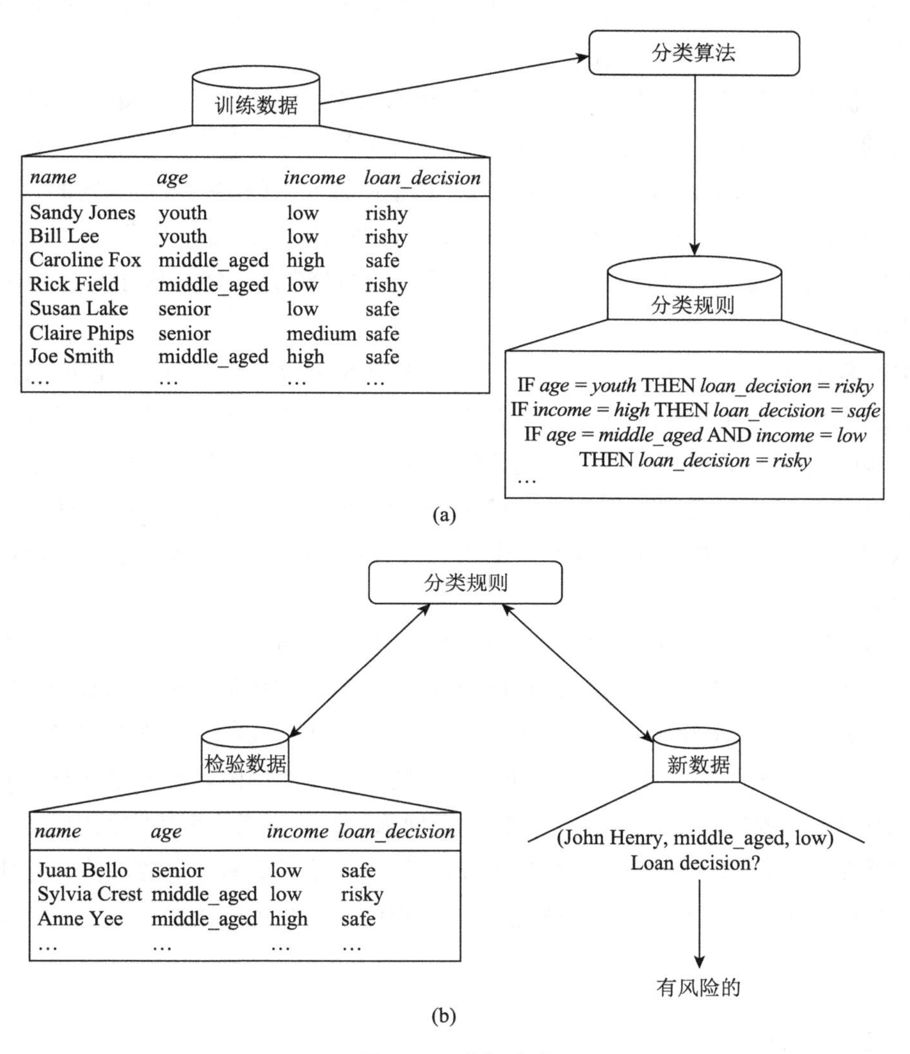

图 5–1　数据分类

图 5-1 数据分类过程：a）学习：用分类算法分析训练数据，这里，类标号属性是 loan_decision，学习的模型或分类器以分类规则形式提供；b）分类：检验数据用于评估分类规则的准确率，如果准确率是可以接受的，则规则用于新的数据元组分类。

在第一阶段，建立描述预先定义的数据类或概念集的分类器。这是学习阶段（或训练阶段），其中分类算法通过分析或从训练集“学习”来构造分类器。训练集由数据库元组和与它们相关联的类标号组成。元组 X 用 n 维属性向量 X=（x_1，x_2，…，x_n）表示，分别描述元组在 n 个数据库属性 A_1，A_2，…，A_n 上的 n 个度量。假定每个元组 X 都属于一个预先定义的类，由一个称为类标号属性（class label attribute）的数据库属性确定。类标号属性是离散值的和无序的。它是分类的（或标称的），因为每个值充当一个类别或类。构成训练数据集的元组称为训练元组，并从所分析的数据库中随机地选取。在谈到分类时，数据元组也称为样本、实例、数据点或对象。

由于提供了每个训练元组的类标号，这一阶段也称为监督学习（supervised learning）（BP 分类器的学习在被告知每个训练元组属于哪个类的“监督”下进行）。它不同于无监督学习（unsupervised learning）（或聚类），每个训练元组的类标号是未知的，并且要学习的类的个数或集合也可能事先不知道。例如，如果我们没有用于训练集的 loan-decision 数据，则我们可以使用聚类尝试确定“相似元组的组群”，可能对应于贷款申请数据中的风险组群。

分类过程的第一阶段也可以看作学习一个映射或函数 y = f（X），它可以预测给定元组 X 的类标号 y。在这种观点下，我们希望学习把数据类分开的映射或函数。在典型情况下，该映射用分类规则、决策树或数学公式的形式提供。在我们的例子中，该映射用分类规则表示，这些规则识别贷款申请是安全的还是有风险的，见图 5-1（a）。这些规则可以用来对以后的数据元组分类，也能为内容提供更好的理解。它们也提供了数据的压缩表示。

分类的准确率在第二阶段，见图 5-1（b），使用模型进行分类。首先评估分类器的预测准确率。如果我们使用训练集来度量分类器的准确率，则评估可能是乐观的，因为分类器趋向于过分拟合（overfit）该数据（在学习期间，它可能包含了训练数据中的某些特定的异常，这些异常不在一般数据集中出现）。因此，需要使用由检验元组和与它们相关联的类标号组成的检验集（test set）。它们独立于训练元组，意指不使用它们构造分类器。

分类器在给定检验集上的准确率（accuracy）是分类器正确分类的检验元组所占的百分比。每个检验元组的类标号与学习模型对该元组的类预测进行比较。

5.2　决策树分类方法

决策树归纳是从有类标号的训练元组中学习决策树。决策树（decision tree）是一种类似于流程图的树结构，其中每个内部节点（非树叶节点）表示在一个属性上的测试，每个分支代表该测试的一个输出，而每个树叶节点（或终端节点）存放一个类标号。树的最顶层节点是根节点。一棵典型的决策树如图 5-2 所示。它表示概念 buys_computer，即它预测 AllElectronics 的顾客是否可能购买计算机。内部节点用矩形表示，而叶节点用椭圆表示。有些决策树算法只产生二杈树（其中，每个内部节点正好分杈出两个其他节点），而另一些决策树算法可能产生非二杈的树。

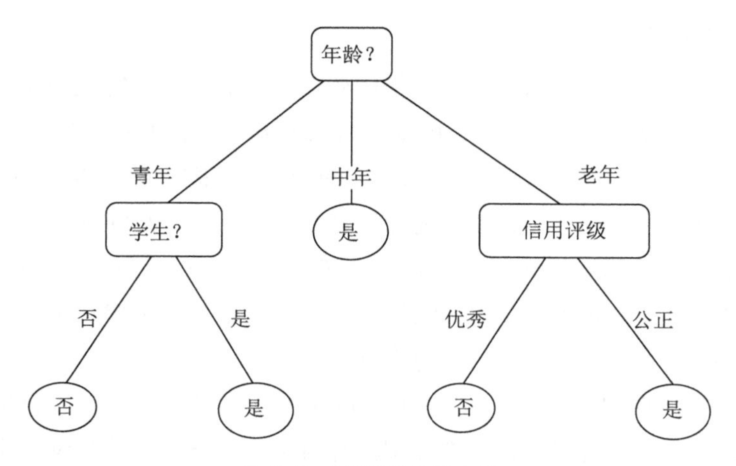

图 5–2 决策树分类方法

“如何使用决策树分类？”给定一个类标号未知的元组 X，在决策树上测试该元组的属性值。跟踪一条由根到叶节点的路径，该叶节点就存放着该元组的类预测。决策树容易转换成分类规则。

“为什么决策树分类器如此流行？”决策树分类器的构造不需要任何领域知识或参数设置，因此适合于探测式知识发现。决策树可以处理高维数据。获取的知识用树的形式表示是直观的，并且容易被人理解。决策树归纳的学习和分类步骤是简单和快速的。一般而言，决策树分类器具有很好的准确率。然而，成功的使用可能依赖手头的数据。决策树归纳算法已经成功地应用于许多应用领域的分类，如医学、制造和生产、金融分析、天文学和分子生物学。决策树是许多商业规则归纳系统的基础。

决策树是以实例为基础的归纳学习算法。它从一组无次序、无规则的元组中推理出决策树表示形式的分类规则。它采用自顶向下的递归方式，在决策树的内部节点进行属性值的比较，并根据不同的属性值从该节点向下分支，叶节点是要学习划分的类。从根到叶节点的一条路径就对应着一条合取规则，整个决策树就对应着一组析取表达式规则。1986 年 Quinlan 提出了著名的 ID3 算法。1993 年，在 ID3 算法的基础上 Quinlan 又提出了 C4.5 算法。为了适应处理大规模数据集的需要，后来又提出了若干改进的算法，其中 SLIQ[1]（Supervised Learning in Quest）和 SPRINT[2]（Scalable Parallelizable Induction of Decision Trees）是比较有代表性的两个算法。

在 5.2.1 节，介绍了学习决策树的基本算法。在决策树构造时，使用属性选择度量来选择将元组最好地划分成不同的类的属性。常用的属性选择度量在 5.2.2 节给出。决策树建立时，许多分支可能反映训练数据中的噪声或离群点。树剪枝试图识别并剪去这种分枝，以提高在未知数据上分类的准确率。树剪枝在 5.2.3 节介绍。大型数据库决策树归纳的可伸缩性问题在 5.2.4 节讨论。5.2.5 节提供一种决策树归纳的可视化挖掘方法。

5.2.1 决策树归纳

在 20 世纪 70 年代后期和 20 世纪 80 年代初期，机器学习研究人员 J. Ross Quinlan 开发了决策树算法，称为迭代的二分器（Iterative Dichotomiser，ID3）。这项工作扩展了 E. B. Hunt、J. Marin 和 P. T. Stone 的概念学习系统。Quinlan 后来提出的 C4. 5 （ID3 的后继），成为新的监督学习算法。1984 年，多位统计学家（L.Breiman、J. Friedman、R. Olshen 和 C. Stone）出版了著作 *Classification and Regression Trees*（CART），介绍了二权决策树的产生。ID3 和 CART 大约同时独立地被发明，但是从训练元组学习决策树却采用了类似的方法。这两个基础算法引发了决策树归纳研究的旋风。

ID3、C4.5 和 CART 都采用贪心（非回溯的）方法，其中决策树以自顶向下递归的分治方式构造。大多数决策树归纳算法都沿用这种自顶向下方法，从训练元组集和它们相关联的类标号开始构造决策树。随着树的构建，训练集递归地划分成较小的子集。

（1）用三个参数 D，attribute_list 和 Attribute_selection_method 调用该算法。我们称 D 为数据分区。开始，它是训练元组和它们相应类标号的完全集。参数 attribute_list 是描述元组属性的列表。Attribute_selection_method 指定选择属性的启发式过程，用来选择可以按类“最好地”区分给定元组的属性。该过程使用一种属性选择度量，如信息增益或基尼指数（Gini index）。树是不是严格的二权树由属性选择度量确定。某些属性选择度量，如基尼指数强制结果树是二权树。其他度量，如信息增益并非如此，它允许多路划分（从一个节点生长两个或多个分支）。

（2）树从单个结点 7V 开始，2V 代表 D 中的训练元组（步骤 1）。

（3）如果 D 中的元组都为同一类，则节点 N 变成树叶，并用该类标记它（步骤 2 和步骤 3）。注意，步骤 4 和步骤 5 是终止条件。所有的终止条件都在算法的最后解释。

（4）否则，算法调用 Attnbute_selection_method 确定分裂准则（splitting criterion）。分裂准则通过确定把 D 中的元组划分成个体类的“最好”方法，告诉我们在节点 N 上对哪个属性进行测试（步骤 6）。分裂准则还告诉用户对于选定的测试，从节点 N 生长哪些分支。更具体地说，分裂准则指定分裂属性，并且也指出分裂点（splitting-point）或分裂子集（splitting subset）。理想情况下，分裂准则这样确定，使得每个分支上的输出分区都尽可能“纯”。一个分区是纯的，说明它的所有元组都属于同一类。换言之，如果根据分裂准则的互斥输出划分 D 中的元组，则希望结果分区尽可能纯。

算法：Generate_decision_tree。由数据分区 D 中的训练元组产生决策树。

输入：

- 数据分区 D，训练元组和它们对应类标号的集合。
- Attribute_list，候选属性的集合。
- Attribute_selection_method，一个确定“最好地”划分数据元组为个体类的分裂准则的过程，这个准则由分裂属性（splitting_attribute）和分裂点或划分子集组成。

输出：一棵决策树。

方法：

（1）创建一个节点 N；

（2）*if* D 中的元组都在同一类 *C* 中 *then*

（3）返回 N 作为叶节点，以类 *C* 标记；

（4）if *attribut_list* 为空 then

（5）返回 N 作为叶节点，标记为 D 中的多数类；　// 多数表决

（6）使用 *Attribute_selection_method*（D, *attribute_list*），找出“最好的” *splitting_criterion*；

（7）用 *splitting_criterion* 标记节点 N；

（8）if *splitting_attribute* 是离散值的，并且允许多路划分 *then*　// 不限于二杈树

（9）*attribute_list* ← *attribute_list-splitting_attribute*；　// 副除分裂属性

（10）for *splitting_criterion* 的每个输出 *j*　// 划分元组并对每个分区产生子树

（11）设是 D 中满足输出 *j* 的数据元组的集合；　// 一个分区

（12）if 为空 then

（13）加一个树叶到节点 N，标记为 D 中的多数类；

（14）else 加一个由 *Generate_decision_tree*（D_j，*attribute_list*）返回的节点到 N；endfor

（15）返回 *N*。

• 节点 N 用分裂准则标记作为节点上的测试（步骤 7）。对分裂准则的每个输出，由节点 N 生长一个分支。D 中的元组据此进行划分（步骤 10、步骤 11）。有三种可能的情况，如图 5-3 所示。设 A 是分裂属性。根据训练数据，A 具有 V 个不同值 $\{a_1, a_2, \cdots, a_v\}$。

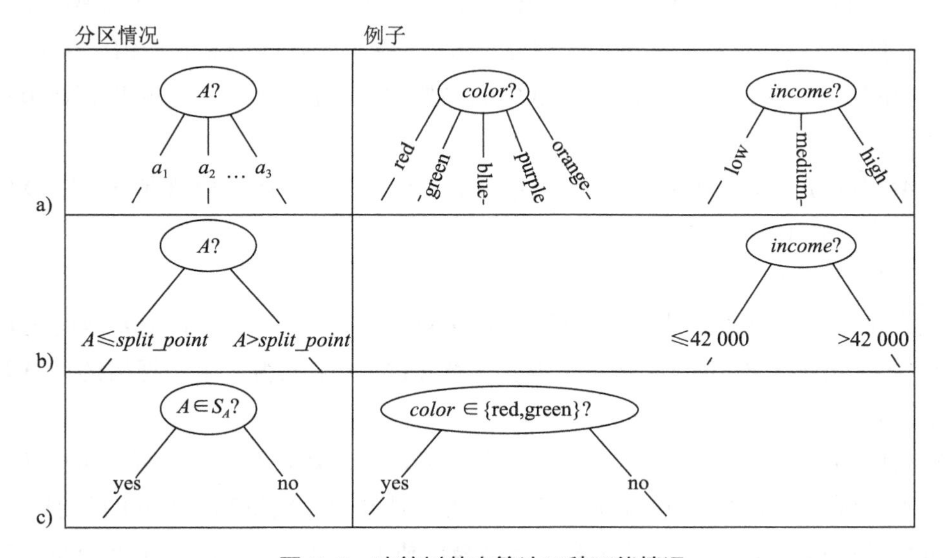

图 5-3　决策树基本算法三种可能情况

（1）A 是离散值的：在这种情况下，节点 N 的测试输出直接对应于 A 的已知值。对 A 的每个已知值 aj 创建一个分支，并且用该值标记［见图 5-3（a）］。分区 Dj 是 D 中 A 上取值为 aj 的类标记元组的子集。因为在一个给定的分区中的所有元组都具有相同的 A 值，所以在以后的元组划分中不需要再考虑 A。因此，把 A 从属性列表 attribute_list 中删除（步骤 8、步骤 9）。

（2）A 是连续值的：在这种情况下，节点 N 的测试有两个可能的输出，分别对应于条件 A ≦ split_point 和 A ＞ split_point，其中 split_point 是分裂点，作为分裂准则的一部分由 Attribute_selection_method 返回（在实践中，分裂点 a 通常取 A 的两个已知相邻值的中点，因此可能不是训练数据中 A 的存在值）。从 N 生长出两个分支，并按上面的输出标记［见图 5-3（b）］。划分元组，使得 D1 包含 D 中 A ≤ split_point 的类标记元组的子集，而 D2 包含其他元组。

（3）A 是离散值并且必须产生二杈树（由属性选择度量或所使用的算法指出）：在节点 N 的测试形如 “A ∈ SA？”，其中 SA 是 A 的分裂子集，由 Attribute—selection—method 作为划分准则的一部分返回。它是 A 的已知值的子集。如果给定元组有 A 的值为 aj，并且 aj ∈ SA，则在节点 N 上的测试条件满足。从 N 生长出两个分支［见图 5-3（c）］。根据约定，N 的左分支标记为 yes，使得 D1 对应于 D 中满足测试条件的类标记元组的子集。N 的右分支标记为 no，使得 D2 对应于 D 中不满足测试条件的类标记元组的子集。

• 对于 D 的每个结果分区 Dj 上的元组，算法使用同样的过程递归地形成决策树（步骤 14）。

• 递归划分步骤仅当下列终止条件之一成立时停止。

（1）分区 D（在节点 N 提供）的所有元组都属于同一个类（步骤 2 和步骤 3）。

（2）没有剩余属性可以用来进一步划分元组（步骤 4）。在此情况下，使用多数表决（步骤 5）。这涉及将 N 转换成树叶，并用 D 中的多数类标记它。另外，也可以存放节点元组的类分布。

（3）给定的分支没有元组，即分区 Dj 为空（步骤 12）。在这种情况下，用 D 中的多数类创建一个树叶（步骤 13）。

• 返回结果决策树（步骤 15）。

给定训练集 D，算法的计算复杂度为 $O(n \times |D| \times \log(|D|))$，其中 n 是描述 D 中元组的属性个数，$|D|$ 是 D 中的训练元组数。这意味以 $|D|$ 个元组产生一棵树的计算开销最多为 $n \times |D| \times \log(|D|)$。

决策树归纳的增量版本也已经提出。当给定新的训练数据时，这些算法重构从先前训练数据学习得到的决策树，而不是从头开始学习一棵新树。决策算法之间的差别包括在创建树时如何选择属性（见 5.2.2 节）和用于剪枝的机制（见 5.2.3 节）。上面介绍的基本算法对于树的每一层，需要扫描一遍 D 中的元组。在处理大型数据库时，这可能导致很长的训练时间和内存不足。关于决策树归纳的可伸缩性的改进在 5.2.4 节讨论。5.2.5 节介绍一种构建决策树的可视化的交互方法。关于从决策树提取规则的讨论在 5.4.2 节讨论基于规则的分类时给出。

5.2.2 ID3 算法

ID3 算法的核心是：在决策树各级节点选择属性时，用信息增益（information gain）作为属性的选择标准，使得在每一个非叶节点进行测试时，能获得关于被测试记录最大的类别信息。其具体方法是：检测所有的属性，选择信息增益最大的属性产生决策树节点，由该属性的不同取值建立分支，再对各分支的子集递归调用该方法建立决策树节点的分支，直到所有子集仅包含同一类别的数据为止。最后得到一棵决策树，它可以用来对新的样本进行分类。某属性的信息增益按下列方法计算。通过计算每个属性的信息增益，并比较它们的大小，就不难获得具有最大信息增益的属性。设 S 是 s 个数据样本的集合。假定类标号属性具有 m 个不同值，定义 m 个不同类 C_i（i=1，…，m）。设 s_i 是类 C_i 中的样本数。对一个给定的样本分类所需的期望信息由下式给出：

$$\text{I}（s_1，s_2，s_m）= -\sum_{i=1}^{m} \text{p}_i \log_2(\text{p}_i) \quad （5-1）$$

其中，pi=si/s 是任意样本属于 Ci 的概率。注意，对数函数以 2 为底，其原因是信息用二进制编码。设属性 A 具有 v 个不同值 $\{a_1，a_2，\cdots，a_v\}$。可以用属性 A 将 S 划分为 v 个子集 $\{S_1，S_2，\cdots，S_v\}$，其中 S_j 中的样本在属性 A 上具有相同的值 a_j（j=1，2，…，v）。设 s_{ij} 是子集 S_j 中类 C_i 的样本数。由 A 划分成子集的熵或信息期望由下式给出：

$$\text{E}（\text{A}）=\sum_{j=1}^{v}(\text{s}_{ij}+\text{s}_j+\cdots+\text{s}_{mj})/\text{s}\times\text{I}（\text{s}_{ij}，\text{s}_{jj},\cdots，\text{s}_{mj}） \quad （5-2）$$

熵值越小，子集划分的纯度越高。对于给定的子集 Sj，其信息期望为：

$$\text{I}（\text{s}_{lj}，\text{s}_j，\text{s}_{nj}）= \sum_{i=1}^{m} \text{p}_j \log_2(\text{p}_j) \quad （5-3）$$

其中，p_{ij}=s_{ij}/s_j S 是 j 中样本属于 Ci 的概率。

在属性 A 上分支将获得的信息增益是

$$\text{Gain}（\text{A}）= \text{I}（s_1，s_2，\cdots，s_m）-\text{E}（\text{A}）$$

ID3 算法的优点是：算法的理论清晰，方法简单，学习能力较强。其缺点是：只对比较小的数据集有效，且对噪声比较敏感，当训练数据集加大时，决策树可能会随之改变。

5.2.3 C4.5 算法

C4.5 算法继承了 ID3 算法的优点，并在以下几方面对 ID3 算法进行了改进：

（1）用信息增益率来选择属性，克服了用信息增益选择属性时偏向选择取值多的属性的不足；

（2）在树构造过程中进行剪枝；

（3）能够完成对连续属性的离散化处理；

（4）能够对不完整数据进行处理。

C4.5 算法与其他分类算法如统计方法、神经网络等比较起来有如下优点：产生的分类规则易于理解，准确率较高。其缺点是：在构造树的过程中，需要对数据集进行多次的顺序扫描和排序，因而导致算法较低效。此外，C4.5 只适合能够驻留于内存的数据集，当训练集过大超过内存容量时程序无法运行。

然而它仍然存在如下缺点：

（1）由于需要将类别列表存放于内存而类别列表的元组数与训练集的元组数是相同的，这就一定程度上限制了可以处理的数据集的大小。

（2）由于采用了预排序技术，而排序算法的复杂度本身并不是与记录个数成线性关系，因此，使得 SLIQ 算法不可能达到随记录数目增长的线性可伸缩性。

5.2.4　SLIQ 算法

SLIQ 算法对 C4.5 决策树分类算法的实现方法进行了改进，在决策树的构造过程中采用了“预排序”和“广度优先策略”两种技术。

（1）预排序。对于连续属性在每个内部节点寻找其最优分裂标准时，都需要对训练集按照该属性的取值进行排序，而排序是很浪费时间的操作。为此，SLIQ 算法采用了预排序技术。所谓预排序，就是针对每个属性的取值，把所有的记录按照从小到大的顺序进行排序，以消除在决策树的每个节点对数据集进行的排序。具体实现时，需要为训练数据集的每个属性创建一个属性列表，为类别属性创建一个类别列表。

（2）广度优先策略。在 C4.5 算法中，树的构造是按照深度优先策略完成的，需要对每个属性列表在每个节点处都进行一遍扫描，费时很多，为此，SLIQ 采用广度优先策略构造决策树，即在决策树的每一层只需对每个属性列表扫描一次，就可以为当前决策树中每个叶子节点找到最优分裂标准。

SLIQ 算法由于采用了上述两种技术，使得该算法能够处理比 C4.5 大得多的训练集，在一定范围内具有良好的随记录个数和属性个数增长的可伸缩性。

5.2.5　SPRINT 算法

为了减少驻留于内存的数据量，SPRINT 算法进一步改进了决策树算法的数据结构，去掉了在 SLIQ 中需要驻留于内存的类别列表，将它的类别列合并到每个属性列表中。这样，在遍历每个属性列表寻找当前节点的最优分裂标准时，不必参照其他信息，将对节点的分裂表现在对属性列表的分裂，即将每个属性列表分成两个，分别存放属于各个节点的记录。

SPRINT 算法的优点是在寻找每个节点的最优分裂标准时变得更简单。其缺点是对非分裂属性的属性列表进行分裂变得很困难。解决的办法是对分裂属性进行分裂时用哈希表记录下每个记录属于哪个节点，若内存能够容纳下整个哈希表，其他属性列表的分裂只需参照该哈希表即可。由于哈希表的大小与训练集的大小成正比，当训练集很大时，哈希表可能无法在内存容纳，此时分裂只能分批执行，这使得 SPRINT 算法的可伸缩性仍然不是很好。

5.3 贝叶斯分类方法

“什么是贝叶斯分类法？”贝叶斯分类法是统计学分类方法。它们可以预测类隶属关系的概率，如一个给定的元组属于一个特定类的概率。

贝叶斯分类基于贝叶斯定理。分类算法的比较研究发现，一种称为朴素贝叶斯分类法的简单贝叶斯分类法可以与决策树和经过挑选的神经网络分类器相媲美。用于大型数据库，贝叶斯分类法也已表现出高准确率和高速度。

朴素贝叶斯分类法假定一个属性值在给定类上的影响独立于其他属性的值。这一假定称为类条件独立性。做此假定是为了简化计算，并在此意义下称为“朴素的”。

前文我们先回顾数据分类的基本概念，接下来讲述贝叶斯定理。然后将学习如何进行贝叶斯分类。

5.3.1 贝叶斯定理

贝叶斯定理用 Thomas Bayes 的名字命名。Thomas Bayes 是一位不墨守成规的英国牧师，是 18 世纪概率论和决策论的早期研究者。设：T 是数据元组。在贝叶斯的术语中，X 看作“证据”。通常，X 用 n 个属性集的测量值描述。令 H 为某种假设，如数据元组 X 属于某个特定类 C。对于分类问题，希望确定给定“证据”或观测数据元组 X，假设 H 成立的概率 P（H|X）。换言之，给定 X 的属性描述，找出元组 X 属于类 C 的概率。

P（H|X）是后验概率（posterior probability），或在条件 X 下，H 的后验概率。例如，假设数据元组世界限于分别由属性 age 和 income 描述的顾客，而 X 是一位 35 岁的顾客，其收入为 4 万美元。令 H 为某种假设，如顾客将购买计算机。则 P（H|X）反映当我们知道顾客的年龄和收入时，顾客 X 将购买计算机的概率。

相反，P（H）是先验概率（prior probability），或 H 的先验概率。对于我们的例子，它是任意给定顾客将购买计算机的概率，而不管他们的年龄、收入或任何其他信息。后验概率 P（H|X）比先验概率 P（H）基于更多的信息（如顾客的信息）。P（H）独立于 X。

类似地，P（X|H）是条件 H 下，X 的后验概率。也就是说，它是已知顾客 X 将购买计算机，该顾客是 35 岁并且收入为 4 万美元的概率。

P（X）是 X 的先验概率。使用我们的例子，它是顾客集合中的年龄为 35 岁并且收入为 4 万美元的概率。

“如何估计这些概率？”正如下面将看到的，P（X）、P（H）和 P（H|X）可以由给定的数据估计。贝叶斯定理是有用的，它提供了一种由 P（X）、P（H）和 P（H|X）计算后验概率 P（H|X）的方法。贝叶斯定理是：

$$P(H|X)=\frac{P(X|H)\ P(H)}{P(X)} \tag{5-4}$$

5.3.2 朴素贝叶斯分类

朴素贝叶斯（Naive Bayesian）分类法或简单贝叶斯分类法的工作过程如下。

（1）设 D 是训练元组和它们相关联的类标号的集合。通常，每个元组用一个 n 维属性向量 $X=\{X_1, X_2, \cdots, X_n\}$ 表示，描述由 N 个属性 A_1，A_2，…，A_n 对元组的 n 个测量。

（2）假定有 m 个类 C_1，C_2，…，C_m。给定元组 X，分类法将预测 X 属于具有最高后验概率的类（在条件 X 下）。也就是说，朴素贝叶斯分类法预测 X 属于类 C_i，当且仅当：

$$P(C_i|X)\rangle P(C_j\,|\,X)1\leqslant j\leqslant m,\ j\neq i \tag{5-5}$$

这样，最大化 P（C_i | X）O P（C_j | X）最大的类 C_i 称为最大后验假设。根据贝叶斯定理：

$$P(C_i\,|\,X)=\frac{P(X\,|\,C_i)\ P(C_i)}{P(X)} \tag{5-6}$$

（3）由于 P（X）对所有类为常数，所以只需要 P（X|C_i）P（C_i）最大即可。则通常假定这些类是等概率的，即 P（C_1）= P（C_2）=…=P（C_m），并据此对 P（X | C_i）最大化。否则，最大化 P（X | Ci）P（Ci）。注意，类先验概率可以用 P（C_i =|C_i，D|/|D|）估计，其中 |Ci，D| 是 D 中 Ci 类的训练元组数。

（4）给定具有许多属性的数据集，计算 P（X|Ci）的开销可能非常大。为了降低计算 P（X|Ci）的开销，可以做类条件独立的朴素假定。给定元组的类标号，假定属性值有条件地相互独立（属性之间不存在依赖关系）。因此：

$$P(X|C_i)=\prod_{i=1}^{n}P(x_k|C_i)=P(x_1|C_i)P(x_2|C_i)\cdots P(x_n|C_i)\mathrm{t}$$

可以很容易地由训练元组估计概率 P（x_1 | C_i），P（x_2 | C_i），…，P（x_n | C_i）。

注意，Xk 表示元组 X 在属性 Ak 的值。对于每个属性，考察该属性是分类的还是连续值的。例如，为了计算 P（X|Ci），考虑如下情况：

（a）如果 A 是分类属性，则 P（Xk|Ci）是 D 中属性 Ak 的值为 Xk 的 Ci 类的元组数除以 D 中 Ci 类的元组数 |Ci，D |。

（b）如果 Ak 是连续值属性，则需要多做一点工作，但是计算很简单。通常，假定连续值属性服从均值为 μ、标准差为 σ 的高斯分布，由下式定义：

$$g(x,\ \mu,\ \sigma)=\frac{1}{\sqrt{2\pi}\sigma}e^{\frac{(x,\ y)^2}{2\sigma^2}} \tag{5-7}$$

$$P(x_k\mid C_i)=g(x_4,\ \mu_{c_i},\ \sigma_{c_i})$$

这些公式看上去可能有点儿令人生畏，但是沉住气！需要计算 μCi 和 σCi，它们分别是 Ci 类训练元组属性 Ak 的均值（平均值）和标准差。将这两个量与 Xk 一起代入（5-7）式，计算 P（Xk|Ci）。

例如，设 X=（35，40 000 美元），其中 A1 和 A2 分别是属性 age 和 income。设类标号属性为 buys_computer。X 相关联的类标号是“yes”（buys_computer = yes）。假设 age 尚未离散化，因此是连续值属性。假设从训练集发现 D 中购买计算机的顾客年龄为 38 ± 12 岁。换言之，对于属性 age 和这个类，有 μ=38 和 σ = 12。可以把这些量与元组 X 的 X1 =35 一起代入（5-7）式，估计 P（ age = 35 | buys_computer = yes）。

（5）为了预测 X 的类标号，对每个类 C_i，计算 P（X|Ci）P（Ci）。该分类法预测输入元组 X 的类为 C_i，当且仅当：

$$P\left(X\mid\ C_i\right)P\left(C_i\right)\&>P\left(X\mid\ C_j\right)P\left(C_j\right),1\leqslant j\leqslant m,j\neq i \tag{5-8}$$

换言之，被预测的类标号是使 $P(X|C_i)\,P(C_i)$ 最大的类 C_i。

“贝叶斯分类法的有效性如何？”该分类法与决策树和神经网络分类法的各种比较实验表明，在某些领域，贝叶斯分类法足以与它们相媲美。理论上讲，与其他所有分类算法相比，贝叶斯分类法具有最小的错误率。然而，实践中并非总是如此。这是由于对其使用的假定（如类条件独立性）的不正确性，以及缺乏可用的概率数据造成的。

贝叶斯分类还可以用来为不直接使用贝叶斯定理的其他分类法提供理论判定。例如，在某种假定下，可以证明：与朴素贝叶斯分类法一样，许多神经网络和曲线拟合算法输出最大的后验假定。

5.3.3 TAN 算法

TAN 算法通过发现属性对之间的依赖关系来降低 NB 中任意属性之间独立的假设。它是在 NB 网络结构的基础上增加属性对之间的关联边来实现的。实现方法是：用节点表示属性，用有向边表示属性之间的依赖关系，把类别属性作为根节点，其余所有属性都作为它的子节点。通常，用虚线代表 NB 所需的边，用实线代表新增的边。属性 Ai 与 Aj 之间的边意味着属性 A_i 对类别变量 C 的影响还取决于属性 A_j 的取值。这些增加的边需满足下列条件：类别变量没有双亲节点，每个属性有一个类别变量双亲节点和最多另外一个属性作为其双亲节点。找到这组关联边之后，就可以计算一组随机变量的联合概率分布如下：

$$P(A_1, A_2, \cdots, A_n, C) = P(C)\prod_{i=1}^{n} P(A_i \mid \Pi A_i) \quad (5\text{-}9)$$

其中 ΠAi 代表的是 Ai 的双亲节点。由于在 TAN 算法中考虑了 n 个属性中（n-1）个两两属性之间的关联性，该算法对属性之间独立性的假设有了一定程度的降低，但是属性之间可能存在更多其他的关联性仍没有考虑，因此其适用范围仍然受到限制。

5.4 基于规则的分类

自 1993 年 Agrawal 提出数据库中的关联规则挖掘后，关联规则挖掘算法及应用得到迅速发展。关联规则的功能不再局限于概念描述。1997 年，Ali 等人提出了使用分类关联规则进行部分分类的思想，但他们当时认为关联规则在分类预测问题上很难取得重大的进展。在 1998 年纽约举行的数据库知识发现国际会议上，新加坡国立大学的 Liu 等人提出了基于分类关联规则的关联分类算法 CBA，从此揭开了关联分类的序幕。

与传统的决策树算法比较，关联分类具有分类预测准确度高的特点，因此关联分类在数据挖掘领域引起广泛关注。目前，中国、美国和加拿大等国家都设立了国家自然科学基金进行相关的研究。许多学者目前正在进行这方面的工作，且在分类算法上先后相继取得了一批研究成果，如 CBA、CAEP、ADT、CMAR、CPAR 和 CAAR 等。

本节介绍基于规则的分类算法 CBA（classification based on association）。

5.4.1 使用 IF-THEN 规则分类

规则是表示信息或少量知识的好方法。基于规则的分类器使用一组 IF-THEN 规则进行分类。一个 IF-THEN 规则是一个如下形式的表达式（IF 条件 THEN 结论）。

规则 R1 是一个例子。

R1： IF age = youth AND student - yes THEN buys_computer = yes。

规则的“IF”部分（或左部）称为规则前件或前提。“THEN”部分（或右部）是规则的结论。在规则前件，条件由一个或多个用逻辑连接词 AND 连接的属性测试（例如，age=youth 和 student = yes）组成。规则的结论包含一个类预测（在这个例子中，预测顾客是否购买计算机）。

R1：（age = youth）^（student = yes）->（buys_computer = yes）。

对于给定的元组，如果规则前件中的条件（所有的属性测试）都成立，则我们说规则前件被满足（或简单地，规则被满足），并且规则覆盖了该元组。

规则 R 可以用它的覆盖率和准确率来评估。给定类标记的数据集 D 中的一个元组 X，设 n_{covers} 为规则 R 正确分类的元组数，$n_{correct}$ 为 R 正确分类的元组。$|D|$ 是 D 中的元组数。可以将 R 的覆盖率和准确率定义为：

$$coverage(R)=\frac{n_{covers}}{|D|}$$
$$accuracy(R)=\frac{n_{correct}}{n_{covers}} \quad (5\text{-}10)$$

也就是说，规则的覆盖率是规则覆盖（其属性值使得规则的前件为真）的元组的百分比。对于规则的准确率，考察在它覆盖的元组中，可以被规则正确分类的元组所占的百分比。

如果 R1 是唯一满足的规则，则该规则激活，返回 X 的类预测。注意，触发并不总意味激活，因为可能有多个规则被满足！如果多个规则被触发，则可能存在一个问题。如果它们指定了不同的类怎么办？或者，如果没有一个规则被 X 满足怎么办？

我们处理第一个问题。如果多个规则被触发，则需要一种解决冲突的策略来决定激活哪一个规则，并对 X 指派它的类预测。有许多可能的策略。我们考察两种，即规模序和规则序。

规模序（size ordering）方案把最高优先权赋予具有“最苛刻”要求的被触发的规则，其中苛刻性用规则前件的规模度量。也就是说，激活具有最多属性测试的被触发的规则。

规则序（rule ordering）方案预先确定规则的优先次序 D 这种序可以是基于类的或基于规则的。使用基于类的序，类按“重要性”递减排序，如按普遍性的降序排序。也就是说，最普遍（或最频繁）类的所有规则首先出现，次普遍类的规则随后，如此等等。作为选择，它们也可以根据每个类的误分类代价排序。在每个类中，规则是无序的——它们不必有序，因为它们都预测相同的类。因此不存在类冲突！

使用基于规则的序，根据规则质量的度量，如准确率、覆盖率或规模（规则前件中的属性测试数），或者根据领域专家的建议，把规则组织成一个优先权列表。在使用规则序时，规则集称为决策表。使用规则序，最先出现在决策表中的被触发的规则具有最高优先权，因此激活它的类预测。满足 X 的其他规则都被忽略。大部分基于规则的分类系统都使用基于类的规则序策略。

注意，在第一种策略中，规则总体上是无序的。在对元组分类时可以按任意次序使用它们。也就是说，每个规则之间是析取（逻辑 OR）关系。每个规则代表一个独立的金块或知识。这与规则序（决策表）方案相反，那里的规则必须按预先确定的次序使用，以避免冲突。决策表中的每个规则都蕴含它前面规则的否定。因此，决策表中的规则更难解释。

既然已经知道如何处理冲突，让我们回到不存在 X 满足规则的情况。此时，如何确定 X 的类标号？在这种情况下，可以建立一个省缺或默认规则，根据训练集指定一个默认类。这个类可以是多数类，或者不被任何规则覆盖的元组的多数类。当且仅当没有其他规则覆盖 X 时，最后才使用默认规则。默认规则的条件为空。这样，当没有其他规则满足时该规则被激活。

5.4.2 由决策树提取规则

决策树分类法是一种流行的分类方法因为这种方法容易让人理解决策树如何工作，并且它们以准确著称。决策树可能变得很大，并且很难解释。本节考察如何通过从决策树提取 IF-THEN 规则，建立基于规则的分类器。与决策树相比，IF-THEN 规则可能更容易理解，特别是当决策树非常大时更是如此。

为了从决策树提取规则，对每条从根到树叶节点的路径创建一个规则。沿着给定路径上的每个分裂准则的逻辑 AND 或规则的前件（“IF”部分）。存放类预测的树叶节点形成规则的后件（“THEN”部分）。图 5-4 为购买计算机概念的决策树，表明一个爱力电子的客户是否可能购买计算机。每个内部（非叶）节点代表一个属性测试。每个叶节点代表一个类（要么买计算机 = 是，要么买计算机 = 否）。

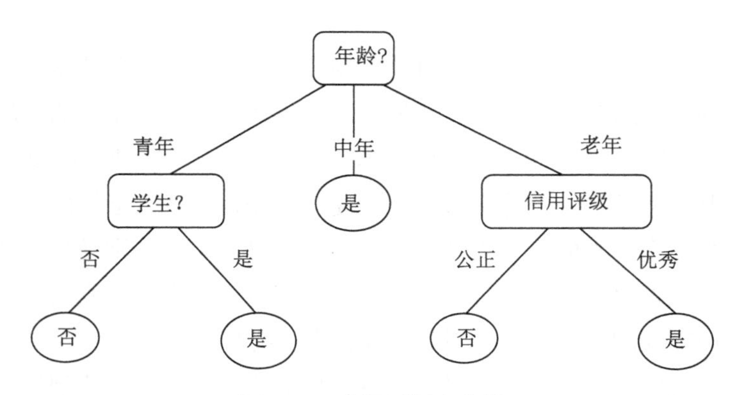

图 5-4　决策树提取分类

例：由决策树提取分类规则。沿着从根节点到树中每个树叶节点的路径，图 5-4 的决策树可以转换成 IF-THEN 分类规则。由图 5-4 提取的规则是：

R1：IF age = youth AND student = no THEN buys_computer = no；

R2：IF age = youth AND student = yes THEN buys_computer = yes；

R3：IF age = middle-aged THEN buys_computer = yes；

R4：IF age_senior AND credit_rating = excellent THEN buys computer = yes；

R5：IF age = senior AND credit rating -fair THEN buys computer = no。

所提取的每个规则之间蕴含着析取（逻辑 OR）关系。由于这些规则直接从树中提取，所以它们是互斥的和穷举的。互斥意味不可能存在规则冲突，因为没有两个规则被相同的元组触发（每个树叶有一个规则，并且任何元组都只能映射到一个树叶。）穷举意味对于每种可能的属性值组合都存在一个规则，使得该规则集不需要默认规则。因此，规则的序不重要，它们是无序的。

由于每个树叶一个规则，所以提取的规则集并不比对应的决策树简单多少！在某些情况下，提取的规则可能比原来的树更难解释。例如，倾斜的决策树存在子树重复和复制。提取的规则集可能很大并且难以理解，因为某些属性测试可能是不相关的和冗余的。因此，该树很浓密。尽管很容易从决策树提取规则，但是可能需要做更多工作，对结果规则集进行剪枝。

“如何修剪规则集？”对于给定的规则前件，不能提高规则的估计准确率的任何条件都可以剪掉（删除），从而泛化该规则。C4.5 从未剪枝的树提取规则，然后使用类似于树剪枝的悲观方法对规则剪枝。使用训练元组和它们相关联的类标号来估计规则的准确率。然而，这将导致乐观估计，或者，调节该估计以补偿偏倚，导致悲观估计。此外，对整个规则集的总体准确率没有贡献的任何规则也将剪去。

然而，在规则剪枝时，可能出现其他问题，因为这些规则不再是互斥和穷举的。为了处理冲突，C4.5 采用基于类的定序方案。它把一个类的所有规则放在一个组中，然后确定类规则集的秩。在规则集中的规则是无序的。C4.5 确定类规则集的序，最小化假正例错误(规则预测为类C,但实际类不是C)。首先考察具有最小假正例的类规则集。一旦剪枝完成，就进行最终的检查，删除复制。在选择默认类时，C4.5 不选择多数类，因为这个类多半有许多规则用于它的元组。或者，它选择包含最多未被任何规则覆盖的训练元组的类。

5.4.3 使用顺序覆盖算法的规则归纳

使用顺序覆盖算法（sequential covering algorithm）可以直接从训练数据提取 IF-THEN 规则（不必产生决策树）。算法的名字源于规则被顺序地学习（一次一个），其中给定类的每个规则覆盖该类的许多元组（并且希望不覆盖其他类的元组）。顺序覆盖算法是最广泛使用的挖掘分类规则析取集的方法，是本节的主题。

有许多流行的顺序覆盖算法，包括 AQ、CN2 和最近提出的 RIPPERO 算法的一般策略如下。一次学习一个规则。每学习一个规则，就删除该规则覆盖的元组，并在剩下的元组上重复该过程。这种规则的顺序学习与决策树形成了对照。由于决策树中每条到树叶的路径对应一个规则，因此可以把决策树归纳看作同时学习一组规则。这里，一次为一个类学习规则。理想情况下，在为 C 类学习规则时，我们希望它覆盖 C 类的所有（或许多）

训练元组，并且没有（或很少）覆盖其他类的元组。这样，学习的规则应该具有高准确率。规则不必是高覆盖率的。这是因为每个类可以有多个规则，使得不同的规则可以覆盖同一个类中的不同元组。该过程继续，直到满足某终止条件，如不再有训练元组，或返回规则的质量低于用户指定的阈值。给定当前的训练元组集，Leam_One_Rule 过程为当前类找出“最好的”规则。算法：顺序覆盖。学习一组 IF-THEN 分类规则。

输入：

• D，类标记元组的数据集合。

• Att-vals，所有属性与它们可能值的集合。

输出：IF-THEN 规则的集合。

方法：

（1）规则集 Rule_ set　　　　// 学习的规则集初始为空

（2）for 每个类 cdo

（3）repeat

（4）Rule = Learn One Rule（D，Att-vals，c）；

（5）从中删除被 Rule 覆盖的元组；

（6）until 终止条件满足；

（7）Rule set = Rule_set + Rule　　　　// 将新规则添加到规则集

（8）endfor

（9）返回 Rule_set；

“如何学习规则？”典型的规则以从一般到特殊的方式增长。我们可以将这想象成束状搜索（beam search），从空规则开始，然后逐渐向它添加属性测试。添加的属性测试作为规则前件条件的逻辑合取。假设训练集 D 由贷款申请数据组成。涉及每个申请者的属性包括他们的年龄、收入、文化程度、住处、信誉等级和贷款期限。分类属性是 loan-decision，指出贷款申请是被接受（认为是安全的）还是被拒绝（认为是有风险的）。为了学习 accept 类的规则，从最一般的规则开始，即从规则前件条件为空的规则开始。该规则是：IF THEN loan_decision = accept。

然后，我们考虑每个可以添加到该规则中的可能属性测试。这些可以从参数 Att-vals 导出，该参数包含属性及其相关联值的列表。例如，对于属性值 <att，val>，可以考虑诸如 att=val，att<=val，att>val 等测试。通常，训练数据包含许多属性，每个属性都有一些可能的值。找出最优规则集是计算昂贵的。或者，Learn_One_Rule 采用一种贪心的深度优先策略。每当面临添加一个新的属性测试（合取项）到当前规则时，它根据训练样本选择最能提高规则质量属性的测试。稍后，将更详细地讨论规则质量度量。目前，我们使用规则的准确率作为质量度量。假设 Learn_One_Rule 发现属性测试 income=high 最大限度地提高了当前（空）规则的准确率。规则空间从一般到特殊搜索如图 5-5 所示。把它添加到条件中，当前规则变成：

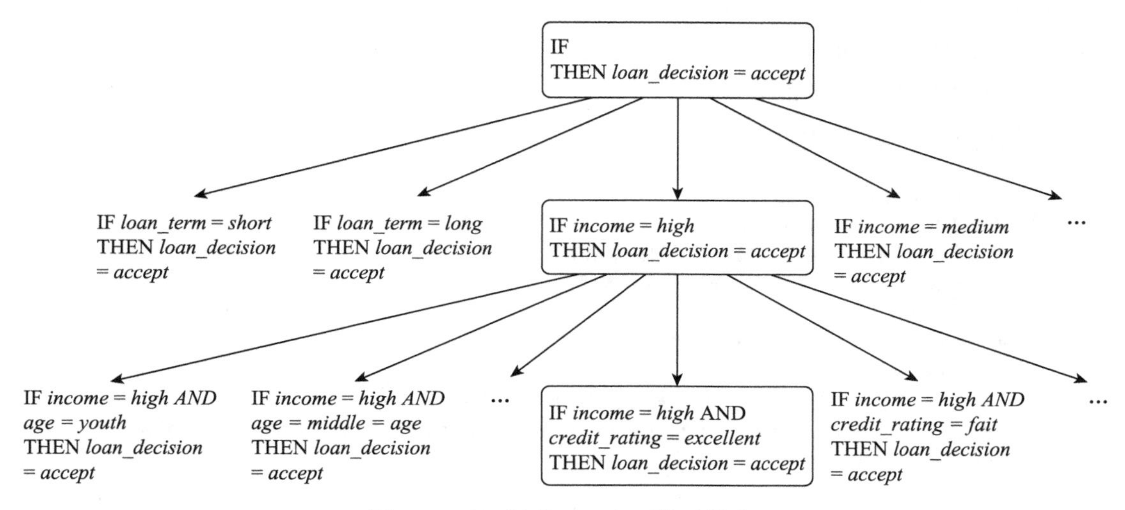

图 5–5　规则空间从一般到特殊搜索

IF income = high THEN loan_decision = accept。

每添加一个测试属性到规则时，结果规则将覆盖更多的“accept”元组。在下一次迭代时，再次考虑可能的属性测试，结果选中 credit_rating = excellent。当前规则增长，变成

IF income = high AND credit_rating = excellent THEN loan_decision = accept。

重复该过程，每一步继续贪心地增长规则，直到结果规则达到可接受的质量水平。

贪心搜索不允许回溯。在每一步，启发式地添加当时看上去最好的选择。在这一过程中，如果我们不自觉地做出一个很差的选择会怎么样？为了减少发生这种情况的概率，可以选择最好的 k 个而不是一个属性测试添加到当前规则中。这样，进行宽度为 k 的束状搜索，在每一步维持 k 个最佳候选，而不是一个最佳候选。

因此，基于规则的分类方法有如下特点：

（1）基于规则的分类通常被用来产生更易描述的模型，且其分类性能与决策树相当。

（2）适用于处理类别分布不平衡的情况。

5.5　案例分析

5.5.1　决策树分类

算法原理：

每次依据不同的特征信息对数据集进行划分，划分的最终结果是一棵树。该树的每个子树存放一个划分集，而每个叶节点则表示最终分类结果，这样一棵树被称为决策树。决

策树建好之后，带着目标对象按照一定规则遍历这个决策树就能得到最终的分类结果。

该算法可以分为以下两大部分。

（1）构建决策树部分。

（2）使用决策树分类部分。

决策树分类算法伪代码：

```
构建决策树（训练集，特征名列表）：
    停止条件1：训练集中的目标变量只有一种，返回目标变量
    停止条件2：特征变量都用完了，返回频数最高的目标变量
    找出划分训练集能最大降低香浓熵的最优特征
    特征名列表去除最优
    创造key为特征value为空字典的树字典
    for 特征的值 in 特征：
            用指定的特征，特征的值来划分训练集，并得到划分后的训练集
            空字典的key为特征的值，value = 构建决策树（划分后的训练集，特征名列表）
    return 树字典

找出最优特征（训练集）：
    for 特征 in 训练集：
            for 特征值 in 特征：
                    通过特征的值水平方向划分训练集
            求出划分后的所有训练集的信息增益
    找出最大的信息增益，确定特征
    return 特征

划分训练集（训练集，特征，目标值）
    通过特征水平方向划分训练集
    选出特征值为目标值的训练集子集
    return 子集

计算香农熵（训练集）：
    计算所有分类的频数
    for 分类 in 分类集合：
            香浓熵 = - 分类概率 * log（分类概率，2）
    求和所有分类的香浓熵
    return 总的香农熵

分类器（树字典，特征名列表，测试样本）：
    找到树字典的根节点对应的特征
    用测试样本对应的特征值找到分支
    获取对应的字典value
    停止条件：value不为字段，返回value值
    if value为字典：
            叶节点 = 分类器（value，特征名列表，测试样本）
    return 叶节点
算法：Generate_decision_tree（samples，attribute）。由给定的训练数据产生一棵判定树。
输入：训练样本samples，由离散值属性表示；候选属性的集合attribute_list。
输出：一棵判定树。
方法：
Generate_decision_tree（samples，attribute_list）
```

```
（1）创建结点 N；
（2）if samples 都在同一个类C then    //类标号属性的值均为C，其候选属性值不考虑
（3）return N 作为叶结点，以类C 标记；
（4）if attribut_list 为空 then
（5）return N 作为叶结点，标记为 samples 中最普通的类； //类标号属性值数量最大的那个
（6）选择attribute_list 中具有最高信息增益的属性best_attribute；//找出最好的划分属性
（7）标记结点 N 为best_attribute；
（8）for each best_attribute 中的未知值a i //将样本samples按照best_attribute进行划分
（9）由结点 N 长出一个条件为 best_attribute = a i 的分枝；
（10）设si 是samples 中best_attribute = a i 的样本的集合；//a partition
（11）if si 为空 then
（12）加上一个树叶，标记为 samples 中最普通的类；//从样本中找出类标号数量最多的，作为此节点的标记
（13）else 加上一个由 Generate_decision_tree（si，attribute_list-best_attribute）返回的结点；//对数据子集si，递归调用，此时候选属性已删除best_attribute
```

5.5.2 朴素贝叶斯分类——文本分类

算法原理：无论是用于训练还是分类的文档，首先应一致处理为词向量。通过贝叶斯算法对数据集进行训练，从而统计出所有词向量各种分类的概率。对于待分类的文档，在转换为词向量之后，从训练集中取得该词向量为各种分类的概率，概率最大的分类就是所求分类结果。

伪代码如下：

```
#=============================================
#    输入：
#        trainMatrix:       文档矩阵
#        trainCategory:         分类标签集
#    输出：
#        p0Vect:     各单词在分类0的条件下出现的概率
#        p1Vect:     各单词在分类1的条件下出现的概率
#        pAbusive:     文档属于分类1的概率
#=============================================
def trainNB0（trainMatrix，trainCategory）：
    '朴素贝叶斯分类算法'

    # 文档个数
    numTrainDocs = len（trainMatrix）
    # 文档词数
    numWords = len（trainMatrix[0]）
    # 文档属于分类1的概率
    pAbusive = sum（trainCategory）/float（numTrainDocs）
    # 属于分类0的词向量求和
    p0Num = numpy.ones（numWords）；
    # 属于分类1的词向量求和
    p1Num = numpy.ones（numWords）

    # 分类 0/1 的所有文档内的所有单词数统计
    p0Denom = 2.0； p1Denom = 2.0
```

```
    for i in range(numTrainDocs):    # 遍历各文档

        # 若文档属于分类1
        if trainCategory[i] == 1:
            # 词向量累加
            p1Num += trainMatrix[i]
            # 分类1文档单词数累加
            p1Denom += sum(trainMatrix[i])

        # 若文档属于分类0
        else:
            # 词向量累加
            p0Num += trainMatrix[i]
            # 分类0文档单词数累加
            p0Denom += sum(trainMatrix[i])

    p1Vect = numpy.log(p1Num/p1Denom)
    p0Vect = numpy.log(p0Num/p0Denom)

    return p0Vect, p1Vect, pAbusive
```

5.5.3 基于规则的分类——案例分析

基于规则的分类使用了一组“IF-THEN”的规则来对记录进行分类，其将这些规则组合起来，形成了如下所示结构。

If…then

Elseif…then…

…

Elseif…then…

Else…

从上至下，当前规则去匹配记录，若当前规则与记录不匹配，则用下一条规则去匹配，直至找到能匹配的规则或者规则用完，结束分类过程。规则所处的位置可以用秩来表示，第一条规则秩最高，最后一条规则秩最低。

每一个分类规则可以表现为如下格式：

$$r_i:(C_i)\rightarrow y_i$$

C_i 称为规则前件（rule antecedent）或者前提（precondition），规则前件是属性测试的集合。

$$Ci=\left(A_1\,op\,v_1\right)\wedge\left(A_2\,op\,v_2\right)\wedge\left(A_i\,op\,v_i\right)$$

A_i，v_i 为属性，值，op 为比较运算符，y_i 为分类标签，称为规则后件。当规则 r 的规则前件与记录 x 的属性匹配，则称 r 覆盖 x；当 r 覆盖某条记录时，则称规则 r 被触发。

评分函数：

基于规则的分类器的分类质量可以用覆盖率（coverage）和准确率（accuracy）来度量，二者的定义分别为：

覆盖率：触发了规则的记录在数据集 T 中所占的比例；

准确率：在触发了规则的记录中，分类正确的记录所占比例。

举个例子对覆盖率和准确率的定义进行说明，在脊椎动物的分类中，现有规则。

（胎生 = 是）^（体温 = 恒温）→哺乳类

根据给出的表 5-1 中可以看出，在以上 12 条记录中，记录 1、4、7、9、12 触发了规则，这 5 条记录的分类全部正确。如编号 1 的个体是人类，它具有恒温体温调节、毛发覆盖、胎生、不是水生动物、不会飞行、有腿、不会冬眠，属于哺乳类。编号 4 的个体是鲸，它具有恒温体温调节、毛发覆盖、是胎生、是水生动物、不会飞行、没有腿、不会冬眠，属于哺乳类。

该分类器的覆盖率及正确率分别为：

Converage（r）=5/12=0.417。

Accuracy（r）=5/5=1.0。

表 5–1　动物分类结果

编号	姓名	体温	表皮覆盖	胎生	水生动物	飞行动物	有腿	冬眠	类标号
1	人类	恒温	毛发	是	否	否	是	否	哺乳类
2	蟒蛇	冷血	鳞片	否	否	否	否	是	爬行类
3	鲑鱼	冷血	鳞片	否	是	否	否	否	鱼类
4	鲸	恒温	毛发	是	是	否	否	否	哺乳类
5	青蛙	冷血	无	否	半	否	是	是	两栖类
6	巨蜥	冷血	鳞片	否	否	否	是	否	爬行类
7	蝙蝠	恒温	毛发	是	否	是	是	是	哺乳类
8	鸽子	恒温	羽毛	否	否	是	是	否	鸟类
9	猫	恒温	软毛	是	否	否	是	否	哺乳类
10	美洲鳄	冷血	鳞片	否	半	否	是	否	爬行类
11	企鹅	恒温	羽毛	否	半	否	是	否	鸟类
12	豪猪	恒温	刚毛	是	否	否	是	是	哺乳类

第 6 章 新媒体数据的聚类分析

近年来，随着自媒体技术和信息技术的迅速发展，互联网中数据的量级已经进入了一个新的台阶。在海量用户生产的互联网数据的背景下，数据的自动聚类成为研究热点。

在新媒体场景中，聚类方法有着诸多应用。新媒体事件聚类，随着互联网社交、资讯平台的不断涌现，越来越多突发事件可以及时呈现在公众面前，在这些事件当中，不乏具有负面影响的危害性事件，使得人们认识到了新媒体事件的利与弊，在这样的背景下，对新媒体事件的预警研究也成为网络安全领域的热点，利用聚类技术，可以将这些事件按照相似性进行聚类，便于日后对突发事件进行及时归类并采取相应的处理措施，确保新媒体事件得到妥善处理。社交网络舆情用户群体聚类，随着网民数量的不断增加，以新浪微博为代表的社交网络平台已经逐渐成为突发事件舆情产生、发酵、演变和传播的核心阵地，并且舆情事件通常呈现出一种用户群体性，当某一立场的群体发展到一定规模时，容易走向极端，并产生负面的社会影响，因此，通过对社交网络舆情用户群体聚类，挖掘舆情用户群体，是社交网络舆情监管、控制的重要手段。新媒体运营文本聚类，使用聚类算法，对新媒体文章进行价值评估，为今后的文章内容和采编方向做指导，以微信公众号的运营为例，将用户文章点击率、分享人数、收藏人数、图文阅读人数甚至是事件日期等指标作为聚类依据，把价值高和价值相对较低的文章区分开来，然后在此基础上进行文章投放以获取更大的收益，并在一定程度上提升用户黏性，提升社群活跃度。

6.1 聚类分析

为了分析聚类技术，本节的安排如下：6.1.1 节定义聚类概念并概述聚类分析要求；6.1.2 节简要概括常见聚类算法的设计思想；6.1.3 节从不同的角度分析聚类和分类的区别；6.1.4 节具体介绍一些常见的相似性度量方法。

6.1.1 聚类分析含义及性质

聚类分析也叫作集群分析，是基于统计学的一门技术，研究样本或指标的分类问题。

聚类分析应用在许多领域，包括但不限于机器学习、数据挖掘、模式识别、图像分析以及新媒体运营。和“物以类聚，人以群分”的思想类似，聚类把相似的对象通过静态分类的方法归纳成不同的集合或者更多的子集，集合内部对象由于在某些特征上具有相似性，因此彼此靠近，集合与集合之间由于差异性较大，彼此内部对象相互远离。而聚类模型的目标在于使真实相似的对象更加接近，差异较大的对象之间尽可能疏远。

具体来说，一个好的聚类算法通常具有如下性质：可伸缩性，指的是聚类算法能够应对不同的数据量，达到无偏的效果；不同属性，指的是聚类算法可以使用不同类型的数据，如二元类型数据、分类型数据、时序性数据或是混合型的数据；任意形状，指的是聚类算法能够适应簇的任意形状，不局限于欧氏距离、密度距离这样的距离指标；领域最小化，指的是聚类算法中用户指定聚类即分组数目；噪声适应，指的是聚类算法能够有效降低噪声数据对聚类结果的影响；顺序适应，指的是聚类算法结果不受输入样本顺序的影响；高纬度，指的是聚类算法能够处理高维数据而不仅仅是低维度数据；基于约束，指的是聚类算法能够根据具体场景选取合适的特征；可解释性，指的是聚类算法结果能够被合理地解释。

6.1.2 聚类算法分类

基本的聚类算法主要分为四类：基于划分的聚类、基于层次的聚类、基于密度的聚类和基于网格的聚类。

基于划分的聚类基本思想是：通过迭代中心点寻找最合适的划分。基本步骤是，给定需要聚类的样本集合，首先确定需要划分的簇的数量，然后随机选取等同于划分数量的样本点作为初始的中心点，计算剩下样本到这些中心点的距离并归入距离最小的这个中心点所代表的簇，接着更新每个簇的中心点。重复以上过程直到满足，“类内的样本彼此靠近，类间的样本彼此远离”并停止迭代。常见的基于划分思想的聚类算法有 k- 均值（k-means），其改进版 k-means++。

基于层次的聚类基本思想是：逐步地归并相似对象直到满足聚类要求。基本步骤是，给定需要聚类的样本集合，首先确定需要划分的簇的数量，然后通过两种方式进行聚类，分别是自顶向下和自底向上。自底向上的方式首先将所有的对象看成独立的类，然后逐次合并相似的对象或簇，直到所有的簇合并为一个簇或满足某个终止条件；自顶向下的方式首先将所有的对象看成是一个簇中的对象，然后通过迭代，将大簇逐步划分为更小的簇，直到每个对象都在同一个簇中或满足某种条件终止。常见的基于层次的聚类算法有 BIRCH 算法和 CURE 算法。

基于密度的聚类基本思想是：通过迭代持续地将密度可达的点归入当前簇中，形成基于密度的簇。该思想主要考虑的是样本分布不规则时聚类不合理的问题。基本步骤为：给定样本，设置参数，遍历每一个样本点，若样本点领域内满足某些条件，将领域内样本点划分到以当前样本为中心的簇，并依此法逐步迭代，直到所有样本点都被标记。常见的基于密度的聚类方法有 DBSCAN 算法和 OPTICS 算法。

基于网格的聚类基本思想是：把对象空间量化为有限个单元，再根据单元临近性划分簇。基本步骤为：将数据对象集映射到网格单元中，并计算每个单元的密度，根据预设的阈值判断每个网格单元是否为高密度单元，由邻近的稠密单元组形成“类”。常见的基于网格的聚类算法有 STING 算法和 CLIQUE 算法。

以上便是基本聚类算法的简要介绍，其算法的详细原理和步骤将在后续章节介绍。

6.1.3　聚类和分类的区别

从机器学习的角度来看，聚类方法是无监督学习方法，试图对具有相互关系的对象集进行分组；而分类方法是有监督学习方法，将对象分配到预定义的类集合中去。具体来说，可从目的、是否预设类别、是否有标签、使用场景、学习方式和学习性质上加以区分。从使用目的上，分类的目的产出，是一个分类函数或分类模型，亦称分类器，可以把数据库或其他数据来源中的数据项映射到预设类别其中一个或多个，称为单标签分类和多标签分类。聚类的目的是使存在于相同簇的样本之间相似度最大化，而不同簇的样本应相似度最小化；从是否预设类别上来看，分类需要预设好分类类别，而聚类不需要预设类别；从是否带有标签来看，分类需要人为、自动化或半自动化标注的标签作为学习依据，而聚类中样本不需要标注；从学习方式上来看，之前已经提到，分类从书机器学习中的有监督学习，聚类属于无监督学习；从使用场合上来看，分类是和类别或分类体系已经确定的场合，而聚类是和不存在分类体系且类别数不确定的场合；从学习性质上来看，分类属于被动式学习，聚类属于一种探索式学习。

6.1.4　聚类分析中的相似性度量

通过前面章节的介绍，聚类分析基于样本间的相似性计算，相似度越高的样本越有可能被划分到同一个簇中，相似度较低的样本会被划分到不同的簇中。相似度可以用距离来衡量，相似度越高，距离越小；对应地，相似度越低，距离越大。下面将介绍一些常见的用于计算样本间距离的方法。

闵可夫斯基距离：它表示的不是某一种距离，而是代表的一类距离。由欧式几何中范数概念引出，对于两个样本点 x 和 y，定义维度 d 和范数 r，闵可夫斯基距离定义为：

$$\operatorname{dist}(x,\ y)=\sqrt[r]{\sum_{i=1}^{d}\left|x_i-y_i\right|^r} \tag{6-1}$$

在上面的公式中，当范数 r 取不同的值的时候，对应着不同的含义，具体如下。当 r=1 时，对应曼哈顿距离，即 L_1 范数，简化成：

$$\text{dist}(x, y)=\sum_{i=1}^{d}|x_i-y_i|=x-y_{\text{h}}$$

特别地，当 x 和 y 都为二进制向量的时候，即为 0 或 1 时，该距离表示汉明距离。当 r=2 时，变成我们熟知的计算两点间距离公式，即欧氏距离公式或 L_2 范数：

$$\text{dist}(x, y)=\sqrt{\sum_{i=1}^{d}|x_i-y_i|^2}=x-y_2 \qquad (6\text{-}2)$$

当 $r\to\infty$ 时，则是切比雪夫距离，或 L^∞ 范数，表示成：

$$\text{dist}(x, y)=\max_{i=1}^{d}|x_i-y_i|=x-y_\infty$$

以上便是闵可夫斯基距离的常用表示方法，但是该距离表示存在一个问题，即 x 和 y 表示的向量中可能存在量纲不一致的问题，即向量中存在某些维度量纲过大或过小的问题。这时，需要在计算闵可夫斯基距离前对数据进行标准化，具体方式为对所有样本每一个维度的数据进行如下操作：

$$x_{i'}=\frac{x_i-u_i}{s_i} \qquad (6\text{-}3)$$

其中，u_i 为第 i 维上样本均值，s_i 为第 i 维上的样本标准差。然后在计算闵可夫斯基距离时，每一维代入上述归一化数据，以欧氏距离为例，最终的归一化欧氏距离为：

$$\text{dist}(x, y)=\sqrt{\sum_{i=1}^{d}\frac{(x_i-y_i)^2}{s_i^2}} \qquad (6\text{-}4)$$

马氏距离：由于维度之间存在相关性，如果知道了其中一个维度的特征分布，那么实际上也就知道了相关维度的分布，这在计算上是一种冗余，并且不同维度之间的相关性会对距离的度量带来影响。马氏距离正解决了这一问题。具体来说，对于一个均值为 μ=（μ_1，μ_2，…，μ_d）τ，协方差为 Σ 的多变量向量 x=（x_1，x_2，…，x_d）^{T}，其马氏距离为：

$$\text{dist}(x, y)=\sqrt{(x-\mu)^T\Sigma^{-1}(y-\mu)} \qquad (6\text{-}5)$$

从上式中，可以看出，如果多变量之间的协方差矩阵为单位矩阵，各维度自己也以 1 为方差，那么这时马氏距离简化成欧氏距离。

编辑距离：从一个序列变为另一个序列所需要的最少操作数，常用于比较两个字符串的相似程度，对于向量来说，也可以通过限定规则来计算两个它们之间的编辑距离。

以上是利用距离来表征样本之间的相似程度，此外，也有一些刻画相似度的方法。

余弦相似度：利用两个向量的余弦夹角来衡量样本之间的相似度或差异。定义为：

$$\cos（x，y）=\cos\theta=\frac{x\cdot y}{\|x\|\cdot\|y\|} \quad （6-6）$$

直观上来说，该值越大，意味着两个向量的夹角越大，即越不相似；反之，值越小，向量间夹角越小，相似性越大。

皮尔逊相关系数：引入了样本数据集的特征对余弦相似度进行了修正，也就是中心化后的余弦相似度，这样使得皮尔逊相关系数不仅有了余弦相似度的尺度不变性，同时具有平移不变性。其定义如下：

$$s(x，y)=\frac{(x-\bar{x})^T(y-\bar{y})}{x-\bar{x}_2\cdot y-\bar{y}_2} \quad （6-7）$$

Jaccard 相似系数：用来衡量两个集合的相似性，定义为交集元素个数占并集元素比值，即：

$$J（A，B）=\frac{|A\cap B|}{|A\cup B|} \quad （6-8）$$

KL 散度：以上的相似度或距离计算都是在样本之间进行。当想要衡量两个分布的相似程度或距离时，可以使用 KL 散度进行建模。在信息学领域，用熵来表示信息量，对于发生概率大的事件熵值即信息量较大，对于小概率事件信息量较小。对于某一个事件 $X=x$，其信息量定义为：

$$I(x)=-\log P(x) \quad （6-9）$$

若要对整个概率分布的信息量进行量化，有：

$$H(X)=E_{x\sim P}[I(x)] \quad （6-10）$$

有了样本总体的概率分布量化，现在可以计算任意两个分布之间的相似度或差异，即相对熵，公式如下：

$$D_{KL}(P\|Q)=E_{x\to P}\left[\log\frac{P(x)}{Q(x)}\right]=E_{x\to P}[\log P(x)-\log Q(x)] \quad （6-11）$$

在机器学习中，p 为样本的真实分布，Q 为学习到的分布，我们希望用 Q 来近似 P。KL 散度越大，意味着两个分布越不相似；反之，KL 散度越小，说明两个分布越近似。

6.2 划分方法

迭代重定位算法也许是最流行的组合优化聚类算法，也称为基于划分的聚类算法。这类算法通过迭代的重新定位聚类间的数据点来最小化给定的聚类准则，直到获得（局部）最优划分。

问题定义：给定样本容量为 n，划分数量为 t，且 $t<=0$，目标是将这 n 个样本划分到它们当属的簇中，并且满足每个样本被划分到一个簇中一次，且每个簇之间不能有重合。大部分划分方法是基于距离的。给定要构建的分区数 t，划分方法首先创建一个初始划分。然后，它采用迭代的定位技术，迭代地把对象从一个簇移动到另一个簇来改进划分。对于一个好的划分来说，一般需要满足两个条件：同一个簇中的样本需要尽可能地相似，而不同的簇之间，样本之间的差异度较大。此外，传统的划分方法可以扩展到空间聚类，而不是整个样本空间，且当样本特征稀疏时，该方法依然有效。

下面，对常用的基于划分的聚类算法 K-means 和 K-means++ 做详细阐述。

6.2.1 K-means

K-means（K- 均值）算法源于信号处理中的一种向量量化方法，K-means 算法的思想很简单，对于给定的样本集，按照样本之间的距离大小，将样本集划分为 K 个簇。让簇内的点尽量紧密地连在一起，而让簇间的距离尽量的大。

对于样本集（x_1，x_2，…，x_n），每一个样本都是 d 维向量，目标是寻找 k 个划分，将所有样本划分到 k 个划分中，并使得所有组内的样本与均值差平方和最小。公式如下：

$$\underset{\mathrm{s}}{\operatorname{argmin}} \sum_{i=1}^{k} \sum_{\mathbf{x} \in S_i} \mathbf{x} - \mu_i^2 \tag{6-12}$$

其中，μ_i 表示某个划分中数据的平均值，s_i 表示第 i 个划分，当优化目标最小时，得到最优划分 S 包含（s_1，s_2，…，s_k）。从上式来看，需要遍历所有可能的划分才能知道最好的划分。明显这是一个 NP-Hard 问题，因为把 n 个样本划分到 k 个簇中，可能的划分组合数量是一个卡特兰数，即：

$$S_n^{(K)} = \frac{1}{K!} \sum_{i=0}^{i=K} (-1)^{K-i} \binom{K}{i} i^n \tag{6-13}$$

所以，穷举的方式寻找最优效率是很低的，可以采用迭代的方式寻找聚类中心。迭代优化聚类通常从初始划分开始，然后通过对数据应用局部搜索算法来提升划分质量。基本步骤如下。

输入：n 个样本，k 个聚类数目。

输出：使优化目标最小的 k 个聚类。

步骤一：初始化 k 个样本点作为初始聚类中心；

步骤二：计算所有样本到聚类中心的距离；

步骤三：更新 k 个聚类的聚类中心；

步骤四：重复步骤二直到所有的聚类中心不再变化或所有样本所在簇未发生变更。

详细算法如下：

输入：样本集$D=\{x_1, x_2, \cdots, x_m\}$聚类数目$k$。
过程：
1：从D中随机选择k个样本作为初始均值向量$\{\mu_1, \mu_2, \cdots, \mu_k\}$
2：　repeat
3：　令$C_i=\varnothing(1\leqslant i\leqslant k)$
4：　*for* $j=1, 2, \cdots, m$ *do*
5：　计算样本x_j与各均值向量μ_i（$1\leqslant i\leqslant k$）的距离：$d_{ji}=||x_j-\mu_i||_2$；
6：　根据距离最近的均值向量确定x_j的簇标记：$\lambda_j=argmin_{i\in\{1, 2, \cdots, k\}}d_{ji}$；
7：　将样本x_j划入相应的簇：$C\lambda_j=C\lambda_j\cup\{x_j\}$；
8：　*end for*
9：　*for* $j=12\cdots, k$ *do*
10：　计算新均值向量：$\mu'=\frac{1}{|C_i|}\sum_{x\in C_i}x$；
11：　　*if* $\mu'\neq\mu$ *then*
12：　　将当前向量均值u_i更新为μ_i'
13：　*else*
14：　　保持当向量均值不变
15：　*end if*
16：*end for*
17：*until*当前均值向量均为更新
输出：簇划分$C=\{C_1, C_2, \cdots, C_k\}$

下面以可视化的方式展示 K-means 算法的迭代并收敛的过程。首先随机选取三个空间内的点作为聚类中心，然后计算所有样本到聚类中心的距离并进行第一次迭代，得到初始的聚类结果，然后更新聚类中心并重复进行上述计算，由图 6-1 可以看出，在进行了三次迭代以后，聚类中心不再变更，此时得到了最后的聚类结果。

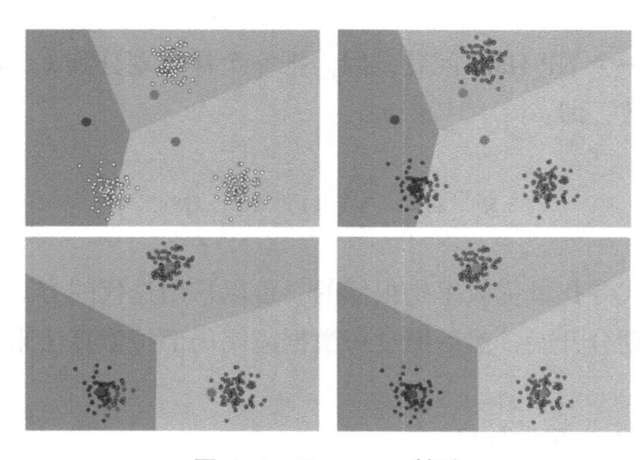

图 6-1　K-means 算法

以上便是 K-means 算法的实现原理。接下来，对 K-means 算法的优缺点进行分析。K-means 算法原理简单，易于实现，当我们确定需要划分簇的数目的时候使用 K-means 算法较好，对大数据集有较高的效率并且伸缩性较好。但是，K-means 算法也存在一些缺陷。分析如下。

对初始的参数设置敏感：由于基础的算法使用的是一种启发式的局部搜索策略，并且它的代价函数是非凸的，所以它对初始的参数设置比较敏感，当初始参数 k 设置为不同值的时候，聚类效果往往有很大差异，此外，通过参数设置获取的划分往往是局部最优的，而非全局最优。

缺乏鲁棒性：由于异常值的估计对样本均值和方差非常敏感，所以一个异常值的估计可能会对整个划分过程产生影响，甚至使最终划分完全不合理，所以说，K-means 算法产生的结果是鲁棒性比较差的。

划分数量未知：由于 K-means 算法在实现的过程中是顺序的，而不具有层次性，所以它不能提供关于划分数量的信息。

空划分：如果初始化的聚类中心非常糟糕，那么最终的划分可能就是只含有一个划分的无意义划分。

球形聚类：由于 K-means 是通过计算距离来确定聚类中心的，所以对于非规则的样本数据，它不能很好地进行合理的聚类。

标称值处理：如果样本特征中含有不能够计算均值和标准差的特征，那么 K-means 不能进行工作。

同样，为了展示初始聚类中心设置对聚类效果的影响，我们做可视化分析，依然使用上述样本作为样本集合，但是对初始的聚类中心做修改，得到的结果如图 6-2 所示。

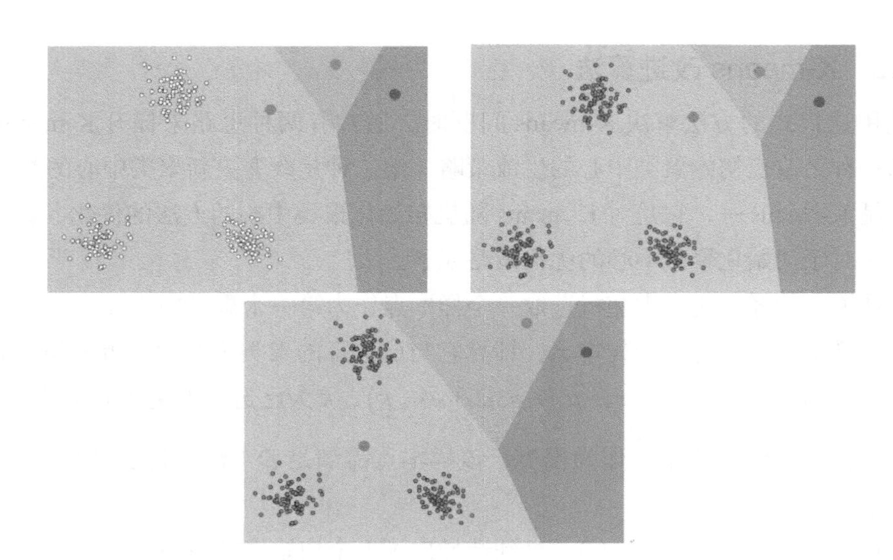

图 6-2　聚类中心修改结果

可以看出，随机选取聚类中心对聚类结果产生的影响较大，当初始聚类中心比较集中时，聚类效果比较差。此外，在进行聚类前若是不知道聚类即划分个数，K-means 也会表现比较差，因为会出现多划分和少划分或其他的情况。如图 6–3 所示。

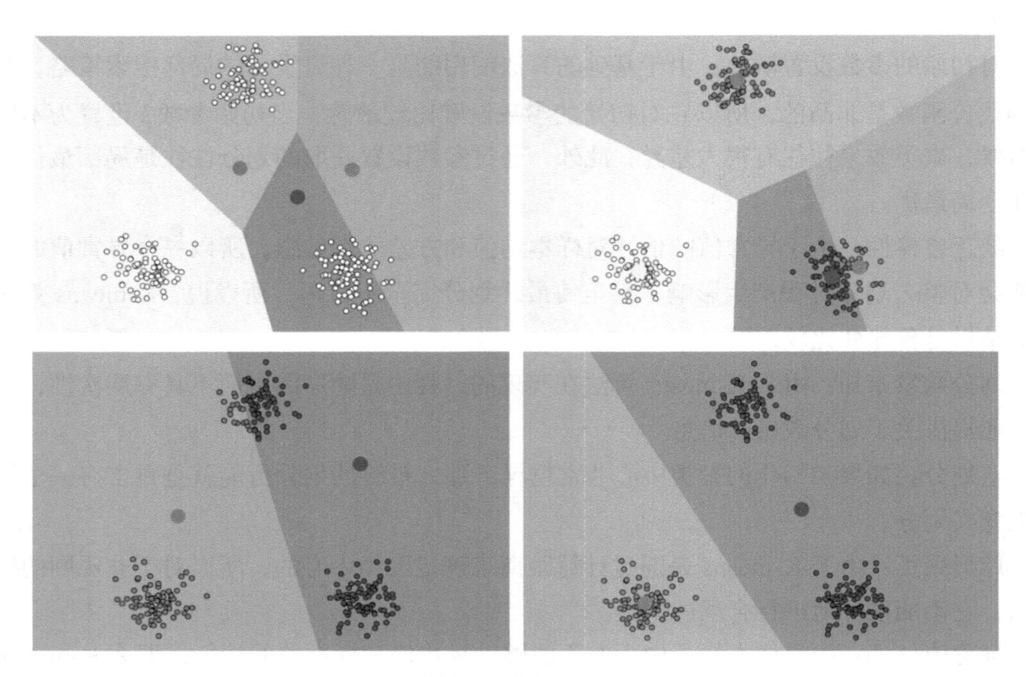

图 6–3　聚类结果

在图 6-3 中，上面两张图是多划分的情况，下面两张图是少划分的情况。针对 K-means 存在的缺陷，后续出现了一些工作对 K-means 进行改进。

6.2.2　K-means 改进算法

当使用迭代式的方法解决 K-means 问题时，通常有两种思路来提升 K-means 的聚类效果。第一种是改变初始聚类中心的生成策略，第二种是改变更新聚类中心的策略。

首先是 K-means++，它是对 K-means 随机初始化聚类中心的方法的优化，具体来说，K-means++ 对于初始化聚类中心的优化策略如下。

（1）从输入的样本集合中随机选取一个样本点作为第一个聚类中心 μ_1。

（2）对样本集中的每一个样本 x_1，计算它与已选择的聚类中心中最近聚类中心的距离 $D(x_i)$，其中，$D(x_i)=argmin\,x_i-\mu_t(r=1,2,3,\cdots,\ k)$，$k$ 为已选择聚类中心个数。

（3）选择一个新的样本点作为聚类，该样本点需满足 $D(x_i)$ 最大，原因是避免出现聚类中心集中的问题。

（4）重复步骤（2）和步骤（3）直到选择出了 k 个初始聚类中心。

（5）将这 k 个初始聚类中心作为 K-means 的初始聚类中心，再进行常规的 K-means 过程。

K-means++ 算法克服了随机初始化聚类中心的缺陷，选取的聚类中较为分散，避免了因初始化问题造成的聚类效果差的问题。但是由于 K-means++ 算法需要预先计算初始化的聚类中心，因此，在时间上有一定的开销。

K-means++ 从初始聚类中心生成的角度去优化 K-means 算法，但是产生了额外的时间开销。下面介绍的 Elkan K-means 算法从距离计算的角度节省了时间开销。其基本思想是利用了三角形的两边之和大于第三边、两边之差小于第三边的性质来做优化。传统的 K-means 算法在每一次迭代更新聚类中心的时候需要计算所有样本点到所有聚类中心的距离，这样计算的成本非常高，且存在大量的冗余计算。Elkan K-means 利用三角形边的性质减少了计算。具体来说，当要知道样本 x_i 到聚类中心 c_j 和 c_k 的时候，如果已经知道 c_j 和 c_k 之间的距离，那么就没有必要计算 x_i 到 c_k 的距离，原因是若 2 倍的 x_i 到 c_j 的距离小于 c_j 到 c_k 的距离，那么 x_i 到 c_k 的距离必然小于到 c_j 的距离，这样就免去了 x_i 到 c_k 距离的计算。同理也可以使用三角形两边之差小于第三条边的性质做类似判断。

K-means 算法需要指定划分数目，实际上，我们并不知道划分数目为多少比较合适。迭代自组织数据分析算法（ISODATA）解决了这一问题。它在 K-means 算法的基础上，对聚类过程增加了“合并”和“分裂”两个操作，并通过设定参数来控制这两个操作。“合并”的时机是：当聚类结果中某一划分样本数太少，或两个划分的距离太近时，将这两个划分合并成一个类簇；“分裂”的时机是：当聚类结果中某一个划分中样本间方差比较大时，将该划分进行分裂，进入两个划分中去，这样就避免了划分数目不确定导致的聚类效果不理想的问题。ISODATA 聚类的过程和 K-means 一样，用的也是迭代的方法：先随机初始化聚类中心，再通过迭代，不断调整聚类中心，直到聚类中心不再变化。ISODATA 算法需要 7 个初始化参数，具体如下。

（1）K：期望得到的聚类数。

（2）k：初始设定的聚类数。

（3）θ_n：每一个划分中最少的样本数，若小于该值则取消当前划分。

（4）θ_s：一个划分中，样本特征中最大标准差，若大于这个值，则进行分裂。

（5）θ_c：两个划分中心之间的最小距离，若小于该值，合并两个划分。

（6）L：在一次合并操作中，允许合并的最多划分对数。

（7）I：迭代次数。

以上便是基于划分的基本的聚类算法，从 K-means 开始，介绍 K-means 进行聚类的基本步骤，随后讨论该算法存在的一些缺点。并且针对这些缺点介绍了一些常用的改进算法。

6.3 层次方法

层次聚类（hierarchical clustering）试图在不同层次对数据集进行划分，从而形成树形的聚类结构。数据集的划分可采用“自底向上”的聚合策略，也可采用“自顶向下”的分拆策略。“自顶向下”指的是首先把所有样本看成一个划分，然后逐步“分裂”直到所有样本都成为一个独立的划分。“自底向上”指的是首先把每一个集中的样本看成独立的划分，然后依次向上“聚合”，直到所有的样本都被包含在一个划分中，进行如上过程，这就成了一棵聚类树。如果我们想要指定划分的个数，可以通过设定阈值或者直接指定划分个数来实现，算法根据簇间距离来返回合适的划分。

以上构建聚类树的过程中，如果是“自底向上”的方法，那么合并的过程就是一个计算簇间相似度的过程。如果是“自顶向下”的方法，那么分裂时可以根据样本间方差的计算，逐步将样本排除，得到聚类结果。

6.3.1 凝聚式层次聚类

凝聚式层次聚类是“自底向上”的方法，需要计算簇间的相似度作为聚类依据。常用的计算簇间相似度或距离的方法有最小距离、最大距离、均值距离、质心距离。计算距离的方式也有很多种，可以采用前面章节介绍的欧氏距离、余弦距离或其他常见的距离计算方式。

簇间最小距离也称单链接方法，定义如下：

$$d_{min}(C_i,\ C_j)=min_{x\in C_i,\ x\in C_j}dist(x,\ z) \tag{6-14}$$

簇间最大距离也称完全链接方法，定义如下：

$$d_{meac}(C_i,\ C_j)=min_{x\in C_i,\ x\in C_j}dist(x,\ z) \tag{6-15}$$

簇间均值距离也称完全链接方法，定义如下：

$$d_{ang}(C_i,\ C_j)=\frac{1}{|C_i|\cdot|C_j|}\sum_{x\in C_i}\sum_{z\in C_j}dist(x,\ z) \tag{6-16}$$

簇间质心距离，定义如下：

$$dist(C_i,\ C_j)=dist(U_i,\ U_j) \tag{6-17}$$

U_i，U_j 分别为簇 C_i，C_j 的质心。

由以上描述可知，在样本确定的情况下，影响聚类效果的主要因素是簇间距离的计算方式和具体的距离计算方式。下面以可视化的方式展示不同的簇间距离度量方式和具体的距离计算方式对聚类效果的影响，结果如图 6-4 所示。

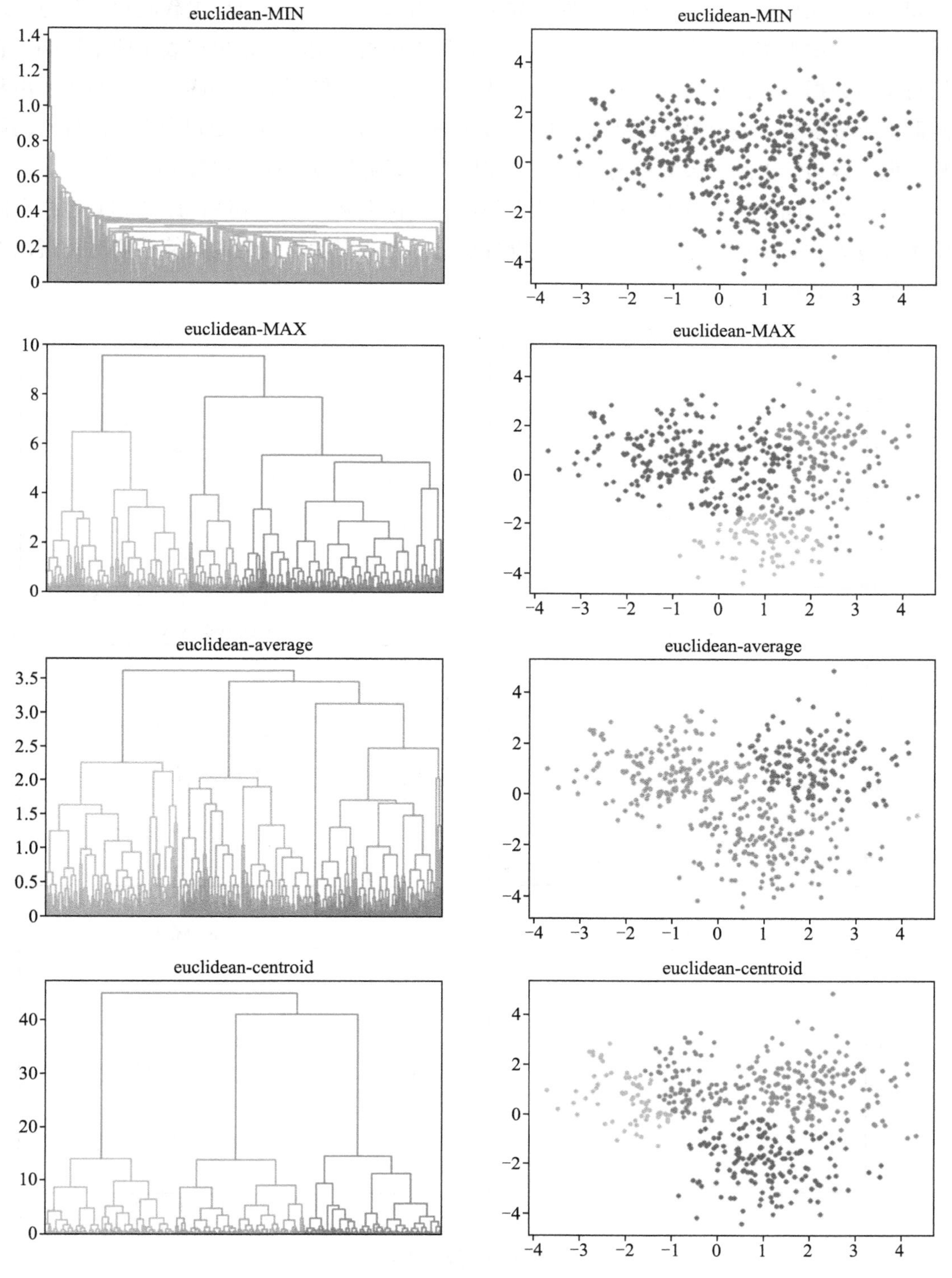

图 6-4　层次方法

以上结果在计算距离时使用的是欧氏距离，其中横坐标是样本的数据索引，纵坐标是簇间距离。如果我们想要得到一个划分数量为 k 的划分，那么可以设置簇间距离阈值来进行筛选。通过观察可以发现，使用最大距离和最小距离衡量簇间距离代表了两个极端，它们对噪声数据或离群点比较敏感。单链接技术适合处理非椭圆形状的簇，但是对于噪声和离群点十分敏感。完全链接技术生成的簇形状偏向于圆形，且不易受到噪声和离群点的影响，但是容易使大的簇破裂。而质心距离和均值距离则是最大距离和最小距离的折中。

讨论完簇间距离计算方式对聚类效果的影响，接下来讨论使用欧氏距离和其他样本间距离计算方式对聚类效果的影响。首先以可视化的方式展示不同距离计算策略对呈现出的聚类效果，具体见图 6-5。

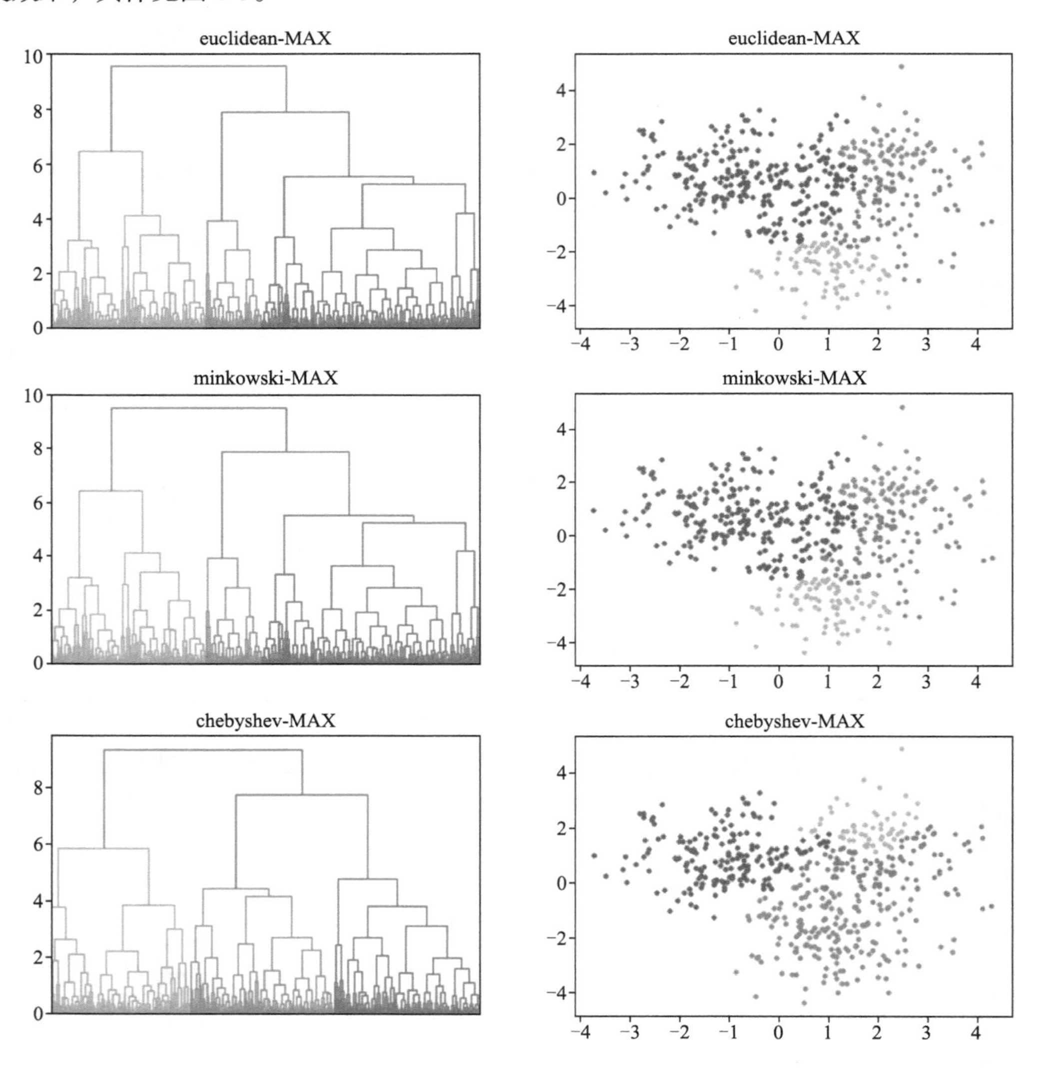

图 6–5　聚类效果

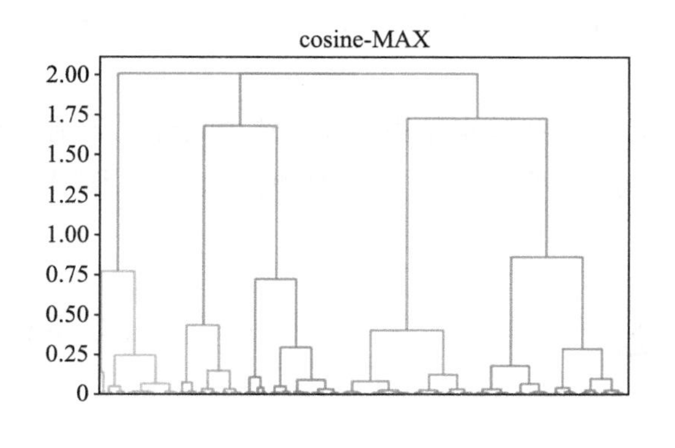

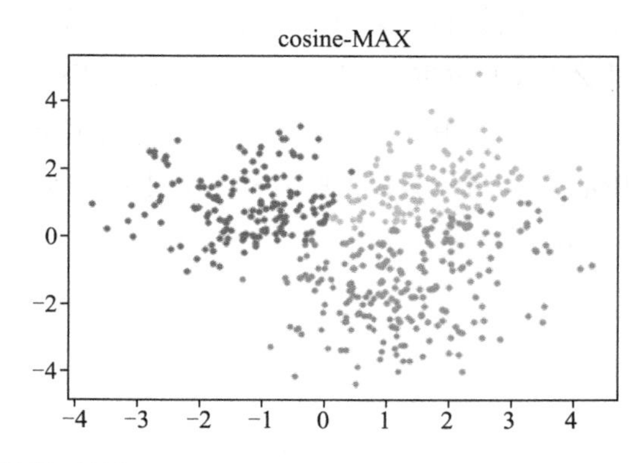

图 6–5 聚类效果（续）

以上是使用不同的距离公式得到的聚类效果，从结果来看，不同的距离度量方法对聚类的结果影响不大。但是使用欧氏距离和使用余弦距离得到的结果有明显的不同。相较于欧氏距离，余弦距离得到的结果划分分界线更加分明。因此，在选择距离计算公式的时候，如果样本特征没有明确意义，使用欧氏距离比较好，但是当样本的特征分布有明确的意义时，使用余弦距离比较好。例如，在比较两篇文章的相似度时，应当选择余弦相似度而非欧氏距离，因为文本的样本特征一般表示某个单词出现的频度，有着明确的含义。

6.3.2 BIRCH

BIRCH（Balanced Iterative Reducing and Clustering using Hierarchies）。前文介绍了基本的凝聚式层次聚类，可以实现“自底向上”的划分，但是该方法计算量较大，具体表现为需要在每一层计算所有划分之间的距离之后，才能进行下一步的划分。而 BIRCH 算法可以通过一次扫描所有样本就得到目标聚类，降低计算开销。同时，BIRCH 算法也是一种迭代的算法，即当前聚类决策依赖于上一步的聚类结果。

BIRCH 算法通过统计聚类特征并构建聚类特征树来实现所有样本的聚类，因此，只需要遍历一遍样本集合就可以实现快速聚类。

聚类特征定义如下：

$$\mathrm{CF}=（N，LS，SS） \tag{6-18}$$

其中，N 指的是样本个数；LS 为一个向量，每一项由所有样本某一维度的求和组成；SS 为一个向量，每一项由所有样本某一维度的平方和组成，即：

$$\mathrm{LS}=\sum_{i=1}^{N}X_i,\quad \mathrm{SS}=\sum_{i=1}^{N}X_i^2 \tag{6-19}$$

使用上述方法计算聚类特征的好处在于，如果两个划分需要合并，那么聚类特征 CF 具有可加性。因此，针对某一个划分只需要保留一个 CF 的信息，从而减少存储开销。并且，聚类的决策也依赖于此特征的计算。若 $CF_1=(N_1, LS_1, SS_1)$、$CF_2=(N_2, LS_2, SS_2)$，那么有 $CF_1+CF_2=(N_1+N_2, LS_1+LS_2, SS_1+SS_2)$。

在一个由 N_1，N_2，…，N_n 组成的划分中，有一些基本量用来描述这个划分。分别为中心点、划分半径（所有样本到中心的平均距离）、划分直径（两两样本间的平均距离）。分别表达为：

$$\bar{x}=\frac{1}{N}\sum_{i=1}^{N}x_i \tag{6-20}$$

$$\mathrm{R}=\sqrt{\frac{1}{N}\sum_{i=1}^{N}(x_i-\bar{x})^2} \tag{6-21}$$

$$\mathrm{D}=\sqrt{\frac{1}{N(N-1)}\sum_{i=1}^{N}\sum_{j=1}^{N}(x_i-x_j)^2} \tag{6-22}$$

同时，为了建立聚类树，需要计算划分与划分之间的距离，可以使用上一小节介绍的计算划分之间距离的方法，如最小距离、最大距离、平均距离、质心距离等。每个划分的特征由 CF 表示，树的深度和宽度由如下几个参数决定，分别是非叶子节点、叶子节点、叶子节点中每个划分中可容纳的最大样本数。其中，非叶子节点对应最大容纳的聚类数 B，叶子节点对应可容纳的最大聚类数，叶子节点中每个划分的最大半径 T。注意，聚类特征数是一棵 B+ 树，因此非叶子节点是不存储具体样本的，对于叶子节点来说，存储的是最终每一个划分的索引值即 CF 的索引值。

BIRCH 算法在进行聚类的过程，其实就是一个往聚类树里添加 CF 的过程，具体步骤如下。

（1）随机选择样本中的一个样本作为根节点的聚类特征。

（2）加入新的样本节点，从根节点向下搜寻，寻找与该样本聚类特征最接近的非叶子或叶子节点，并记录搜寻路径。

（3）搜寻到最接近的叶子节点并准备加入时，进行判断，若加入后 CF 的聚类半径小于等于预先设置的最大半径，则加入；否则构建新的 CF 并加入。

（4）若构建新的 CF 后，叶子节点所能容纳的最大 CF 数超过了预先设定的 B 值，则分裂叶子节点。首先寻找该叶子节点中距离最大的两个划分作为两个新的父节点并重新分配该叶子节点的 CF，然后沿着插入路径，逐层向上判断；若非叶子节点的 CF 数也超过了预设的 L 值，则分裂非叶子节点。

可用流程图（见图 6-6）来表示。

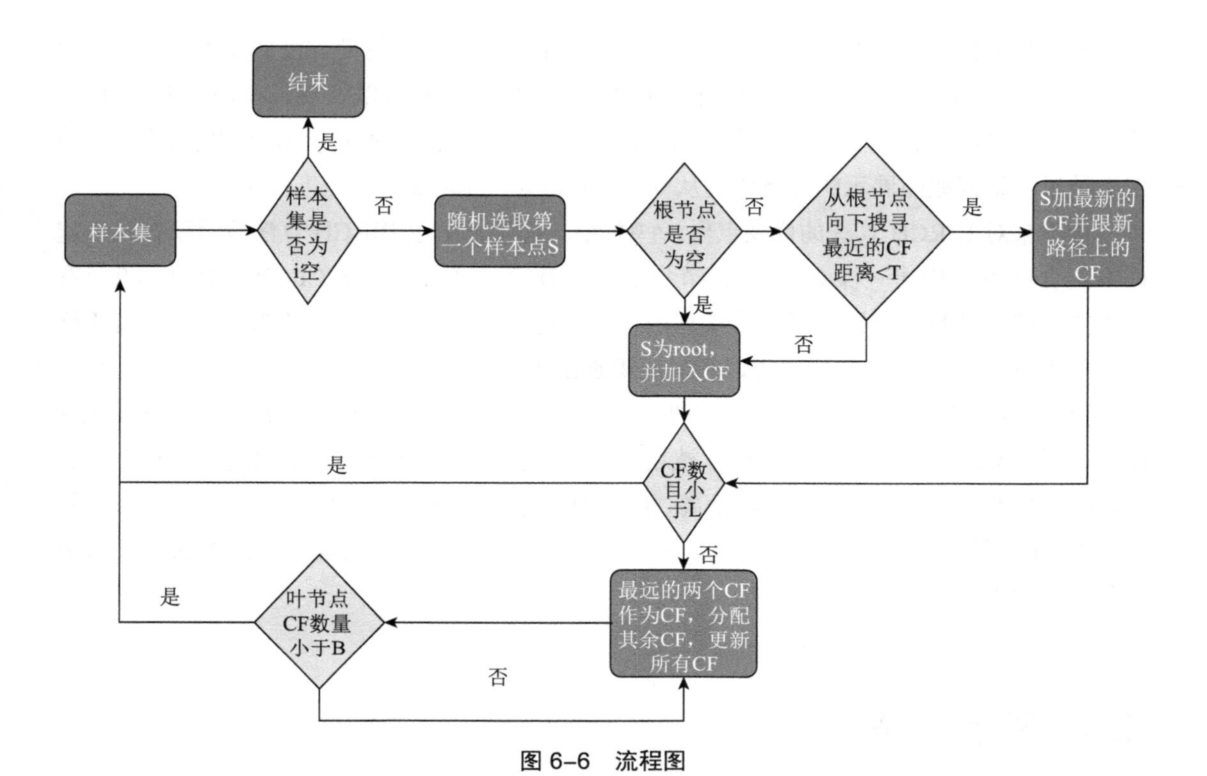

图 6–6　流程图

接下来以可视化的方式观察 BIRCH 算法的效果，如图 6–7 所示。

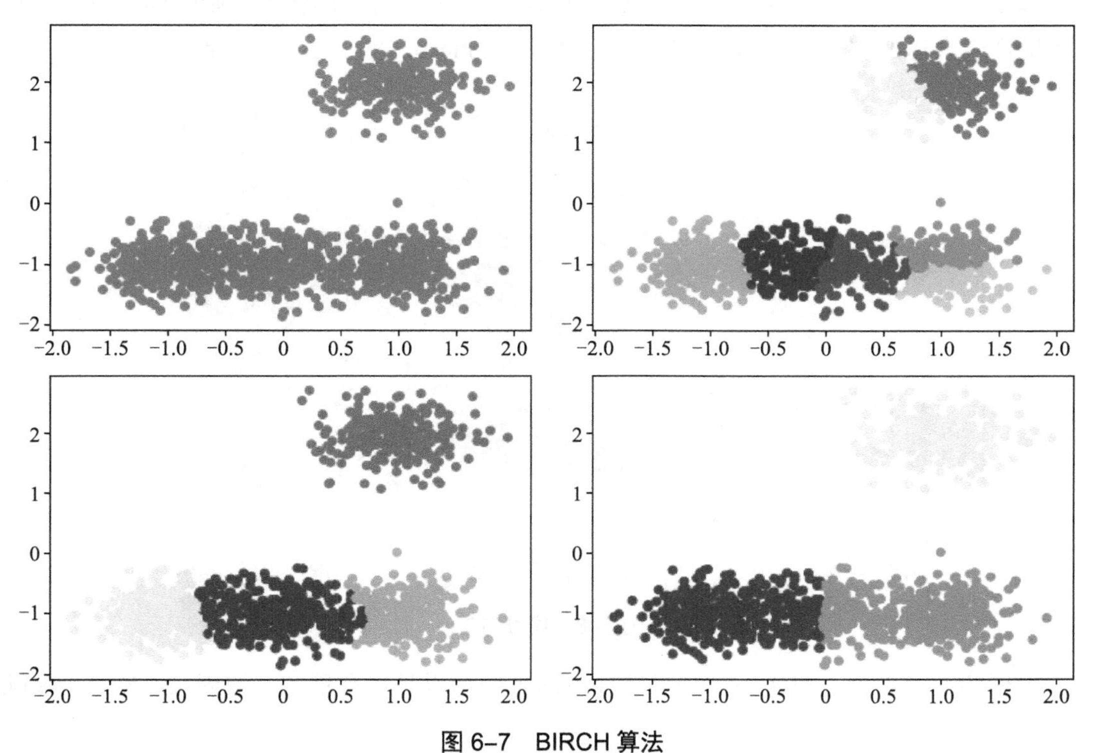

图 6–7　BIRCH 算法

左边是随机采样的样本点，右边是聚类的结果。第二幅图是没有设置聚类个数自动生成的聚类，第四幅图是设置聚类数目为 4 时的聚类图。由此可以发现，在使用 BIRCH 算法进行聚类的时候，需要指定聚类数目。但是，也可以通过设置叶子节点 CF 阈值来调节聚类结果，第四幅图展示的是将阈值从 0.5 调节到 0.7 后的效果。

接下来对 BIRCH 算法的优缺点做一些总结。首先，由于 BIRCH 算法只需要扫描一遍样本集合就可以构建一棵 CF Tree，节省了时间开销；其次，由于 CF Tree 中的节点只存储了指针即地址数据，因此可以直接在内存中进行运算，节省了内存开销；最后，对于样本中的离群点，BIRCH 算法也可以很好地识别出来。

但是，BIRCH 算法也存在自身劣势。首先，由于 CF Tree 的构建依赖于样本的读入顺序，即插入顺序，所以如果一个样本被划入了某个簇内，那么就不能够再进行调整了；其次，由于样本间的距离依然是欧氏距离，所以对于非球状的数据不能够很好地识别；最后，由于 BIRCH 算法需要调节的参数比较多，所以得出的聚类结果可能与实际的聚类结果分布差异比较大。

6.4 密度方法

基于划分和基于层次的聚类方可以发现球状簇，但是对于形状不规则的样本数据，它们不能产生合适的划分。如图 6-8 所示，是使用 K-means 进行聚类的结果。

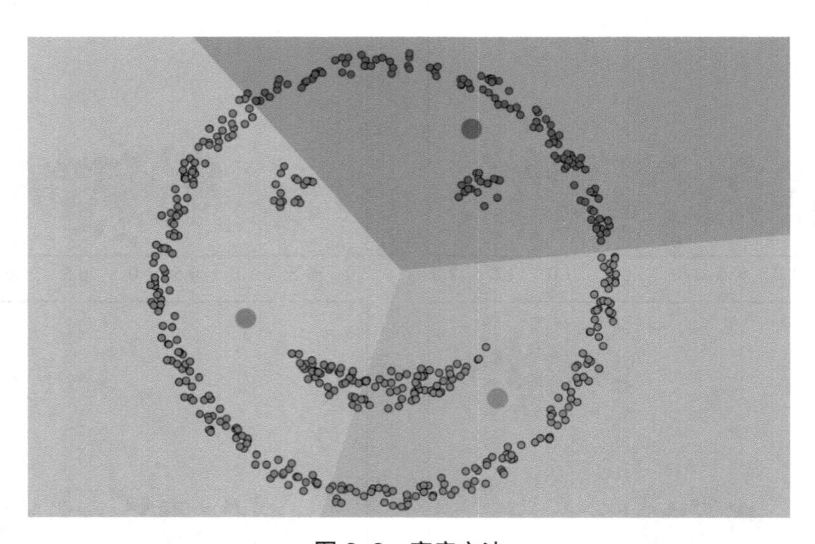

图 6-8 密度方法

根据图 6-8 可见，对于不规则形状样本的聚类结果是不合理的。原因是，K-means 倾向于将距离接近的样本点纳入聚类结果中。为了能够识别不同形状的样本数据，可以按样本的空间密度把样本数据划分开来。下面介绍的 DBSCAN 算法和 OPTICS 算法是比较常用的两种基于密度划分思想的聚类方法。

6.4.1 DBSCAN

如何在基于密度的划分中发现稠密区域并识别为一个簇，是 DBSCAN 解决的问题。在此之前，需要定义一些概念。按照样本性质，样本分为核心点、边界点和离群点。从密度连接来看，分为直接密度可达和密度可达。

按照样本性质，样本分为核心点、边界点、离群点。这样分类的依据为两个参数：邻域和邻域半径 ò 以及领域内最少样本点数 *MinPts*。它们的定义如下：

$$N_e(p)=\{q \in D|\text{dist}(p, q), \cdots, \partial\} \tag{6-23}$$

其中，$N_e(p)$是样本点 p 的邻域，邻域内的点满足到 p 的距离小于 ò。核心点的定义为：

$$|N_e(p)| \geqslant MinPts \tag{6-24}$$

即邻域内的点的数量需要大于等于设定的最小样本点数量。边界点的定义为：

$$|N_e(p)| \geqslant MinPts \tag{6-25}$$

$$q \in N_e(p)$$

$$|N_e(q)| \leqslant MinPts \tag{6-26}$$

即样本点 q 需要在核心点邻域内，但是自身又不是核心点。对于离群点，它既不是核心点又不是边界点。

从密度连接来看，分为直接密度可达和密度可达。直接密度可达定义为核心点 p 对于其邻域内的所有样本点 q 来说，直接密度可达，同时 q 也直接密度可达 p。具体定义为：

$$|N_e(p)| \geqslant MinPts$$

$$q \in N_e(p)$$

满足上述条件的样本点 p 和 q 互相直接密度可达。

密度可达指的是若有连续的 p_1，…，p_n，且起始点为 q（p_1=q），终止点为 p（p_n=p），使得任意的从前一个点出发到下一个点都是直接密度可达的，即 P_{i+1} is directly density-reachable from P_i，则称点 P 从点 q 出发是密度可达的。

DBSCAN 的具体执行过程的伪代码如下：

```
输入：
  D：一个包含n个样本的数据集
  ò：半径参数
  MinPts：领域最少样本阈值
输出：基于密度的划分集合
步骤：
     1.标记所有对象为unvisited;
     2.Do
     3.随机选择一个unvisited的样本p;
     4.标记p为visited;
     5.If  p的ò-邻域至少有MinPts个样本
     6.  创建一个新的划分C，并把p添加到C;
     7.  令N为p的ò-邻域中的样本集合
     8.  For N 中的每个样本p
     9.   If p is visited;
     10.    标记p为visited;
     11.    If p的ò-邻域内至少有MinPts个样本，把这些样本添加到N;
     12.    如果p还不是任何划分的成员，把p添加到C;
     13.  End for;
     14.   输出C;
     15.Else 标记p为噪声样本;
     16.Until没有标记为unvisited的样本
```

为了直观地展示 DBSCAN 对于不规则样本分布的聚类效果，图 6-9 以可视化的方式展示 K-means 和 DBSCAN 的处理效果，并进行对比。

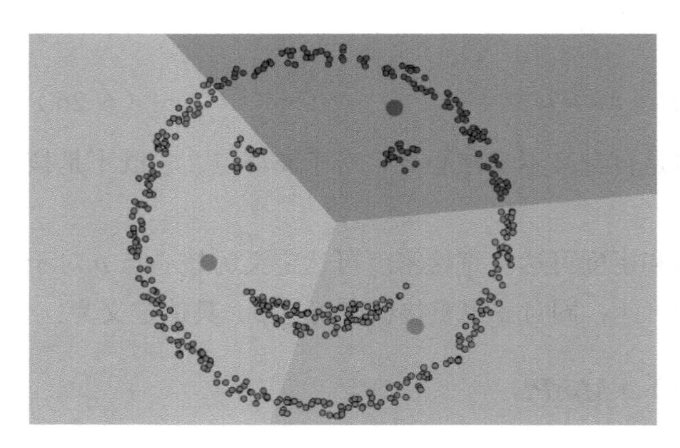

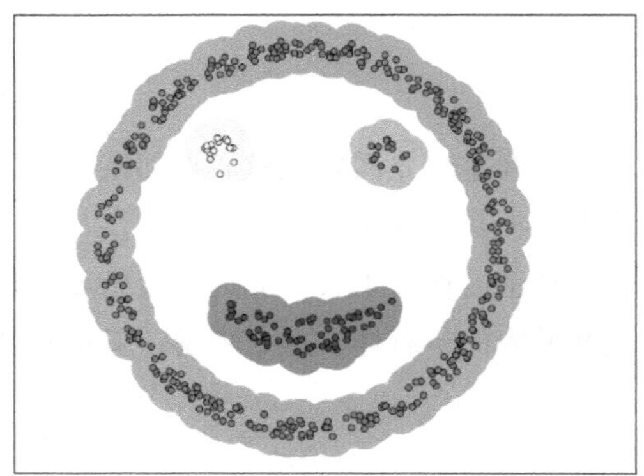

图 6-9　K-means 和 DBSCAN 的处理效果

左图是使用 K-means 进行划分的结果，右图是使用 DBSCAN 算法得到的划分结果，从直观上来看，使用 DBSCAN 划分的结果更为合理。原因是 DBSCAN 使用了密度可达的搜索策略，而不仅仅依赖于类簇之间的距离计算来进行划分，所以，在处理不规则样本组成的样本时，DBSCAN 能发挥出更好的效果。

同样，DBSCAN 算法也存在着优势和劣势。首先，相较于划分和层次聚类算法，DBSCAN 能够处理形状不规则的样本数据，如长条状、圆环状和一些具有连续形态的形状；其次，DBSCAN 算法也不需要预先指定聚类数目，它会根据样本间的密度差异自动将样本划分开来，避免了因聚类数目不确定而导致聚类效果不理想的情况；最后，DBSCAN 还能进行离群点或噪声数据的检测，从上图的实验结果来看，从全局的角度，中间由少量数据聚类而成的类簇，其中的样本，很有可能会被认为是一些异常样本，这也符合离群样本常常与大多数样本间缺少联系的认知。

但是，DBSCAN 算法也存在一些问题。首先，受参数的影响，当设置 ϵ 较大的时候，算法会倾向于大量的样本当作一类而忽略了样本之间存在的其他方面差异；当设置 ϵ 较小的时候，算法会在处理时过于“谨慎”，把可能相似的样本分开，导致划分数目过多，造成冗余。所以，在使用 DBSCAN 算法进行聚类操作时，应当在一定范围内调整 ϵ 的值来达到合理聚类的目的。其次，DBSCAN 算法受样本数据的影响较大，当输入的样本数据分布过于稠密或维度过高时，参数的选取和距离计算方式的选取都会存在困难。最后，如果聚类样本量比较大时，需要计算的时间会比较长，此时，需要采用其他更高效的方式去优化。

6.4.2 OPTICS

OPTICS 算法也是基于密度的聚类算法，是 DBSCAN 算法的一种改进，DBSCAN 算法需要尝试设定不同的 MinPts 参数来获得最优的聚类效果。但是，实际上，参数设置对人的经验要求较高，往往一个合适的参数设置需要多次尝试才能得到。所以，OPTICS 为了解决 DBSCAN 算法对参数敏感度高的缺点，尝试输出一个包含各种聚类结果的有序序列来解决此问题，即使用排序的方法决定聚类的结果。

OPTICS 算法除了继续使用 DBSCAN 算法定义的核心点、邻域、直接密度可达和密度可达的概念以及和 MinPts 参数外，还引入了另外两个参数，即核心距离和可达距离，下面给出具体定义。

核心距离，对于预设和 MinPts 定义下的所有核心点来说，都存在一个核心距离，即核心距离是针对核心点的，非核心点如边界点和离群点都没有核心距离的定义。计算公式如下：

$$coreDistance = \begin{cases} UNDEFINED & if \left|N_{\text{ò}}(x)\right| < \text{MinPts} \\ d\left(x,\ N_{\text{蝌}}^{M}(x)\right) & if \left|N(x)\right| \geqslant \text{MinPts} \end{cases} \quad (6\text{-}27)$$

可达距离，同样定义在核心点上，指的是其他核心点到本核心点的最短距离，由于某个核心点可有多个核心点到达，所以有了最值之说。此外，对于互相直接密度可达的样本点来说，它们的可达距离定义为自己的核心距离，否则定义为两个核心点的实际距离。公式定义如下：

$$reachableDistance(y,\ x) \begin{cases} UNDEFINED & if \left|N_{\text{ò}}(x)\right| \leqslant \text{MinPts} \\ max\left\{coreDistance(x),\ d(x,\ y)\right\} & if \left|N_{\text{ò}}(x)\right| \geqslant \text{MinPts} \end{cases} \quad (6\text{-}28)$$

以图 6-10 为例，设定 ò 为大圆半径，MinPts 为 3，样本点 p，q_1，q_2，q_3 都满足中心点条件。

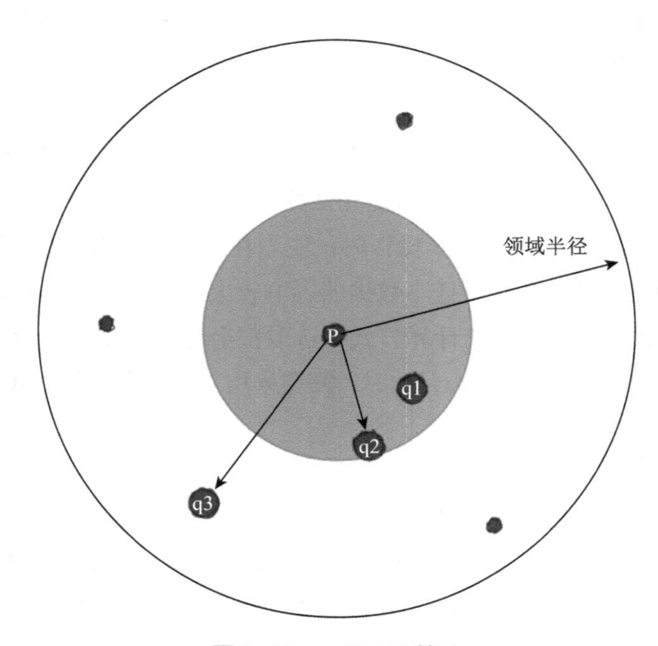

图 6–10　OPTICS 算法

对于样本点 p 来说，它的核心距离为 p 到 q_2 的距离，因为此距离内刚好满足 p 点成为核心点的条件，同时，根据定义，p 到 q_1 的可达距离为 p 的核心距离，p 到 q_2 的可达距离为 p 到 q_2 的实际距离。

下面，介绍 OPTICS 算法的实施步骤。

输入：样本数据集 D，半径 ò，邻域最少样本个数 MinPts。

输出：具有可达距离样本组成的样本序列。

（1）分别建立有序序列（存放核心点和与该核心点直接密度可达的样本点）以及结果序列（需要排序并作为输出结果）。

（2）从样本集合中选择一个未放入结果集中的核心点，并找到与其直接密度可达的样本点，若此样本点未在结果序列则放入有序序列中并依照可达距离排序。

（3）从有序序列中选择第一个样本点，并判断是否为核心点，如果是的话则执行步骤（2），找到所有其直接密度可达点并排序，不是则将该点放入结果序列。

（4）当有序序列为空时结束。

可用流程图（见图 6-11）表示。

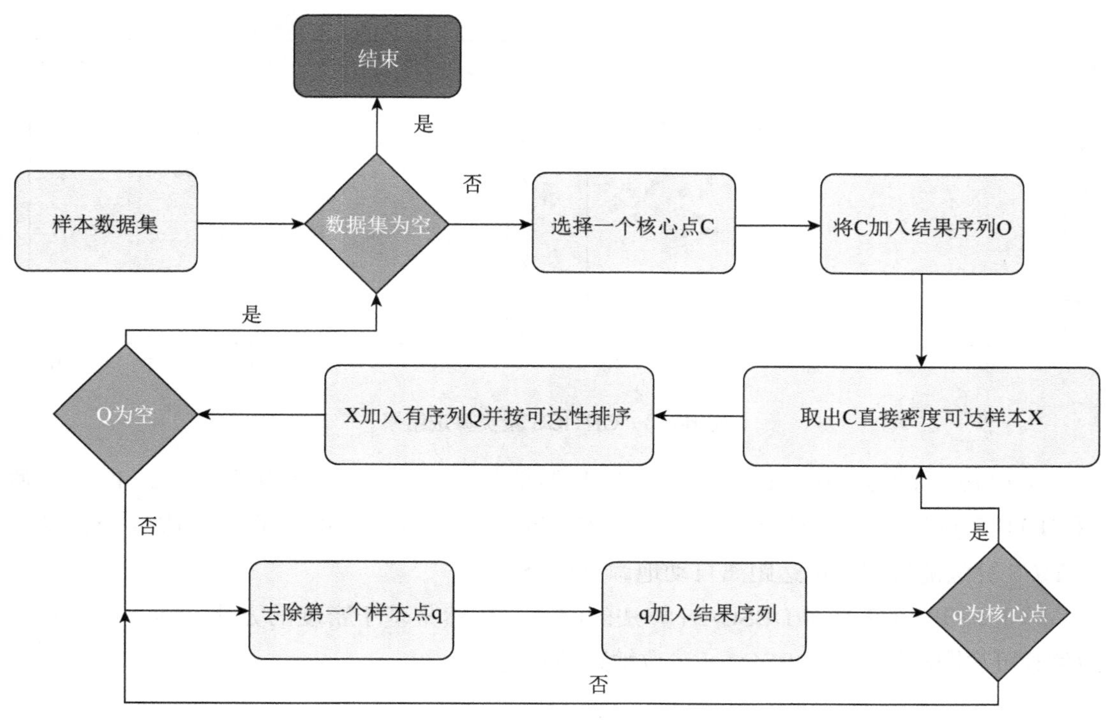

图 6–11　OPTICS 算法的完整流程

以上便是 OPTICS 算法的完整流程。

输出的结果序列集合是带有可达信息的有序序列，然后依照可达距离和核心距离与 ò 的大小关系，输出聚类结果。可用流程图（见图 6–12）展示。

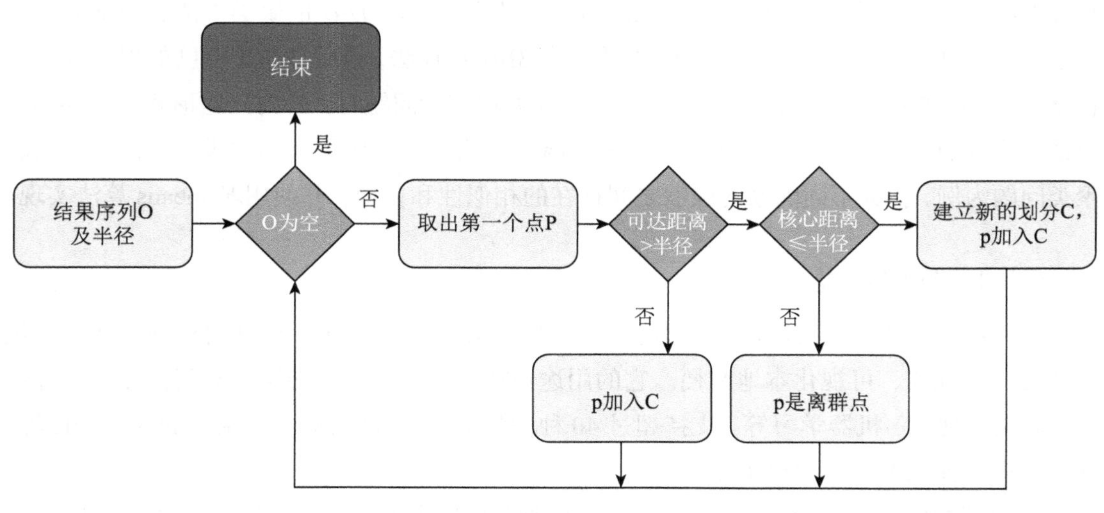

图 6–12　信息传递流程

如图 6-13 所示以可视化的方式展示 OPTICS 聚类算法的结果。

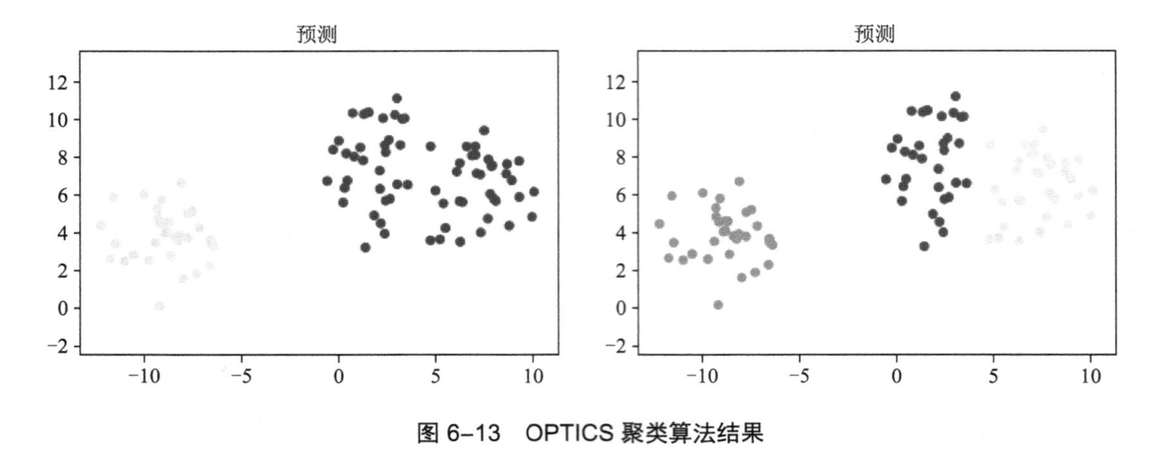

图 6–13　OPTICS 聚类算法结果

左边使用的是 BIRCH 算法得到的聚类结果，样本被划分为两个簇，右边是使用 OPTICS 算法得到的结果，在右上角 OPTICS 算法倾向于将大的簇再次划分，说明 OPTICS 算法能够根据可达距离自动地调整划分。

综上，OPTICS 是对 DBSCAN 算法的改进，依然是基于密度的方法，通过引入核心距离和可达距离缓解了 DBSCAN 参数敏感的问题。

6.5　案例分析

通过前面章节的学习，我们了解了常用的聚类算法，首先是基于划分的 K-means 算法和在 K-means 算法之上的改进算法 K-means++，然后是基于层次的聚类方法，包括凝聚式的层次聚类和为了降低时间复杂度的改进算法 BIRCH 算法，最后是基于密度的聚类算法，包括经典的 DBSCAN 算法和 OPTICS 算法。在处理实际问题时，针对问题形式，需要选择合适的聚类算法，在普遍情况下，使用 K-means 算法就能达到不错的效果。下面，以国歌聚类问题为例，探究不同国家的国歌之间存在的相似性和差异，并使用 K-means 算法实现。

6.5.1　实验环境

代码编辑器 Jupyter Notebook：是一个开源的 Web 应用程序，允许用户创建和共享包含代码、方程式、可视化本地文档。它的用途包括：数据清理和转换、数值模拟、统计建模、数据可视化、机器学习等。支持超过 40 种编程语言，包括 Python、R、Julia、Scala 等。在本例中，使用 Python 编程语言。

使用到的库：数值分析工具 Numpy、数据处理工具 Pandas、绘图工具 Matplotlib、常用机器学习库 Sklearn、自然语言处理工具 NLTK。在使用时会做具体介绍。

6.5.2 实验

本例中，使用的是已有的数据集，所以不包含数据采集部分，然而在实际的生产环境中，数据可以通过爬虫程序爬取或使用服务器日志信息以及数据库中已有的结构化信息。

在进行机器学习相关实验时，首先都会对数据进行简要分析，即查看数据的基本情况。下面我们使用 Python 代码进行讲解。

首先，导入相关库：

```
# 常用库
import numpy as np
import pandas as pd
import geopandas as gpd
import json
# 语料处理模块
import re
import nltk.corpus
from unidecode import unidecode
from nltk.tokenize import word_tokenize
from nltk import SnowballStemmer
from sklearn.feature_extraction.text import TfidfVectorizer
from sklearn.preprocessing import normalize
# 导入聚类模块
from sklearn import cluster
# 可视化分析模块
import matplotlib.pyplot as plt
import matplotlib.cm as cm
import seaborn as sns
import folium
```

在 Python 语法中，import 是导入包的操作，as 是给包名起一个别称，方便后续使用。# 表示注释。接下来查看数据的基本信息。代码如下：

```
# 读取数据并以utf-8编码
data = pd.read_csv('datasets/anthems.csv', encoding='utf-8')
data.columns = map(str.lower, data.columns)
continents = ['Europe', 'South_America', 'North_America']
data = data.loc[data['continent'].isin(continents)]
# 查看前6行数据
data.head(6)
```

	country	alpha-2	alpha-3	continent	anthem
0	Albania	AL	ALB	Europe	Around our flag we stand united, With one wish...
1	Armenia	AM	ARM	Europe	Our Fatherland, free, independent, That has fo...
2	Austria	AT	AUT	Europe	Land of mountains, land by the river, Land of ...
3	Azerbaijan	AZ	AZE	Europe	Azerbaijan, Azerbaijan! The glorious Fatherlan...
4	Belarus	BY	BLR	Europe	We, Belarusians, are peaceful people, Wholehea...
5	Belgium	BE	BEL	Europe	O dear Belgium, O holy land of the fathers Ã¢â...

可见，国歌数据包含国家、发音区域字段、大陆字段和国歌的基本内容。我们需要的是 anthem 字段来进行聚类。使用如下代码查看其中的一条数据。

```
corpus = data['anthem'].tolist ( )
corpus[18][0: 447]
```

结果为：

```
"O Lord, bless the nation of Hungary With your grace and bounty Extend over it your guarding arm During strife with its enemies Long torn by ill fate Bring upon it a time of relief This nation has suffered for all sins Of the past and of the future! You brought our ancestors up Over the Carpathians' holy peaks By You was won a beautiful homeland For Bendeguz's sons And wherever flow the rivers of The Tisza and the Danube ÃƒÂ\x81rpÃƒÂ¡d our hero's "
```

可以看到，这一条国歌内容中，存在一些不易理解的数据，比如 ÃƒÂ\x81rpÃƒÂ¡d，这似乎不像我们平时见过的英语。这些符号可能是一些乱码，可能会对聚类结果产生影响，所以在进行聚类前还需要对数据做预处理。下面利用自然语言处理工具和 NLTK 和正则表达式来对数据进行数据清洗。代码如下：

```
# 移除停用词，即使用频繁但对实验用处不大的词，中文中如“的”
def removeWords ( listOfTokens, listOfWords ) :
return [token for token in listOfTokens if token not in listOfWords]
# 英文中的词根变换，例如，在英文中，同一个词有不同时态但是它们的词根是一样的，词根变换操作可以去冗余。
def applyStemming ( listOfTokens, stemmer ) :
  return [stemmer.stem ( token ) for token in listOfTokens]
# 删除字母过多或字母过少词
def twoLetters ( listOfTokens ) :
  twoLetterWord = []
  for token in listOfTokens:
    if len ( token ) <= 2 or len ( token ) >= 21:
     twoLetterWord.append ( token )
  return twoLetterWord
```

接着，对于数据中的噪声，如特殊的字符、数字、E-mail、URL 等，也需要进行处理。代码如下：

```
def processing(corpur, language):
    stopwords = nltk.corpus.stopwords.words(language)
    param_stemmer = SnowballStemmer(language)
    countries_list = [line.rstrip('\n') for line in open('list/countries.txt')]
     nationalities_list = [line.rstrip('\n') for line in open('lists/nationalitis.txt')
    other_words = [line.rstrip('\n') for line in open('lists/stopwords_scrapmaker.txt')]
    for document in corpus:
index = corpus.index(document)
corpus[index] = corpus[index].replace(u'ufffd', '8')
```

```
    corpus[index] = corpus[index].rstrip('\n')
    corpus[index] = corpus[index].casefold()
    # 使用正则表达式来过滤特定字符
    corpus[index] = re.sub('\W', ' ', corpus[index])
    corpus[index] = re.sub("\S*\d\S*"," ", corpus[index])
    corpus[index] = re.sub("\S*@\S*\s?"," ", corpus[index])
    corpus[index] = re.sub(r'http\S+', '', corpus[index])
    corpus[index] = re.sub(r'www\S+', '', corpus[index])
    listOfTokens = word_tokenize(corpus[index])
    twoLetterWord = twoLetters(listOfTokens)
    listOfTokens = removeWords(listOfTokens, stopwords)
    listOfTokens = removeWords(listOfTokens, twoLetterWord)
    listOfTokens = removeWords(listOfTokens, countries_list)
    listOfTokens = removeWords(listOfTokens, nationalities_list)
    listOfTokens = removeWords(listOfTokens, other_words)
    listOfTokens = applyStemming(listOfTokens, param_stemmer)
    listOfTokens = removeWords(listOfTokens, other_words)
    corpus[index] = " ".join(listOfTokens)
    corpus[index] = unidecode(corpus[index])
    return corpus
```

为了查看过滤效果，使用如下代码查看。

```
language = 'english'
corpus = processCorpus (corpus, language)
corpus[18][0: 460]
```

结果为：

```
'lord bless nation grace bounti extend guard arm strife enemi long torn ill
fate bring time relief nation suffer sin past futur brought ancestor carpathi-
an holi peak beauti homeland bendeguz son flow river tisza danub afarpafa!d hero
descend root bloom plain kun ripen wheat grape field tokaj drip sweet nectar flag
plant wild turk earthwork mafa!tyafa! grave armi whimper vienna proud fort sin an-
ger gather bosom struck lightn thunder cloud plunder mongol arro'
```

接下来，由于我们需要的是能够被计算机直接计算的数值型数据，所以需要将每一段文本处理成一个向量。按照这个想法，我们使用 TF-IDF 来表达每一段文本，这个算法的思想简单来说就是一个词语对某一篇文档比较重要，那么这个词在这篇文档中出现的次数要多，但是，又不能在其他文档中频繁出现。比如说“糖尿病”，可能在一篇医学相关的文档中出现次数较多，但是在其他非专业文档中出现次数较少，那么这个词，对于这篇文档来说是比较重要的。相反地，如“的”这样的词在医学文档出现次数较多，但是它并不重要，因为几乎在所有的中文文本中，“的”都会出现。这就是 TF-IDF 的思想。

其计算公式为：

$$w_{i,j} = tf_{i,j} \times log\left(\frac{N}{df_i}\right) \quad (6\text{-}29)$$

其中，$tf_{i,j}$ 是单词 i 在文档 j 中出现的次数，df_i 是单词 i 在文档出现的次数。我们 $tf_{i,j}$ 希望尽可能大，df_i 尽可能小。

接着，使用 Sklearn 中的 Feature extraction 模块构建国歌文本中的 TF-IDF 向量。代码如下：

```
vectorizer = TfidfVectorizer ( )
x = vectorizer.fit_transform ( corpus )
tf_idf=pd.DataFrame ( data=x.toarray ( ) , columns=vectorizer.get_feature_names
( ) )
final_df.T.nlargest ( 5, 0 )
```

上述代码表示查看第一段国歌文本的向量，同时，我们只需要相对重要的前 5 个词。如下：

	0	1	2	3	4	5	6	7	8	9	...	70	71	72	73	74	75	76
sacr	0.321205	0.000000	0.000000	0.000000	0.097195	0.000000	0.0	0.0	0.0	0.0	...	0.0	0.0	0.0	0.0	0.0	0.0	0.0
proclaim	0.287718	0.000000	0.000000	0.000000	0.000000	0.000000	0.0	0.0	0.0	0.0	...	0.0	0.0	0.0	0.0	0.0	0.0	0.0
flag	0.246137	0.125613	0.000000	0.068841	0.074480	0.000000	0.0	0.0	0.0	0.0	...	0.0	0.0	0.0	0.0	0.0	0.0	0.0
fatherland	0.236083	0.120481	0.075348	0.198087	0.000000	0.080527	0.0	0.0	0.0	0.0	...	0.0	0.0	0.0	0.0	0.0	0.0	0.0
honour	0.200697	0.000000	0.000000	0.000000	0.000000	0.000000	0.0	0.0	0.0	0.0	...	0.0	0.0	0.0	0.0	0.0	0.0	0.0

观察第 0 列，它表示第一段文本，可以看到，这段文本中，sacr、proclaim、flag、fatherland、honour 这些词比较重要。简言之，这些词更符合一些国家的国歌特征。在得到了国歌的向量表示之后，使用 K-means 算法对这些文本进行聚类，尝试的聚类数量为 2-7。代码如下：

```
def Kmeans (max_k, data):
  max_k += 1
  kmeans_res = dict ( )
  for k in range (2, max_k):
kmeans = cluster.KMeans (n_clusters = k,
                          init = 'k-mens',
                          n_init = 10,
                          tol= 0.0001,
                              n_jobs = -1,
                              random_state = 1,
                              algorithm = 'full'
    kmeans_res.update ({k:  kmeans.fit (data) })
    return kmeans_res
```

接下来，使用轮廓系数来判断聚类的好坏。

```
def printAvg (avg_dict):
  for avg in sorted(avg_dict.keys(), reverse=True):
    print( "Avg:  {}\t K: {}.format(avg.round(4), avg_dict[avg])

def plotcSilhouette(df, n_clusters, kmeans_lables, silhouette_avg):
  fig, axl = plt.subplots(1)
  fig.set_size_inches(8, 6)
  axl.set_clim([-0.2, 1])
  axl.set_ylim([0, len(df)+ (n_clusters + 1)* 10])
  axl.axvline(x = siloutte_avg, color = "red", linestyle="--"
  axl.set_yticks([])
  axl.set_xticks([-0.2, 0, 0.4, 0.6, 0.8, 1])
  plt.title(( "Sihouette analysis for K = %d n_clusters), fontsize=10, font-
weight = "bold")
  y_lower = 10
  sample_silhouette_values = silhouette_samples(df, kemwans_labels)
  for i in range(n_clusters):
    ith_cluster_silhouette_values=samples_silhouette_values[kmeasn_labels = i]
    ith_cluster_silihouette_values.sort()
    size_cluster_i = ith_cluster_sihoutte_values.shape[0]
    y_upper = y_lower + size_cluster_i
    color = cm.nipy_spectral(float(i) / n_cluster)
    axl.fill_betweenx(np.arrange(y_lower, y_upper), 0, ith_cluster_silhouette_
values, facecolor=color, edgecolor=color, alpha=0.7)
    axl.text(-0.05, y_lower + 0.5 * size_cluster_i, str(i))
    y_lower = y_upper + 10
  plot.show()

def silhouette(kmeans_dict, df, plot=false):
  df = df.to_numpy()
  avg_dict = dict()
  for n_clusters, kmeans in kmans_dict.items():
    kmeans_labels = kmeans.predict(df)
    silhouette_avg = silhouette_score(df, kmeans_labels)
    avg_dict.updte({dilhouette_avg: n_clusters})
    if (plot): plotSilhouette(df, n_cluster, kmeans_labels, silhouette_avg)
```

查看结果：

```
k = 8
kmeans_res = Kmeans(k, final_df)
silhouette(kmeans_res, findal_df, plot = True)
```

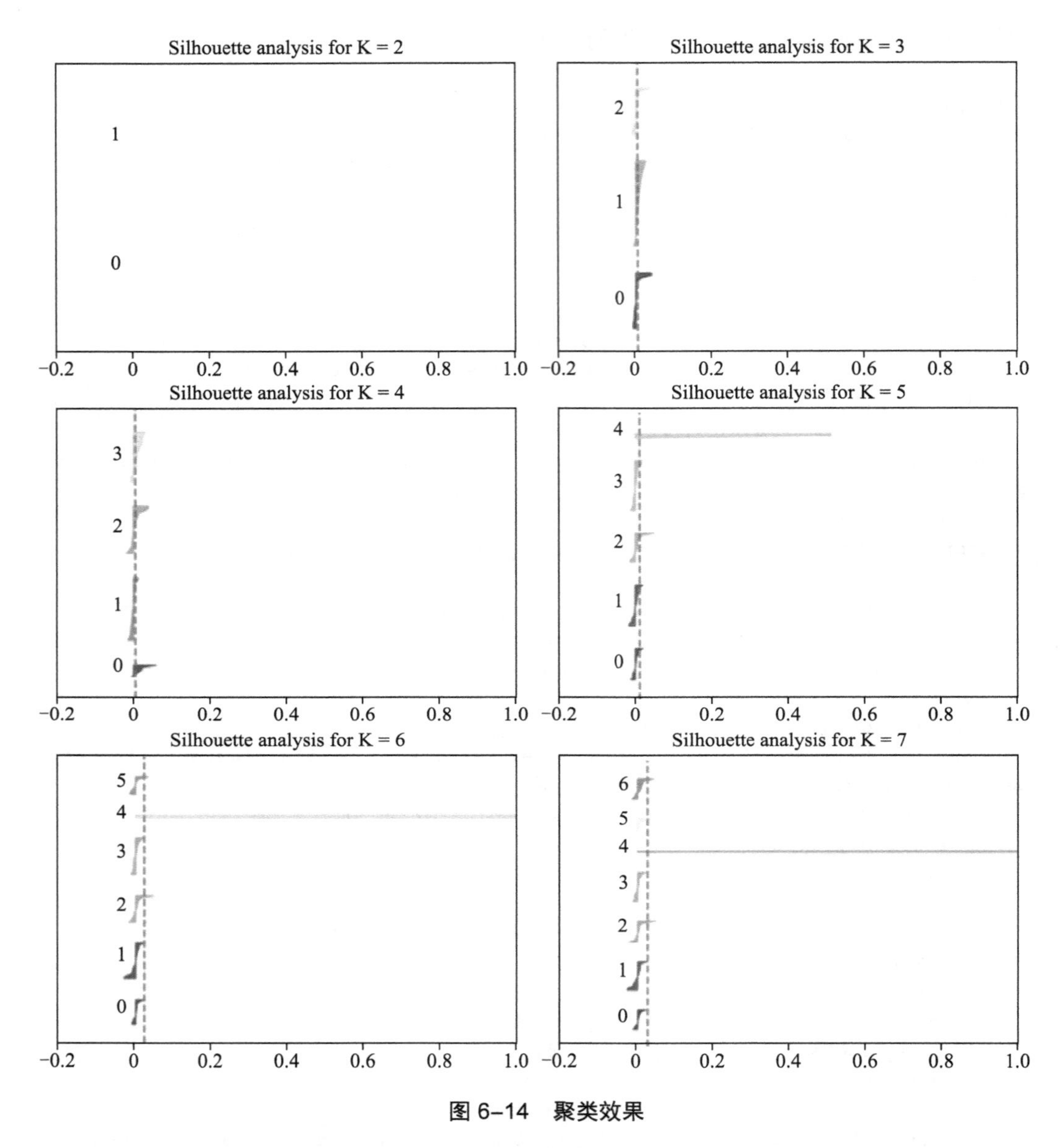

图 6–14　聚类效果

由图 6-14 可知，当聚类数量为 5 的时候效果较好。接下来，使用直方图来绘制聚类数量为 5 的时候每个聚类内部具有代表性的词。代码如下：

```
def get_top_features_cluster(tf_idf_array, prediction, n_feats):
  labels = np.uniqeu(prediction)
  dfs = []
  for label in labels:
   id_temp = np.where(prediction == label)
   x_means = np.mean(tf_idf_array[id_temp], axis = 0)
   sorted_means = np.argsort(x_means)[: : -1][: n_feates]
   features = vectorizer.get_feature_names()
   best_features = [(features[i], x_means[i]) for i in sorted_means]
   df = pd.DataFrams(best_features, columns = ['features', 'score'])
```

```
    df.append(df)
    return dfs
def plotWords(dfs, n_feats):
    plt.figure(figsize=(8, 4))
    for I in range(0, len(dfs)):
        plt.title(("Most Common Words in Cluster {}".format(8)), fontsize=10,
fontweight = "bold")
        sns.barplot(x = 'score', y = 'feature', orient = 'h', data =dfs[i][: n_feats])
        plt.show()
best_res = 5
kmeans = kmeans_res.get(best_res)
final_df_aray = final_df.to_numpy()
prediction = kmeans.predict(final_df)
n_feats = 20
dfs = get_top_features_cluster(final_df_array, prediction, n_feats)
plotWords(dfs, 13)
```

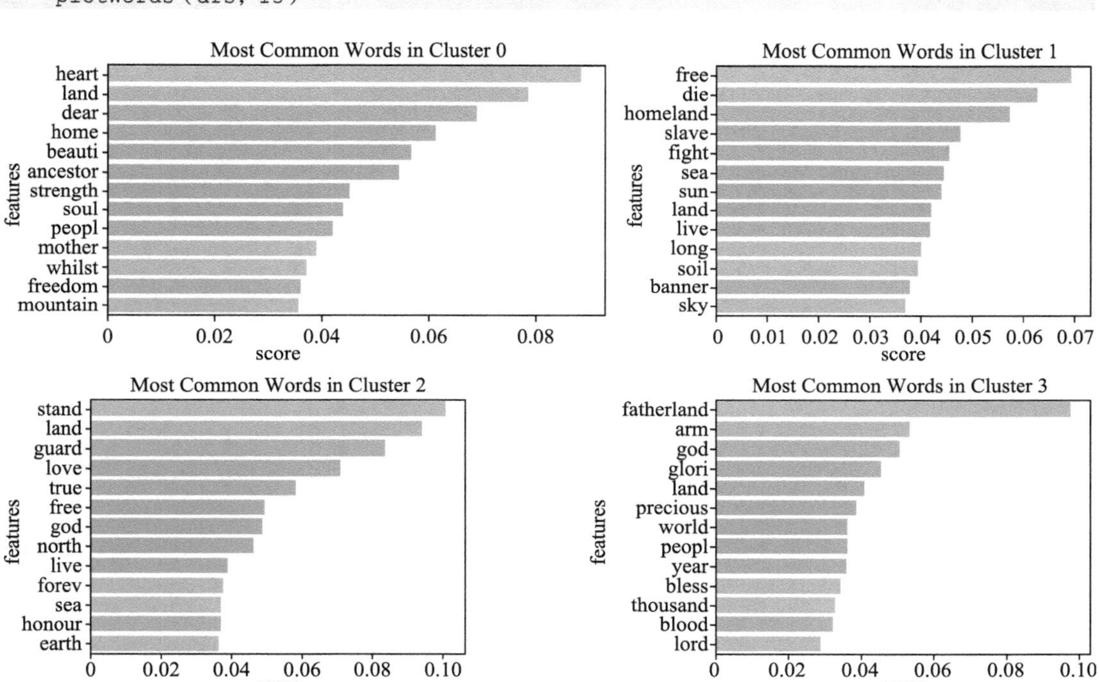

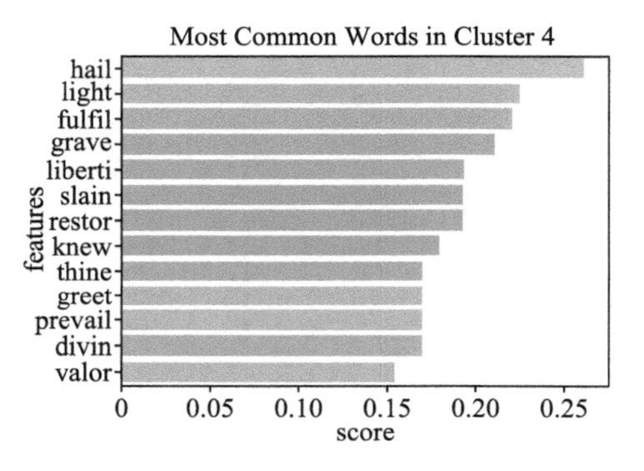

图 6–15　聚类结果直方图

以上便是对 80 个国家的国歌进行聚类分析的完整流程。从这个实验中，我们也能总结出在进行聚类分析的时候，一般要经历以下流程。

首先，对拿到的数据进行分析，了解数据的基本结构，或者在获取数据的时候就已经想好要使用什么样的数据，接着对数据进行预处理，在自然语言处理中，预处理通常包括分词、词根化操作、去除停用词、转换非 ASCII 值等。然后，选择合适的模型对数据进行训练，所谓的训练可以是拟合数据的过程，也可能是学习一个分类模型的参数，或者是一个迭代算法的运行，再使用评价指标去对训练的结果进行评价。本实验中，使用轮廓系数来衡量聚类好坏。在此之后，可以通过接口对外界提供服务。

第 7 章 新媒体数据的热点词分析

随着网络通信技术的发展，人们能够轻松通过一些社交或资讯平台自由地发表言论，并且广泛地参与到社会热点讨论之中。所谓的热点，指的是受广大群众关注、欢迎的新闻或者信息，抑或某时期引人注目的地点或者问题。热点词，是热点的语言载体。自网络技术出现以来，出现了大量网络热词，如“爷青回”“996”等一些热点词，都是能够被广泛传播并让人们产生共情的词汇。在新媒体领域，我们能够把某一时间段内出现的报道或评论中可能是热点的词汇挖掘出来。在进行热点词挖掘时，不能仅凭词汇出现的次数作为热点词挖掘的判断依据，因为热点词判定需要多方面的考虑，如文章热度，往往关注度较高的文章更有可能发掘出热点词。比如，某篇文章由某位当红明星发布，它往往更具有热点价值。因此，在进行热点词分析时，要综合考虑这篇文章的热度和这篇文章中的关键词等其他因素。在后续的小节中，会详细阐述主题发现和关键词提取的相关技术或算法。

本章的安排如下：首先，7.1 小节会介绍热点词分析的基本概念，包含信息抽取、关键词、热点词的概念以及主题模型的基本介绍。其次，7.2 小节针对主题模型常用的方法 LDA 模型进行详细讲解，该小节涉及统计学知识中的多项分布和狄利克雷分布。再次，7.3 小节介绍另一种主题模型——潜在语义分析（LSA），该小节包含矩阵分解（SVD）的基本知识，LSA 模型的详细分析以及和 LSA 相似的另一种语义分析模型 PLSA 模型。复次，7.4 小节还会从图计算的角度出发，介绍 TextRank 算法的前身 PageRank 算法和继承了 PageRank 算法思想用来抽取文本摘要或关键词的 TextRank 算法。最后，7.5 小节中，从实际案例出发，介绍主题模型中的 LSA 模型在主题分析中的应用。

7.1 热点词分析基本概念

7.1.1 信息抽取

信息提取（Information Extraction）是从非结构化或半结构化的机器可读文档和其他电子表示的源文档中自动提取结构化信息的任务。在多数情况下，此任务涉及自然语言处理（NLP）来处理人类语言文本。在多媒体领域，从图像 / 音频 / 视频 / 文档中自动标注和内容提取，都可以被视为信息提取。

具体来说，在一篇文档中，可以抽取出实体（entity）、关系（relation）、事件（event）。例如，从新闻中抽取时间、地点、关键人物；或者从技术文档中抽取产品名称、开发时间、性能指标等；在一条评论中，抽取评论发表者的情感倾向等。本章中，我们要抽取的关键词或者热点词，都属于信息抽取的范畴。通常来说，从文本或其他媒体数据中抽取我们想要的信息这一过程，都可以称为信息抽取。

7.1.2 关键词

在语料库语言学中，关键词是指在文本中出现的频率比我们想象中单独出现的频率高的词，这种定义是基于统计的。在学术领域，关键词指的是学者用来解释作者推理的内部结构的词，简单理解就是论文写作中的关键词，用来表示文章中的核心概念。

在一篇文章中，如果某一个词出现的频率较高，直觉上，我们把它看作关键词。但是，通过前面章节的学习，停用词往往是不作为关键词的。所以说，在这个层面上，关键词的提取往往需要基于多方面的考量。对于人来说，关键词易于挖掘，因为人对于语言和文字的处理方式非常高级。比如，我们能够通过一个人写的一段话，就能够很容易地知道这句话想要表达的意思。但是，作为计算机，它未必会觉得这是一件简单的事，对于计算机来说，它只能通过计算来模拟人们抽取文章关键词的能力，而通过计算出来的词未必要比想象的好，因为这些方式大多还是基于统计的，而非人的“直觉”。因此，关键词挖掘是一个值得探究的问题。

7.1.3 热点词

上一节介绍了关键词，即能够概述文本关键信息或主题的词汇。在新媒体领域，热点词的处理和关键词类似，都是从一段文本中抽取高频且重要的词汇。热点词指的是在某一个时间段内，某个或某些词经常出现且被人们所讨论的词汇，热点词往往能够反映当下人们对于某些现象或事件的认识和思考。关键词和热点词的区别在于，热点词往往更具有时效性，更加关注范围影响力。但是，从技术上来讲，二者的发掘手段有着共同之处。所以，接下来介绍的主题模型二者都适用。

7.1.4 主题模型

在热点词或关键词挖掘中，主题模型是一种有效的处理手段。接下来将介绍主题模型的基本概念。

主题模型（topic model）是以非监督学习的方式对文集的隐含语义结构（latent semantic structure）进行聚类（clustering）的统计模型。

主题模型主要被用于语义分析（semantic analysis）和文本挖掘（text mining）等自然语言处理（Natural language processing）问题中。

在主题模型中，主题是以文本中所有字符为支撑集的概率分布，表示该字符在该主题中出现的频繁程度，即与该主题关联性高的字符有更大概率出现。在文本拥有多个主题时，每个主题的概率分布都包括所有字符，但一个字符在不同主题的概率分布中的取值是不同的。一个主题模型试图用数学框架来体现文档的这种特点。主题模型自动分析每个文档，统计文档内的词语，根据统计的信息来断定当前文档含有哪些主题，以及每个主题所占的比例各为多少。举例而言，在“玩具”主题中，与该主题有关的字符，如“飞机”“拼图”等词会频繁出现；在“教育”主题中，“语文”“数学”等词会频繁出现。假如主题模型在分析一篇文章后得到 20% 的“玩具”主题和 80% 的“教育”主题，那意味着字符“飞机”和“拼图”的出现频率大约是字符“语文”和“数学”的 4 倍。通过这个例子，应该能够对主题模型有了初步的了解。在后续的小节中，我们详细探讨 LDA 主题模型，它是一种常用的主题模型。

7.2 LDA 模型

LDA（Latent Dirichlet Allocation）是主题模型的典型代表。我们先来了解一下主题模型中的几个概念：主题（Theme）、词（word）和文档（document）。具体来说，“主题”表示一个概念，表现为一系列相关的词，以及它们在该概念下出现的概率。“文档”是待处理的数据对象，它由一组词组成这些词，在文档中是不计顺序的。例如，一篇论文、一个网页都可看作一个文档；这样的表示方式成为一个“词袋”，即想象成一篇文档中装有许多无序的词。“词”是待处理数据的基本离散单元，例如，在文本处理任务中，一个词就是一个英文单词或有独立意义的中文词。

接下来用数学的方式表示主题模型。假设有一个箱子，每个箱子盛放着这个主题下出现频率较高的词。设数据中一共包含 K 个主题和 T 篇文档，文档中的词来源于包含于 N 个不同词的词典。根据概念，把所有文档中的词抽取出来并去重后，组成的集合一定包含在这个词典中。对于每一篇文档 T_i，可以用一个长度为 N 的向量表示出来，即：

$$T_i=\{w_1, w_2, \cdots, w_n\} \quad (7\text{-}1)$$

n 表示词典库中词的数量。T_i 中的每一个元素表示该词在该文档中出现的频率。对于每一个主题 K_i，也可以用相同的方式表示成一个 N 维的向量，即：

$$K_i=\{w_1, w_2, \cdots, w_n\} \quad (7\text{-}2)$$

K_i 中的每一个元素表示在该主题下，某个词出现的频率。

在一般任务中可通过统计文档中出现的词来获得词频向量 w_i（i=1，2，3，⋯，T），但对于主题词的统计来说，我们事先并不知道所有的文档涉及了哪些主题，也不知道某篇文档涉及了哪些主题。而 LDA 从生成式的角度，来看文档和主题之间的关系，解决了这个问题。

LDA 是一种无监督的学习方式，它将一篇文档看成无序词的组合。LDA 遵从这样一个假设：文档是通过两个步骤生成的。

（1）从文档中挑选出一些主题。

（2）为每一个主题挑选一系列主题相关的词。

在第一步中，发现主题的过程如下：对文档 m 来说，假定有 K 个主题；然后将这 K 个主题分散到文档 m 每一个词上，分布方式为 α 分布；接着对于文档 m 中的每一个词 w，假定它所分配到的主题是错误的，但是其他词分配到的主题是正确的；然后为文档 m 中的每一个词 w 分配一个主题概率，基于两个方面的考量，首先在文档 m 中有哪些主题，其次在所有文档中，每一个词 w 被分配到某个主题的概率分布，采用 β 分布；最后重复这个过程直到概率分布不再变化。

以上涉及了多个变量，为了便于理解，下面做统一定义。

α：每篇文档的主题分布。

β：每个主题下词的分布。

θ：文档 m 的主题分布。

φ：主题 k 的词的分布。

z：文档 m 中第 n 个词的主题。

w：每一个词。

由图 7-1 可知，只有词 w 是已知的，其他的参数都是未知的。α 表示一个矩阵，每一行表示一篇文档，每一列表示这篇文档属于某个主题的概率。对称分布意味着每个主题在整个文档中均匀分布，而非对称分布则偏爱某些主题。这将影响模型的起始点，当大致了解主题分布以改进结果时，可以使用它。β 表示一个矩阵，每一行表示一个主题，每一列表示这个主题包含某一个词的概率。通常每个词在整个话题中都是均匀分布的，这样就没有话题会偏向某些词。但这也可以被利用，使某些话题偏向某些词。例如，如果有一个关于苹果产品的主题，那么将“iphone”和“ipad”等词偏向其中一个主题就会很有帮助，以便推动模型找到那个特定的主题。

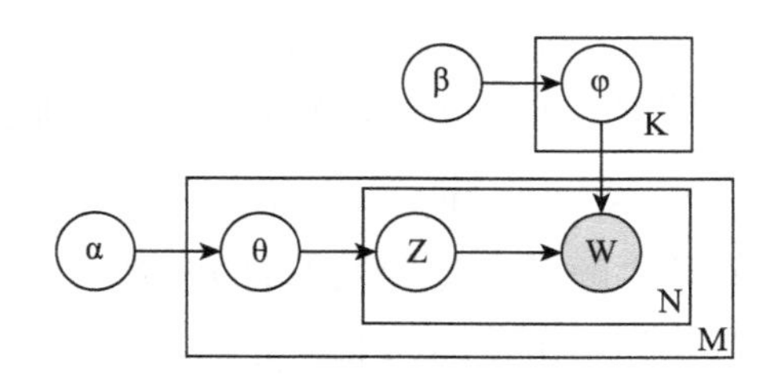

图 7-1　LDA 模型

LDA 模型假定每篇文档可以包含多个主题类型，用向量 $\theta_t \in R^K$ 表示文档 t 中包含每个主题的比例，用向量 $\theta_{t,k}$ 表示文档 t 包含主题 k 的比例。对于文档中的每一个词，通过两步生成。首先根据文档主题分布 α 狄利克雷分布随机采样话题分布 θ，然后根据 θ 进行主题指派，得到文档 t 中每一个词的主题 $z_{t,n}$，接着根据指派的主题所对应的词频分布 β_k 随机采样生成某个词。在这个词的生成过程中，存在着一系列的依赖关系或分布，首先，对于文档 t 中的第 n 个词 $w_{t,n}$，它是我们可以观测到的，它的出现依赖于主题指派 $z_{t,n}$，以及主题所对应的词频分布 β_k；$z_{t,n}$ 依赖于主题分布 θ_t，θ_t 依赖于参数为 α 的狄利克雷分布。主题词频依赖于另一个狄利克雷分布。所以，LDA 模型的概率分布为：

$$p\left(W,z,\beta,\theta|\alpha,\eta\right)=\prod_{i=1}^{T}p\left(\theta_i|\alpha\right)|prod_{i=1}^{K}p\left(\beta_k|\eta\right)\left(\prod_{n=1}^{N}p\left(w_{i,p}|z_{i,p},\beta_k\right)P\left(z_{i,p}|\theta_i\right)\right) \quad (7-3)$$

其中，$p\left(\theta_t|\alpha\right)$ 和 $p\left(\beta_k|\eta\right)$ 为两个狄利克雷分布，如：

$$p\left(\theta_t|\alpha\right)=\frac{\Gamma\left(\sum_k \alpha_k\right)}{\prod_k \Gamma\left(\alpha_k\right)}\prod_k \theta_{t,k}^{\alpha_k-1} \quad (7-4)$$

然后，给定数据 $W=\{w_1,\ w_2,\ \cdots,\ w_T\}$，每一项表示一篇文档，利用极大似然估计寻找参数 α 和 η。即最大化已经出现的结果。

$$\left(\alpha,\ \eta\right)=\arg\max_{\alpha,\ \eta}\sum_{t=1}^{T}\ln p\left(w_t|\alpha,\ \eta\right) \quad (7-5)$$

最大似然指的是最大化我们看到的结果。LDA 是基于贝叶斯模型的，涉及贝叶斯模型离不开“先验分布”、“数据（似然）”和”后验分布”三块。从贝叶斯学派的角度，先验分布 + 数据（似然）= 后验分布。这点其实很好理解，因为这符合我们人的思维方式，比如，你对好人和坏人的认知，先验分布为：100 个好人和 100 个坏人，即你认为好人、坏人各占一半，现在你被 2 个好人（数据）帮助了和 1 个坏人骗了，于是你得到了新的后验分布为：102 个好人和 101 个坏人。现在你的后验分布里面认为好人比坏人多了。这个后验分布接着又变成你的新的先验分布，当你被 1 个好人（数据）帮助了和 3 个坏人（数据）骗了后，你又更新了你的后验分布为：103 个好人和 104 个坏人。依次继续更新下去。前文介绍了 LDA 的生成模型思想，涉及了一些分布，下面，介绍多项分布和狄利克雷分布。

7.2.1 多项分布与狄利克雷分布

在概率论中，多项分布是二项分布的推广。例如，它模拟了 k 面骰子滚动 n 次的每一面计数的概率。对于 n 个独立的试验，每个试验都导致 k 个类别中某个事件的发生，每个结果都有给定的固定发生概率，多项式分布给出了各个类别中任何特定数量的事件成功发生的组合概率。

当 k=2，n=1 时，多项式分布是伯努利分布；当 k=2，$n > 1$ 时，它是二项分布；当 $k > 2$，n=1 时，它是多分类分布。伯努利分布模拟了一次伯努利试验的结果。换句话说，它模拟了一次抛硬币（可能是质地不均的）是否会导致成功（得到正面）或失败（得到反面）。二项分布将其推广到同一枚硬币的 n 次抛掷（伯努利试验）中正面出现的次数。多项式分布模拟了 n 次试验的结果，其中每一次试验的结果都有一个多分类分布，例如，滚动 k 面骰子 n 次。设 k 是一个固定的有限数。数学上，有 k 种可能的互斥结果，对应的概率是 p_1，p_2，…，p_n，n 次独立试验。由于 k 种结果是互斥的并且每次实验只有一种结果可能发生，所以有 $p_i \geqslant 0 \, for \quad i=1,\ldots,k \quad and \quad \sum_{i=1}^{k} p_i = 1$，设随机变量 X_i 表示 n 次实验结果的分布情况，那么 X=（X_1，…，X_k）就是服从参数为 n 和 p 的概率分布。假设有一个实验，从一个袋子里拿出 k 种不同颜色的 n 个球，每次抽完后替换这些球且同一颜色的球是相等的。用随机变量 X_i 表示抽到的球颜色是 i 的次数，p_i 表示抽到的球颜色是 i 的概率，则概率密度函数为：

$$f\left(x_1,\ldots,x_k;p,p_1,\ldots,p_k\right)=Pr\left(X_1=x_1,\ldots ondX_k=x_k\right)$$
$$=\begin{cases}\dfrac{n!}{x_1!\cdots,\ x_k!}p_1^{n_1}\times\cdots\times p_k^{n_k}, & when\sum_{i=1}^{k}x_i=n\\ 0 & orherwise\end{cases} \tag{7-6}$$

上式也可以用 Γ 函数表示：

$$f\left(x_1,\ldots,x_k;p_1,\ldots,p_k\right)=\frac{\Gamma\left(\sum_i x_i+1\right)}{\prod_i \Gamma\left(x_i+1\right)}\prod_{i=1}^{k}p_i^{x_i} \tag{7-7}$$

$$f\left(x_1,\cdots,x_k;p_1,\cdots,p_k\right)=\frac{\Gamma\left(\sum_i x_i+1\right)}{\prod_i \Gamma\left(x_i+1\right)}\prod_{i=1}^{k}p_i^{x_i} \tag{7-8}$$

这种形式显示了它与狄利克雷分布之间的相似之处，狄利克雷分布是它的共轭先验。

狄利克雷分布是一种描述分布的分布，由参数 α 和 G_0 决定，当 α 较大时，分布接近于均匀分布，值较小的时候，分布趋于中心化，G_0 是基础分布。狄利克雷分布属于连续多元概率分布，是贝叶斯统计中常用的先验分布，是分类分布和多项分布的共轭先验。一般地，对于 K 维狄利克雷分布，它的概率密度函数为：

$$\text{Dirichlet}\ (\vec{p}\mid\vec{\alpha})=\frac{\Gamma\left(\sum_{k=1}^{K}\alpha_k\right)}{\prod_{k=1}^{K}\Gamma\left(\alpha_k\right)}\prod_{k=1}^{K}p_k^{\alpha_k-1} \tag{7-9}$$

前面介绍狄利克雷分布和多项分布满足共轭关系，所以有：

$$\text{Drichlet}\left(\vec{p}\middle|\vec{\alpha}\right)+MultiCount\left(\vec{m}\right)=Divichlet\left(\vec{p}\middle|\vec{\alpha}+\vec{m}\right) \tag{7-10}$$

在使用 LDA 求解每篇文章的主题分布和在这个分布下所包含词的分布时，一般有两种方法，第一种是基于 Gbbis 采样算法求解，第二种是基于变分推断 EM 的算法求解。对于 Gbbis 采样求解 LDA 参数 α 和 β，简而言之，它的工作原理是在给定其他变量（完全条件分布）的情况下对每个变量进行抽样。对于 EM 算法求解 LDA 参数，它的基本思路是：计算后验概率 $P(z=topic_i \mid y, \alpha, \beta)$，即某篇文章 y 在参数 α 和 β 已知的情况下属于某个 $topic_i$ 的概率，这可以看作对 latent variable 的期望。接着期望最大化，通过 *Jensen* 不等式来计算 *maximum likelihood* 以求出对应的 α 和 β 重复以上步骤直到收敛。训练好模型或参数后，使用期望最大化可以对新文章进行分类。

由于 LDA 模型也是一个基于统计的模型，我们需要确定参数 α 和 β，以便后来的文章，输入到统计模型后能够计算它属于某个主题的概率。

在进行操作的时候想要得到 LDA 模型的参数其实很简单，只需要遍历每篇文档并进行统计就能够实现参数的估计。在进行统计之前，先要执行数据清洗的步骤。首先，对于英文来说需要将单词变更为词根形式，然后去除掉 is，am，are，of，a，the，but 等所有文章出现率都比较高的词，也就是停用词；其次，在一般情况下，需要给定主题数量 k；最后，开始统计并更新参数，具体过程如下。

遍历每个文档并将文档中的每个单词随机分配到 k 个主题中的一个（k 是预先选择的）。然后对于每一篇文档，统计 $p(topic_t \mid documentd)$，即给定文档中每个主题词数量的概率分布；统计 $p(word_t \mid topic_t)$，即给定主题后，对所有文档统计主题词出现的概率分布。最终的结果是，如果一个单词有很高的可能性出现在一个主题中，那么所有包含 w 的文档也会与 t 有较强的关联。类似地，如果 w 在 t 不经常出现，那么包含 w 的文档属于主题 t 的可能性也较低。所以即使把 w 加到 t 上，也不会有多少的文档属于 t。最后，依据如下公式：

$$p\left(word_w withtopic_t\right)=p\left(topic_t \middle| document_d\right)^* p\left(word_w \middle| topic_t\right) \tag{7-11}$$

7.2.2　示例分析

假设有这样一个场景，有各种带有说明（文字）的照片（文档）。你想在图库中显示它们，所以你决定根据不同的主题对照片进行分类，然后展示。你决定在你的相册中创建 k=2 的分类——自然和城市。当然，分类不是很清楚，因为一些城市的照片有树和花，而自然的照片可能有一些建筑。起始时，将只有植物或建筑的照片分别归类，剩下的照片随机分配。在自然这个类目中，很多照片的标题中都有“树”这个词。所以得出结论，“树”和自然

一定是密切相关的；同理，也能找到和城市关联性比较强的词；接着，再搜寻归属于自然，但是出现“建筑”的图片，发现并没有多少，这就可以断定，“建筑”和自然可能并没有多少关联，它更可能属于“城市”主题。然后，你挑选一张照片带有描述“一棵树在一栋建筑的前面并在车的后面”并且发现这张照片被划分在自然的类目下，此时，拿到“树”这个词，计算 p（$topic_t$ | $document_d$）发现自然元素在这篇文档中分布数量较少。所以，可以初步判断这张图片不太可能属于自然。现在，对于第二个概率 p（$worid_w$ | $topic_t$）：我们知道很多自然相关的照片中都有“树”这个词，所以会得到比较高的分数。你通过将两者相乘来更新“树”属于自然的概率。在主题“自然”中，树的值比以前低了，因为现在已经在同一个标题中看到了“树和建筑”“汽车”等词，这意味着树也可以在城市中找到。出于同样的原因，当更新属于主题城市的树的概率时，将注意到它将比以前更大。经过多次迭代，所有的照片对于每个主题，将有准确的得分，并且猜测会越来越好，因为模型从上下文中得出结论，如“建筑”“人行道”“地铁”等词出现在一起，因此一定属于同一个主题，我们可以很容易地猜出是“城市”。而“山”“田野”“海滩”这样的词可能不会出现在大量的文档中，但它们确实经常出现在没有城市词的文档中，因此在自然方面的得分较高。而像“树”“花”“狗”“天”这样的词出现在两个主题中的概率几乎相同，起不到重要的判别作用。当你需要对新的照片进行主题分类时，你看到它有一个单词（平均概率）来自自然类别，两个单词（高概率）来自城市，可以得出结论，它属于城市的可能性比属于自然更高，因此你决定把它添加到城市。

7.3 LSA 模型

LSA（Latent semantic analysis）是自然语言处理中的一项技术，尤其是在分布式语义分析方面，它通过生成一组与文档和术语相关的概念来分析一组文档和它们所包含的术语之间的关系。LSA 假设意义相近的单词将出现在相似的文本片段中（分布假设），依次假设，现有一些文本，我们将每一篇文档中的词抽取出来并合并成一个“词袋”，词袋中的每一个单词都不一样，那么我们可以构建一个矩阵，行表示某个单词，列表示某个文档，那么对于这个矩阵中的每一个值，它的含义是某个单词在某篇文档中出现的次数，除了次数，也可以用权值表示，如 TF-IDF。这样一来，我们就得到了一个融合了单词和文档关系的矩阵。然后，使用一种称为奇异值分解（SVD）的数学技术来对矩阵进行降维，这样做的原因是抽取出来的词的数量可能非常多，计算机的运算开销大。此外，SVD 同时保持列之间的相似结构。然后对文档进行比较，方法是计算任意两列构成的两个向量之间的夹角余弦值（或两个向量标准化后的向量内积）。这个值接近 1 的话，表示这两个文档十分相似；而接近 0 的话，表示这两篇文档相似的可能性不大。

LSA 用处有很多，如果有两个词语，它们表达的是一个意思，比如说“北京大学”和“北大”，这时我们可以去除冗余，利用之前提到的文档单词矩阵，如果其中有两行它们表示的词正是“北京大学”和“北大”，那我们希望把它当成相似的词来看待，但是如果我们的文档单词矩阵每一个值使用的是词频而不是更高级的权重表示，那么就有可能在计算两个文档的相似性的时候认为这两个文档不相似，仅仅是因为在文档中没有统计到。

表 7-1 是用词频来表示每一个词在文档中是否出现，我们看 d2 和 d3，计算它们的内积，计算结果为 0，但是这就能说这两篇文档之间没有相似性吗？未必。仔细观察，我们可以发现，ship 和 boat 是十分相似的词，它们所在的文章应该多少会相似，但计算结果并不是这样。所以说，我们认为通过这种方式计算出来的结果是失真的。那么我们可以用什么方法来更好地表达文档之间的相似性呢？或者说有什么更好的方法来表达文档呢？分布式表示是一种常用的手段，如 LSA。在介绍 LSA 之前，先要了解一些前置知识。

表 7–1　LSA 模型

C	d1	d2	d3	d4	d5
ship	1	0	1	0	0
boat	0	1	0	0	o
ocean	1	1	0	0	o
wood	1	0	0	1	1
tree	0	0	0	1	0

7.3.1　SVD

奇异值分解（Singular Value Decomposition，SVD），它可以用于降维算法中的特征分解，在推荐系统和自然语言处理领域应用广泛。先来回顾一下特征值和特征向量，它们的定义如下：

$$Ax = \lambda x \tag{7-12}$$

其中，A 是一个 $n \times n$ 的实对称矩阵，x 是一个 n 维向量，则 λ 是矩阵 A 的一个特征值。而 x 是 λ 对应的特征向量。对于矩阵 A 我们可以求出它的 n 个特征值 λ_1，λ_2，⋯，λ_n 和对应的特征向量 x_1，x_2，⋯，x_n，在得到特征值和特征向量之后，我们可以将原始矩阵 A 分解成：

$$A = W\Sigma W^{-1} \tag{7-13}$$

其中，W 是这 n 个特征向量所张成的 $n \times n$ 维矩阵，而 Σ 为以这 n 个特征值为主对角

线的 $n \times n$ 维矩阵。把 W 的这 n 个特征向量标准化，根据 $w_i^T w_i=1$，由于正交矩阵满足 $w^T=w^{-1}$，所以原始的矩阵 A 可分解为：

$$A = W\Sigma W^T \tag{7-14}$$

无论矩阵 A 是否为方阵，都可以进行矩阵分解，而分解的目的在于降低矩阵维度并提取关键信息。即通过矩阵分解，能够将原始的矩阵用几个较小的矩阵相乘得到，在不损失原始矩阵信息的条件下，减少计算机内存开销。对于矩阵分解，主要按照如下步骤。首先计算 A 的转置 A^T 和 A^TA，接着计算 A^TA 的特征值并按照降序排列，然后根据计算出来的特征值构建出对角矩阵 S，通过计算出来的 A 的特征值计算 A^TA 的特征向量并生成矩阵 V 和它的转置 V^T，再通过 $A = AVS^{-1}$，$A=USV^T$，计算出 U。由此便计算出了 USV^T 矩阵，此外，可以通过这些矩阵还原出原始矩阵 A。

对于文档术语矩阵（document-term），可以用同样的方式对矩阵进行分解。

7.3.2 LSA

前面小节已经介绍，现实生活中可能会出现一词多义、多词一义的现象，对于这些问题，计算机很难了解它们之间的区别，而潜在语义分析（LSA）可以有效地缓解这一问题，解决方式为分析词语的上下文，捕捉其中的潜在含义或概念主题。

下面介绍 LSA 的工作方式。假设有 m 篇文本文档，n 个不同的词语，我们想从文档中所有文本数据中提取出 k 个主题，k 由用户决定。通常情况下，我们可以大概分析出语料可能包含的主题数量，但是对于大规模的文本库，这种方法并不可行。尽管如此，我们依然有其他的方法来确定这个 k 值，在介绍 SVD 时，存在计算原始矩阵特征值的这个步骤，将特征值进行从大到小排序后，值的大小下降的是非常快的，所以，我们只要看前 k 个比较大的奇异值从而确定 k 的值。而这个 k 值就是我们想要挖掘的可能主题数量。当然，如果我们将其他的奇异值丢弃也就是直接置为 0 的话，这样得到的 USV 矩阵是不能还原出原始的 A 矩阵的，因为有部分信息已经丢失，但从所含有的信息量来看，大部分有效信息还是会被保留下来的。对于一张图片，如果使用 SVD 算法对其压缩，图像会变得不够清晰，但是我们依然能够大致了解这张图片描绘的事物。即 SVD 是一种提取关键信息的方法，对关键信息进行保留，舍弃次要信息。在 LSA 中，文档术语矩阵通过 SVD 矩阵分解，得到一个近似的矩阵 A_k，它和原来的 A 不一样，但是保留了主要信息，这在计算相似度时，是一种有效方法，既保留了关键特征，又能够提升区分效果。所以利用这份压缩的信息来进行主题分析，以及通过分解矩阵计算文档之间的相似度和词语之间的相似度是可行且高效的。所以，LSA 还有另一个重要用途就是降维。下面举一个具体的例子，表 7-2 是一个文档术语矩阵。

表 7-2 $D=[S_1,\ S_2,\cdots,\ S_m]$

	Term1	Term2	Term3	…	Termn
doc1	0.2	0.1	0.5	…	0.1
doc2	0.1	0.3	0.4	…	0.3
doc3	0.3	0.1	0.1	…	0.5
…	…	…	…	…	…
docm	0.2	0.1	0.2	…	0.1

对这个矩阵进行奇异值分解（SVD），然后对计算出来的特征值进行由大到小的排序，并取前 k 个。图 7-2 展示了矩阵分解的步骤。

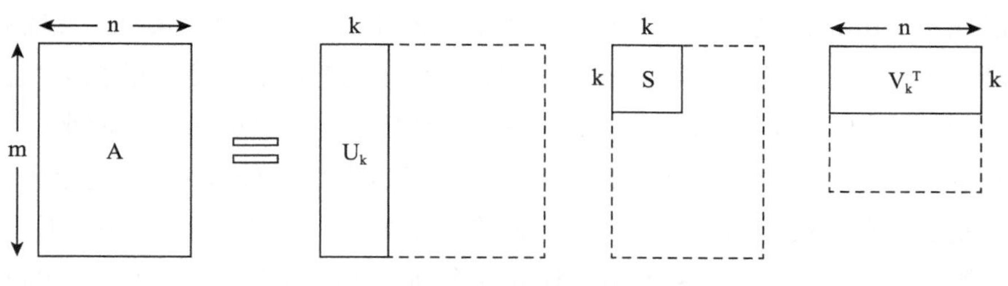

图 7-2　SVD 分解步骤

图 7-2 中，U_k 中的每一行是每篇文档的表示，S 是 $k\times k$ 的奇异值矩阵，V_k^T 中的每一列是一个单词的表示，通过 U_k 矩阵和 V_k^T 矩阵，可以计算文档之间或术语之间的相似度。计算方式由余弦相似度、欧氏距离或其他一些可用来计算向量之间相似度或距离的方法，这些方法可以在第 6 章查阅。

我们已经知道利用 LSA 可以计算文档之间以及术语之间的相似度了。那么接下来，如何测试 LSA 的效果呢？简单来说需要经过如下步骤：首先，获取我们想要测试的数据，然后将测试数据分词送入到 LSA 模型，模型会返回给我们 k 个不同的主题，以及在每个主题下相关性最高的术语或单词；其次，在进行奇异值分解之后，我们其实能够大体知道，哪些术语会出现在哪个主题，每个文档又应该属于哪个主题；最后，可以继续使用 TSNE 等降维手段，将术语和文档都映射到三维或二维空间中并进行可视化，以便我们直观地了解。在本章的案例分析中，我们会做可视化相关的事情。

以上，便是 LSA 的基本内容，其核心在于利用了 SVD 进行矩阵分解，将术语和文档映射到相对低维度的潜在语义空间，获取关键信息。

我们已经知道 LSA 在自然语言处理中的许多应用，其实，在很多类似的问题上，LSA 也有着很不错的效果。常见的场景便是二分网络，即只有两种类型的节点构成的图，这时只要将文档—术语网络换成其他的表述形式，便同样适用。

下面对 LSA 算法的优缺点进行总结。LSA 具有如下特点：首先，LSA 非常快，并且易于实现；其次，LSA 结果很清晰，比单一的向量空间模型要好得多。同时，LSA 也同样存在着缺点：首先，由于它是一个线性模型，在非线性数据集上表现不佳；其次，LSA 假设文本中的词语分布满足高斯分布，并不适用于所有问题；最后，LSA 涉及 SVD，在进行矩阵分解时需要耗费大量算力。

7.3.3 PLSA

通过对 LSA 的学习，我们知道，尽管它的效果很好，但是缺少严谨的数理统计基础，而且由于 SVD 操作非常耗时，所以 Hofmann 在 SIGIR’99 上提出了基于概率统计的 PLSA（Probabilistic Latent Semantic Analysis，概率隐性语义分析）模型，并且用 EM 算法学习模型参数。

概率潜在语义分析，又称概率潜在语义索引（PLSI），是一种对双模式共现数据进行分析的统计技术。实际上，我们可以根据观察到的变量与某些隐藏变量的相关性，推导出一个低维表示，就像潜在语义分析一样，PLSA 就是从潜在语义分析演化而来的。标准潜在语义分析源于线性代数，并缩小了共现表（通常通过奇异值分解），与之相比，概率潜在语义分析基于潜在类模型的混合分解。考虑单词和文档的共同出现（w, d）形式的观察，PLSA 将每个共同出现的概率建模为条件独立的多项分布的混合。单词和文档的共现概率如下：

$$P(w,\ d)=\sum\nolimits_{c}P(c)P(d|c)P(w|c)=P(d)\sum\nolimits_{c}P(c|d)P(w|c) \tag{7-15}$$

c 表示单词的主题，需要注意的是，主题数量是一个超参数需要实现确定下来，并且该参数是不能通过数据推断出来的。第一个等式对称的，w 和 d 都是由潜在类 c 以相似的方式即使用 $P(d\mid c)$ 和 $P(w\mid c)$ 生成的，第二个等式是非对称的，对于每一个文档 d，可以通过 $P(w\mid c)$ 得到它的潜在主题。因此，参数的数量等于 $cd+wc$。可见，参数数量随文档的数量线性增长。此外，虽然 PLSA 是生成模型，但它不是新文档的生成模型。

对比 LDA 模型涉及的先验分布，PLSA 模型相对简单。现有 m 篇文档和词数为 n 的词典库，主题数 k，给定文档集，可以得到文档—词共现矩阵，其中的每个元素表示 w_n 在文档 d_m 中出现的次数，即 PLSA 模型基于文档—词共现矩阵，且不考虑词序。具体来说，PLSA 模型通过如下步骤来生成一篇文档。首先以概率 $P(d_m)$ 选择一篇文档 d_m，其次以概率 $P(z_k\mid d_m)$ 得到主题 z_k，最后以概率 $P(w_n\mid z_k)$ 生成一个词。其概率图模型如图 7-3 所示。

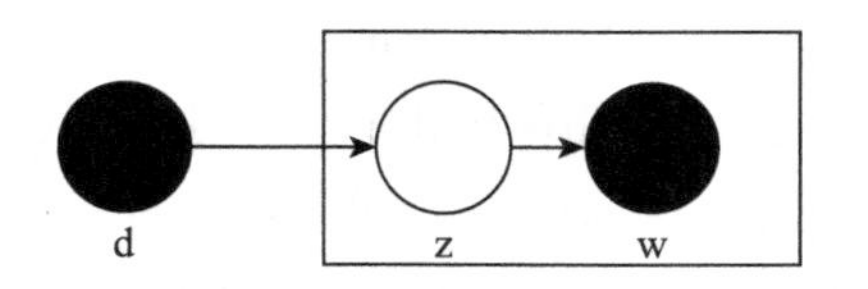

图 7-3 概率图模型

白色填充节点为不可观测的隐藏变量。方框内表示某一篇文档，外部方框表示所有的文档。与 LDA 模型一样其参数为 $P(z_k \mid d_m)$ 和 $P(w_n \mid z_k)$，表示给定文档，主题的分布和给定主题词的分布。根据贝叶斯推断，其联合分布推导如下：

$$P\left(d_m,\ z_k,\ w_n\right)=P\left(d_m\right)P\left(z_k d_m\right)P\left(w_n z_k\right) \tag{7-16}$$

$$P\left(d_m,\ w_n\right)=P\left(d_m\right)P\left(w_n d_m\right) \tag{7-17}$$

现有一篇文档，包含 $(w_1,\ w_2,\ \cdots,\ w_N)$，这篇文档的生成概率为：

$$P\left(\vec{w}\middle|d_m\right)=\prod\nolimits_{n=1}^{N}P\left(w_n\middle|d_m\right) \tag{7-18}$$

对于 PLSA 参数的求解，使用 EM 算法，其基本步骤分为两步。第一步，求期望。求隐含变量给定当前估计的参数条件下的后验概率。第二步，期望最大化。最大化数据对数似然函数的期望，此时使用第一步中计算隐变量的后验概率，得到新的参数值。进行上述迭代直至收敛。

下面对 PLSA 算法的优劣进行分析，其优点如下。

（1）相比 LSA 隐含了高斯分布假设，PLSA 的多项式分布更符合文本特性。

（2）PLSA 的优化目标是最小化 KL 散度，而不是最小化均方误差。

（3）定义了概率模型，其分布有着明确的解释。

（4）可以利用模型选择方法选择主题数量 k。

此外，PLSA 算法也有一些不足，首先 EM 算法需要反复迭代，计算量大；其次 PLSA 模型复杂度随着文档数的增加而线性增加。

7.4 TextRank

7.4.1 PageRank

随着互联网的迅速发展，网络上的网页数量呈现出指数级增长，如何快速地从海量网页中检索到我们需要的网页显得尤为重要。当时著名的雅虎和其他互联网公司都试图解决这个问题，但都没能有一个很好的解决方案。直到 1998 年前后，两位斯坦福大学的博士生——拉里·佩奇和谢尔盖·布林将整个互联网看成一个稠密的网络，每一个网页代表一个节点，网页间的连接是节点之间的边。那么，互联网网页之间的链接关系就可以被看成一张图。基于这个观察，拉里·佩奇和谢尔盖·布林发明了著名的 PageRank 算法。

以上是 PageRank 算法的由来，它的核心思想是在互联网中，如果一个网页被很多其他网页所链接，那么该网页非常重要，即它的排名就高，即所谓的投票。但是，由于网页的重要性不同，每个网页的表决权重不同，就好比股东大会里做表决，持股比例高的股东应当具有更高的表决权，所以，权重也是网页排序的重要根据。下面介绍 PageRank 算法的实现原理。

首先来看 PageRank 算法的网页重要性计算公式：

$$PR\left(V_i\right)=\frac{(1-d)}{N}+d\sum_{j\in \ln\left(V_i\right)}\frac{1}{\left|\text{out}\left(v_j\right)\right|}PR\left(V_j\right) \tag{7-19}$$

其中，$PR(V_i)$ 表示节点 V_i 的 rank 值，$In(V_i)$ 表示节点 V_i 的前驱节点集合，$Out(V_j)$ 表示节点 V_j 的后继节点集合。d 代表阻尼系数或平滑项，表示在任意时刻，用户到达某页面并继续向后浏览的概率。$1-d$ 表示用户停止点击，随机跳转到新的 URL 的概率。加平滑项是因为有些网页没有跳出去的链接，那么转移到其他网页的概率将会是 0，这样就无法保证存在马尔科夫链的平稳分布。于是，假设网页以等概率 $\frac{1}{n}$ 跳转到任何网页，再按照阻尼系数 d，对这个等概率 $\frac{1}{n}$ 与存在链接的网页的转移概率进行线性组合，那么马尔科夫链一定存在平稳分布，即可以得到网页的 PageRank 值。

下面举个具体例子，将 Web 中的页面做如下抽象。

（1）将每个网页抽象成一个节点。

（2）如果一个页面 A 有链接直接链向 B，则存在一条有向边从 A 到 B（多个相同链接不重复计算边）。

通过以上步骤，可以构建出一张有向图，节点分别为 A、B、C、D，其结构如图 7-4 所示。

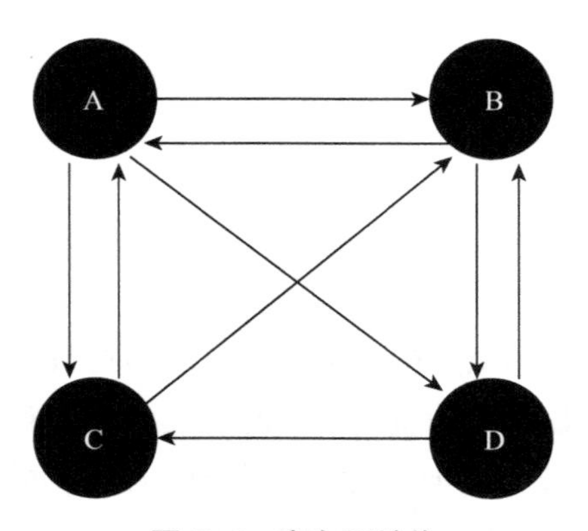

图 7-4　有向图结构

从某一个节点开始，某个用户随机跳转到随机页面是等概率的。例如，图 7-4 中 A 页面跳转到 B、C、D 是等概率的，即一个用户从 A 跳转到 B、C、D 的概率各为 1/3。如果此时有 N 个节点，则可以构建一个 N 维矩阵：其中第 i 行第 j 列的值表示用户从页面 j

转到页面 i 的概率。

这样一个 $N \times N$ 的矩阵叫作页面之间的转移矩阵。以图 7-4 为例，其初始时对应的转移矩阵为：

$$M = \begin{bmatrix} P_{A->A} & P_{B->A} & P_{C->A} & P_{D->A} \\ P_{A->B} & P_{B->B} & P_{C->B} & P_{D->B} \\ P_{A->C} & P_{B->C} & P_{C->C} & P_{D->C} \\ P_{A->D} & P_{B->D} & P_{C->D} & P_{D->D} \end{bmatrix} = \begin{bmatrix} 0 & 1/2 & 1/2 & 0 \\ 1/3 & 0 & 1/2 & 1/2 \\ 1/3 & 0 & 0 & 1/2 \\ 1/3 & 0 & 0 & 1/2 \\ 1/3 & 1/2 & 0 & 0 \end{bmatrix} \tag{7-20}$$

然后，设初始时每个页面的 rank 值为 $\frac{1}{N}$，在本例中为 1/4。按照从 A 到 D 初始个节点的 rank 可以表示成向量 v，如下式：

$$V_0 = \begin{bmatrix} 1/4 \\ 1/4 \\ 1/4 \\ 1/4 \end{bmatrix} \tag{7-21}$$

注意，M 第一行表示 A、B、C、D 跳转到 A 的概率，而 v 的第一列分别是 A、B、C 和 D 当前的 rank 值，即网页的重要性得分，因此用 M 的第一行乘以 v 的第一列，得到的页面 A 当前的网页重要性得分；同理，$M \times v$ 的结果就分别代表 A、B、C、D 新 rank 值，以下是第一次迭代的结果：

$$V_1 = MV_0 = \begin{bmatrix} 0 & 1/2 & 1/2 & 0 \\ 1/3 & 0 & 1/2 & 1/2 \\ 1/3 & 0 & 0 & 1/2 \\ 1/3 & 1/2 & 0 & 0 \end{bmatrix} \begin{bmatrix} 1/4 \\ 1/4 \\ 1/4 \\ 1/4 \end{bmatrix} = \begin{bmatrix} 1/4 \\ 1/3 \\ 5/24 \\ 5/24 \end{bmatrix} \tag{7-22}$$

依此方法，L 次迭代后，网页重要性得分不再变化，此时得到了网页 A、B、C、D 的最终排名。

使用上述方法进行迭代计算时，结果能够收敛需要满足这个图是一个强连通图，即每一个节点都能够到达其他节点。如果不满足图的强连通性，那么会导致两种问题，即终止点问题和陷阱问题。

对于第一种问题，终止点问题，指的是，如果有些网页不指向其他网页（可能是垃圾网页），如果按照上面的计算，上网者到达这样的网页后便走投无路、四顾茫然，导致前面累计得到的转移概率被清零，这样计算下去得到的概率分布向量所有元素几乎为 0。

对于第二种问题，当页面跳转到一个具有自环时，通过迭代，得到的结果会集中到拥有自环的节点上去，使得其他节点的迭代结果成为 0，此时，网页排名便失去了意义。

为了解决终止点问题和陷阱问题，引入超参数 a，首先，用户在输入栏输入查询时，跳转到其他页面的概率都设置为 $\frac{1}{N}$，接着，设置用户会查看每一个网页的概率设置为 a，从浏览器地址跳转从到给该网页的概率设置为 $1-a$,那么迭代过程方式发生改变,其公式为:

$$V_1 = \alpha MV_0 + (1-\alpha)e \tag{7-23}$$

依然以含有 A、B、C、D 四个节点为例，此时，四个节点按照如下方式迭代：

$$V_1 = \alpha MV_0 + (1-\alpha)\ e = 0.8 \times \begin{bmatrix} 0 & 1/2 & 1/2 & 0 \\ 1/3 & 0 & 1/2 & 1/2 \\ 1/3 & 0 & 0 & 1/2 \\ 1/3 & 1/2 & 0 & 0 \end{bmatrix} \begin{bmatrix} 1/4 \\ 1/4 \\ 1/4 \\ 1/4 \\ 1/4 \end{bmatrix} + 0.2 \times \begin{bmatrix} 1/4 \\ 1/4 \\ 1/4 \\ 1/4 \\ 1/4 \end{bmatrix} = \begin{bmatrix} 13/40 \\ 47/120 \\ 7/24 \\ 7/24 \end{bmatrix} \tag{7-24}$$

真实场景中，往往页面的数量非常庞大，转移矩阵也将非常大，若直接对矩阵进行计算将变得非常困难，在这种情况下，可以使用 Map Reduce 等方法进行解决。

7.4.2 TextRank

上一小节学习了 PageRank 的原理，它通过迭代计算得到网页排名，TextRank 借鉴 PageRank 的思想，将文本中的句子或单词看成网络中的节点，通过迭代计算得到句子摘要或文本关键词。下面以提取文本关键词为例，介绍 TextRank 算法的原理。

TextRank 算法的迭代公式如下：

$$WS(V_i) = (1-d) + d^* \sum_{V_j \in \ln(V_j)} \frac{w_{ji}}{\sum_{V_k \in Out(V_j)} V_{jk}} WS(V_j) \tag{7-25}$$

可以看出，该公式仅仅比 PageRank 多了一个权重项 w_{jk}，表示两个节点之间的边连接的重要程度，不同的节点之间有不同的重要程度。

具体来说，使用 TextRank 算法提取关键词经过如下步骤。

（1）对于给定文本 D，利用分词算法对其进行分割，此过程中，需要过滤掉停用词和副词等无效词，得到一个由有效单词组成的单词列表，此时：

$$D = [S_1,\ S_2,\ \cdots,\ S_m] \tag{7-26}$$

（2）构建候选关键词词图，$G = (V, E)$，其中 V 表示图中的节点集合，E 表示边的集合。具体方法为设定滑动窗口，构建目标词和窗口内的词的共现关系，并把这种共现关系表示为图中节点的边。

（3）根据 TextRank 迭代公式，构建单词与单词之间的转移矩阵，并对节点重要性进行迭代，经过若干次迭代，直到单词的重要性得分不再变化，即收敛。

（4）对节点的重要性进行排序，得到最重要的能够表示该文本的单词集合，作为候选关键词。

（5）将得到的候选关键词在原始文本中进行标记，如果存在候选关键词相邻的情况，则可以选择将它们连接起来组成一个新的关键短语。

下面分析 TextRank 的优劣。首先，TextRank 算法是一种基于图的无监督算法，不需要实现标注文本关键词做有监督训练；其次，TextRank 算法简单且易于实现；最后，由于 TextRank 算法继承了 PageRank 算法的思想，相较于 TF-IDF 算法，能够捕获到文本之间、词与词之间的关系。但是 TextRank 算法也存在很明显的问题。首先，在词图构建中，需要进行分词这一操作，分词效果直接影响了 TextRank 算法的效果，所以，在使用 TextRank 做关键词提取这一任务时，最好能够将一些专业领域的词加入到分词词典中去，使得切分出来的词更加贴近真实场景。其次，虽然 TextRank 也考虑了统计特征，但是结果依然会受到高频词的影响，所以在得到的关键词结果集中，需要继续进行词性筛选，当然关于词性筛选，可以在数据预处理的步骤完成。

7.5 案例分析

前文我们已经了解了一些基于词的分析算法，本节中，我们将以 LSA 算法为例，讲解一个具体案例，来加深对算法的理解。

7.5.1 实验环境

代码编辑器依然使用 Jupyter Notebook：它是一个开源的 Web 应用程序，允许用户通过网页的方式，创建和共享包含代码、公式、可视化和本地文档。它的用途包括：数据清理和转换、数值模拟、统计建模、数据可视化、机器学习等。支持超过 40 种编程语言，包括 Python、R、Julia、Scala 等。在本例中，使用 Python 编程语言。

使用到的库：数值分析工具 Numpy、数据处理工具 Pandas、绘图工具 Matplotlib、常用机器学习库 Sklearn、自然语言处理工具 NLTK。在使用时会做具体介绍。

7.5.2 实验

下面我们用 Python 来实现 LSA 算法并进行可视化。首先，我们需要了解我们需要使用的语料库。本节，我们使用的是 Sklearn 官方提供的“20 Newsgroup”语料，在这个语料中，一共有 20 种新闻组。实际上，这并不意味着这些新闻就是 20 个主题。接下来，导入在机器学习中常用的库。包含矩阵计算库 Numpy、绘图工具 Pandas 和 Seaborn 以及集成了许多经典机器学习算法的机器学习库 Sklearn 并且，从 Sklearn 中导入我们需要的语料库，代码如下：

```
import numpy as np
import pandas as pd
import matplotlib.pyplot as plt
import seaborn as sns
pd.set_option("display.max_colwidth", 200)
from sklearn.datasets import fetch_20newsgroups
dataset = fetch_20newsgroups(shuffle=True, random_state=1,
remove=('headers', 'footers', 'quotes'))
documents = dataset.data
```

接着，查看在这个语料中存在多少篇文档，使用如下命令。

```
len(documents)
```

从结果中，我们可以看到，一共有 11314 篇文档，然后我们再来看一下这些新闻的主题分布，使用如下命令。

```
dataset.target_names
['alt.atheism',
 'comp.graphics',
 'comp.os.ms-windows.misc',
 'comp.sys.ibm.pc.hardware',
 'comp.sys.mac.hardware',
 'comp.windows.x',
 'misc.forsale',
 'rec.autos',
 'rec.motorcycles',
 'rec.sport.baseball',
 'rec.sport.hockey',
 'sci.crypt',
 'sci.electronics',
 'sci.med',
 'sci.space',
 'soc.religion.christian',
 'talk.politics.guns',
 'talk.politics.mideast',
 'talk.politics.misc',
 'talk.religion.misc']
```

以上便是文档的主题分布。

接下来，要对数据进行预处理，其中包括去除标点、数字和一些特殊字符。之后，还需要删除较短的单词，因为它们通常不含有效的信息。最后，我们统一将单词都变成小写。注意，在去除这些标点或字符的时候，可能会用到正则表达式。代码如下：

```
news_df = pd.DataFrame({'document': documents})
# 移除除了字母以外的其他字符
news_df['clean_doc'] = news_df['document'].str.replace("[^a-zA-Z#]", " ")
# 移除较短的文本或单词
news_df['clean_doc'] = news_df['clean_doc'].apply(lambda x: ' '.join([w for
w in x.split() if len(w)>3]))
# 将所有的单词统一变成小写
news_df['clean_doc'] = news_df['clean_doc'].apply(lambda x: x.lower())
```

然后，我们需要删除停用词，前面的章节已经介绍过，所谓的停用词就是一些我们使用频繁但在实际处理中没有太大用处的单词，如“the”“a”等。在进行这项操作时，我们需要对文本进行 tokenize，所谓的 tokenize，就是将文本切分成一个个小的单元。在进行完 tokenize 之后，我们需要根据预先设定的停用词表将文本中出现的停用词删除，再对删除停用词后的文本进行重新合并。这样，我们就得到了去除停用词表的文档了，方便后续进程。核心代码如下：

```
    from nltk.corpus import stopwords
    stop_words = stopwords.words('english')
    # tokenization
    tokenized_doc = news_df['clean_doc'].apply(lambda x:  x.split())
    # remove stop-words
    tokenized_doc = tokenized_doc.apply(lambda x:  [item for item in x if item not
in stop_words])
    # de-tokenization
    detokenized_doc = []
    for i in range(len(news_df)):
        t = ' '.join(tokenized_doc[i])
        detokenized_doc.append(t)
    news_df['clean_doc'] = detokenized_doc
```

在这段代码中，我们使用了 nltk 工具，它是常用的基于 Python 的自然语言处理工具。其中，我们引入了 nltk 设计好的停用词表来对语料库进行分词，然后使用 split 方法对文档进行 tokenize；接着，对其中文档中的每一个词进行判断，判断其是否出现在停用词表中，如果出现了，就将其删除；最后，我们将剩下的单词合并起来。通过上述步骤，我们就得到了去除停用词并 tokenize 的一个个 token 组成的兴达文档，这份文档可以用于后续的任务。

接着，由于我们要实现的是 LSA 模型，所以按照其步骤，我们要构建文本—单词矩阵，这是通往主题建模的第一步。这里，我们使用 sklearn 的 TfidfVectorizer 模块给 1000 个单词创建一个文本—单词矩阵，当然也可以使用其他的向量化表示方法来表示一个单词，用词频表示，但是，使用这种方式构建的文本单词矩阵会存在缺陷，这些问题我们已经在介绍 LSA 算法的时候介绍过了，这里我们不再赘述。构建文本—单词矩阵的核心代码如下：

```
    from sklearn.feature_extraction.text import TfidfVectorizer
    vectorizer = TfidfVectorizer(stop_words='english',
    max_features= 1000, # keep top 1000 terms
    max_df = 0.5,
    smooth_idf=True)
    X = vectorizer.fit_transform(news_df['clean_doc'])
```

在这段代码中，我们先使用 sklearn 的 feature_extraction 模块来对文本构建文本—单词矩阵，其中 vectorize 使用 TfidfVectorizer，接下来就需要 fit_transform 方法训练生成文本—单词向量，这个过程其实就是一个统计的过程。我们来看一下训练好的数据的维度，使用如下命令。

```
X.shape
(11314, 1000)
```

我们发现，文本—单词矩阵的维度是 11314*1000，即每一篇文档可以表示成 1000 维度的向量，或者说，每一个单词，可以表示成 11314 维度的向量。但实际上，我们把文档和单词认为是这样的向量并不严谨。

好了，我们已经得到了文档—单词矩阵，下面我们就要进行主题建模了，在这一步中，我们需要对文档和单词进行向量化表示，我们会用到文档—向量矩阵并对它们降维，这里我们可以使用 TruncatedSVD 方法进行降维，由于数据来自 20 个不同的分组，我们就假设文本有 20 个主题，我们使用如下代码进行降维。

```
from sklearn.decomposition import TruncatedSVD
# SVD represent documents and terms in vectors
svd_model = TruncatedSVD(n_components=20, algorithm='randomized', n_iter=100, random_state=122)
svd_model.fit(X)
```

通过以上代码，我们对数据达到了降维的目的，代码中，svd_model 中的元素就是我们的主题，我们可以使用 svdmodel.components_ 查看 svdmodel 中的内容，我们有如下代码。

```
len(svd_model.components_)
20
```

从结果中，我们可以看到，新闻被分成 20 个主题，符合预期。最后，在 20 个主题中输入几个重要的单词，我们来看看模型会做出什么反应，代码如下：

```
terms = vectorizer.get_feature_names()
for i, comp in enumerate(svd_model.components_):
    terms_comp = zip(terms, comp)
    sorted_terms = sorted(terms_comp, key= lambda x: x[1], reverse=True)[: 7]
    print("Topic "+str(i)+": ")
    for t in sorted_terms:
        print(t[0])
        print(" ")
```

结果如下：

```
Topic 0: like know people think good time thanks
Topic 1: thanks windows card drive mail file advance
Topic 2: game team year games season players good
Topic 3: drive scsi disk hard card drives problem
Topic 4: windows file window files program using problem
Topic 5: government chip mail space information encryption data
Topic 6: like bike know chip sounds looks look
Topic 7: card sale video offer monitor price jesus
Topic 8: know card chip video government people clipper
Topic 9: good know time bike jesus problem work
Topic 10: think chip good thanks clipper need encryption
Topic 11: thanks right problem good bike time window
```

```
Topic 12: good people windows know file sale files
Topic 13: space think know nasa problem year israel
Topic 14: space good card people time nasa thanks
Topic 15: people problem window time game want bike
Topic 16: time bike right windows file need really
Topic 17: time problem file think israel long mail
Topic 18: file need card files problem right good
Topic 19: problem file thanks used space chip sale
```

为了将结果更直观地展示出来，我们下一步还需要进行可视化的操作，但是，我们要注意的是，由于 3 维以上数据不便于我们可视化，所以我们需要对数据进行降维，降维可以使用 PCA、t-SNE 等方法。下面，我们使用 PCA 方法将高维数据压缩到 2 维，代码如下：

```
from sklearn.decomposition import PCA
pca = PCA(n_components=2)
embedding = pca.fit_transform(X_topics)
```

上面的代码是使用 sklearn 的 decomposition 模块即降维模块的 PCA 算法来进行降维，PCA 选择降到 2 维，然后我们将数据 fit 得到 embedding 数据，这个 embedding 数据就是 2 维的。

经过降维，得到的数据如下：

```
array([[-0.07999335, -0.0119518 ],
       [-0.0583723 , -0.05109322],
       [-0.06959335, -0.04634624],
       ...,
       [-0.02946435,  0.05780695],
       [ 0.03537434,  0.00773106],
       [-0.12472888,  0.06631717]])
```

从下图的 embedding 形状可以看出，原来的数据确实被我们压缩到了 2 维。

```
embedding.shape
(11314, 2)
```

接下来，我们就可以绘制图像了，利用绘图工具绘图，代码如下：

```
plt.figure(figsize=(7, 5))
plt.scatter(embedding[: , 0], embedding[: , 1],
c = dataset.target,
s = 10, # size
edgecolor='none')
plt.show()
```

得到如下结果：

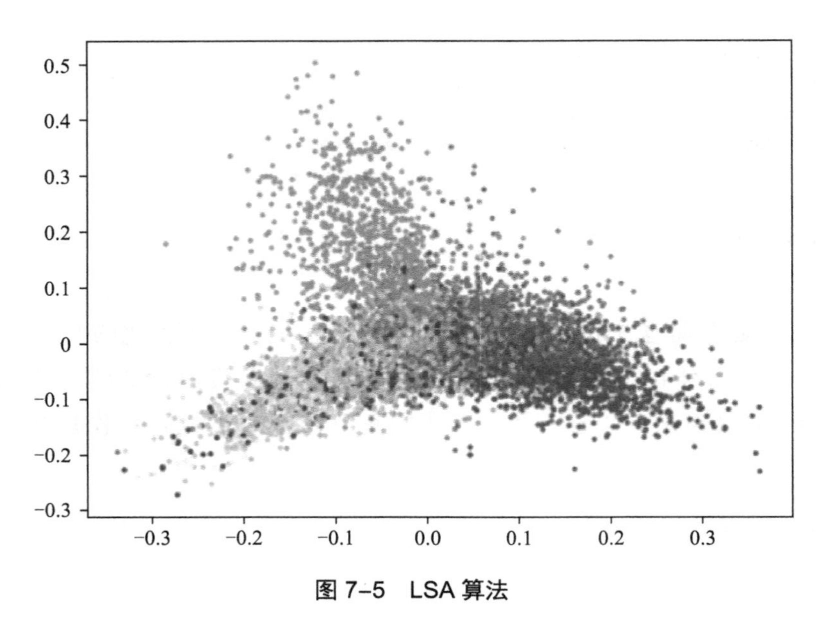

图 7-5 LSA 算法

图 7-5 中，每一个数据点代表一个单词，每种颜色代表一种主题。由此可见，具有相同主题的词之间具有较小的距离。以上便是利用 LSA 算法对词进行主题聚类的完整流程。

后　记

本教材全面地介绍了新媒体数据挖掘的相关学科内容。首先，本教材从基本概念出发，深入讨论了新媒体数据挖掘的应用场景、研究对象、研究任务和技术难点。其次，本教材阐述了数据的基本统计描述、数据可视化、数据的相似性与相异性、数据分布理论等基本概念，让读者对数据这个研究对象进行了全面的理解。

在新媒体数据搜索部分，本教材阐述了布尔检索模型、向量空间模型、概率论模型等搜索模型，以及搜索结果的评价方法，让读者对数据搜索有了更深入的理解。

在新媒体数据分类技术和聚类分析部分，本教材深入讲解了决策树分类方法、贝叶斯分类方法、基于规则的分类，以及 K-means、层次方法和密度方法等聚类分析方法，使得读者能够使用上述方法进行数据分类和聚类的实践。

在新媒体热点词分析部分，本教材介绍了热点词分析的基本概念，以及 LDA 模型、LSA 模型和 TextRank 等主题、关键词抽取模型，让读者对热点词分析有更全面的认识。

总的来说，本教材全面、深入地探讨了新媒体数据挖掘的理论和实践，无论对于初学者还是有一定基础的读者，都是一本合适的学习参考书。

对于想要持续学习和进一步阅读的读者，建议可以阅读自然语言处理的相关教材，如《自然语言处理综述》等经典书籍。同时，参与新媒体挖掘的开源项目或使用公开数据集进行实践，从而帮助自己更好地理解新媒体数据挖掘的实际应用。例如，天池大数据、Kaggle 等数据科学竞赛的平台，读者可以在此找到许多新媒体相关的数据集和项目。

关于新媒体数据挖掘未来可能的研究和发展趋势，有如下三个方面的判断。首先，深度学习已经在许多领域展现出强大的能力，包括图像识别、语音识别和自然语言处理等，我们可以期待更多的深度学习模型和技术被应用于新媒体数据挖掘，以处理更复杂的任务和更大规模的数据。其次，多模态数据挖掘将在新媒体数据领域大放异彩，新媒体数据通常包含多种模态的信息，如文本、图像、视频和音频等，如何有效地整合和挖掘这些多模态数据，将是未来的一个重要研究方向。最后，数据隐私和伦理问题，随着数据挖掘技术的发展日益突出，如何在保护用户隐私和遵守伦理规定的同时进行有效的数据挖掘，将是一个重要的挑战。

参考文献

[1] 姚晓媛 . 新媒体时代“网红”现象对大学生价值观的影响研究——以山西医科大学汾阳学院为例 [J]. 今传媒，2023，31(12): 149-152.

[2] 甘嘉君，张栋华，刘咏春 . 浅析新媒体环境下艺术教育的创新与发展 [J]. 今传媒，2023，31(12): 13-16.

[3] 张继孔，刘艳 . 基于数据挖掘中聚类算法研究与应用 [J]. 网络安全技术与应用，2023(12): 39-41.

[4] 文文 . 大数据背景下企业审计数据统计分析研究 [J]. 中国集体经济，2023(34): 37-40.

[5] 曹晶，周浩，戴智斌，袁国武 . 基于 K-means 的 FITS 图像自检验和自分类方法 [J]. 电子设计工程，2023，31(23): 180-183+195.

[6] 赵腾泽，黄高原 . 以新媒体赋能文旅高质量发展 [N]. 中国旅游报，2023-12-01(001).

[7] 李卓异，陈红宇 . 新媒体时代短视频平台助力农村经济深度发展路径探索 [J]. 边疆经济与文化，2023(12): 37-40.

[8] 张梓豪 . 大数据在航空公司运行情报搜索中的应用 [J]. 中国科技信息，2023(23): 120-121+125.

[9] 莫羡文 . 全媒体时代传统媒体与新媒体深度融合的路径 [J]. 视听，2023(12): 126-128.

[10] 李伟汉，侯北平，胡飞阳，朱必宏 . 阿尔茨海默症的多模态分类方法 [J]. 应用科学学报，2023，41(6): 1004-1018.

[11] 程宏兵，王本安，陈友荣，张旭东，吴前锋 . 基于高斯混合模型和自适应簇数的文本聚类 [J]. 浙江工业大学学报，2023，51(6): 602-609.

[12] 杨帆，闫振宇，王悦 . 大数据视域下可视化技术支持高校学生自主学习研究 [J]. 科教文汇，2023(22): 2-5.

[13] 谈传生，向芊芊，胡景谱 . 元宇宙高校思想政治教育的研究综述与展望——基于 CNKI 等文献数据的可视化分析 [J]. 长沙理工大学学报 (社会科学版)，2023，38(6): 105-114.

[14] 许敏 . 多模态视角下文化宣传片字幕翻译的连贯重构 [J]. 长春大学学报，2023，33(11): 66-70.

[15] 陈欣琪 . 基于张量分解与网络权重的终端数据同分布识别算法 [J]. 工业控制计算机，2023，36(11): 129-130+133.

[16] 岳珊，雍巧玲 . 基于确定初始簇心的优化 K-means 算法 [J]. 数字技术与应用，2023，41(11): 140-142.

[17] 李铮铮，贾金娜，刘蓓蕾，马静 . 基于 PCA 与 K- 均值聚类的学习者特征识别研究 [J]. 现代信息科技，2023，7(22): 142-145+149.

[18] 李雨谦，范进进，王美月 . 气象数据可视化应用传播 [J]. 科技与创新，2023(22): 179-181.

[19] 许婕 . 融合 SVR 和 K-means 聚类算法的智慧农业大棚智能灌溉研究 [J]. 自动化与仪器仪表，2023，(11): 108-112.

[20] 景永霞，苟和平，刘强 . 基于 BERT 语义分析和 CNN 的短文本分类研究 [J]. 洛阳理工学院学报 (自然科学版)，2023，33(4): 78-83.

[21] 慈玉鹏 . 大数据时代：国家级金融科技风控如何破局？ [N]. 中国经营报，2023-11-20(B01). DOI:

10. 38300/n. cnki. nzgjy. 2023. 002650.

[22] 黎侃侃 . 大数据在银行金融业务风控管理中的应用探讨 [J]. 互联网周刊，2023(22): 75-77.

[23] 宋永占，奚磊，崔巍，袁凌风 . 基于隐藏分类算法的电网隐私数据多层级加密研究 [J]. 微型电脑应用，2023，39(11): 60-64+68.

[24] 王迎山 . 基于数据挖掘的通信网络故障分类研究 [J]. 数字通信世界，2023(11): 45-47.

[25] Kirill Melnikov. Formal power in informal networks. Distribution of power resources in personalized bureaucracies: the case of Russia' s subnational elites[J]. Democratization，2023，30(8): 1503-1526.

[26] 何文盛，何忍星 . 数据呈现方式、公众参与和政府信任：一项调查实验 [J]. 公共管理与政策评论，2023，12(6): 17-30.

[27] Zhanfeng Wang,Wenmei Li,Hao Ding，et al. A composite semiparametric homogeneity test for the distributions of multigroup interval-bounded longitudinal data. [J]. Journal of biopharmaceutical statistics，2023，11-12.

[28] 阎红灿，李铂初，谷建涛 . 一种基于共现关键词的 TextRank 文摘自动生成算法 [J]. 计算机工程与科学，2023，45(11): 2060-2069.

[29] 杨政安 . 大数据可视化分析技术运用探析 [J]. 科技创新与应用，2023，13(32): 46-49.

[30] 贺海玉 . 基于电影网站短评数据的网络舆情文本挖掘与情感分析 [J]. 现代信息科技，2023，7(21): 126-130+135.

[31] 张凯棋，宋亦静，陈鑫 . 基于属性组权重的分类数据离群检测 [J]. 计算机技术与发展，2023，33(11): 20-27.

[32] 景永霞，苟和平，刘强 . 基于 BERT 语义分析的短文本分类研究 [J]. 兰州文理学院学报 (自然科学版)，2023，37(6): 46-49.

[33] 孙正轩，马海群 . 基于 LDA 主题模型的信息行为热点主题及发展趋势研究 [J]. 情报探索，2023(11): 35-43.

[34] 徐广，吴星辰 . 基于 LSA-HRnet 网络的人体姿态估计方法在太极拳运动中的应用 [J]. 中南民族大学学报 (自然科学版)，2023，42(6): 839-845.

[35] 余云龙，陶启果 . 基于 Minitab 的数据分析和可视化系统的设计与开发 [J]. 印制电路信息，2023，31(S2): 102-106.

[36] 季玉文，陈哲 . 基于 BERT 的金融文本情感分析与应用 [J]. 软件工程，2023，26(11): 33-38.

[37] 左爽，李文静，陈鹏，徐会杰 . 基于改进的 C4.5 算法对玉米病虫害治理方案分类研究 [J]. 计算机时代，2023(11): 120-123.

[38] 常继元，陈玲玲，章昌平 . 政府数据开放的风险：内涵、识别与防范——来自文献可视化分析的证据 [J]. 大数据时代，2023(10): 26-35.

[39] 安同良，魏婕，姜舸 . 基于复杂网络的中国企业互联式创新 [J]. 中国社会科学，2023(10): 24-43+204-205.

[40] 黄昀，黎笑玲，刘伟龙 . 基于泊松分布的闽西中西部地区暴雨概率特征分析 [J]. 海峡科学，2023(10): 11-14.

[41] 安丛梅 . 农村数字普惠金融的模式研究：理论机制与实践总结 [J]. 西南金融，2023(10): 42-54.

[42] 周健松，李海艳 . 一种改进的密度过滤拓扑优化方法 [J]. 机电工程技术，2023，52(10): 129-131+140.

[43] 张辉，串丽敏，郑怀国，赵静娟，齐世杰 . 基于 LDA 和语步标注的主题识别与分析方法研究 [J].

数据与计算发展前沿，2023，5(5): 107-118.
[44] 张斌，张文波 . 一种适用于配电自动化终端的遥测采样异常数据甄别方法 [J]. 电力安全技术，2023，25(10): 60-63.
[45] 罗鸣幽，周艳军 . 商业银行做优普惠金融服务的探索 [J]. 农银学刊，2023(5): 71-74.
[46] 刘宁，牛佳乐，郑剑，李思岑，王丹丹 . 基于向量空间模型的信息资源关键词智能检索工具的研究 [J]. 自动化技术与应用，2023，42(10): 105-107+161.
[47] 颜玉奎，石文龙 . 基于新闻信息分类标准的自动标引实践研究 [J]. 图书馆界，2023(5): 27-32.
[48] 刘爱琴，郭少鹏，张卓星 . 基于 LDA 模型融合 Catboost 算法的文本自动分类系统设计与实现 [J]. 国家图书馆学刊，2023，32(5): 84-92.
[49] 甘臣权，杨宏鹏，祝清意，贾家庆，李昆鸿 . 基于访问控制的可验证医疗区块链数据搜索机制 [J]. 重庆邮电大学学报 (自然科学版)，2023，35(5): 873-887.
[50] 刘滨，詹世源，刘宇，雷晓雨，杨雨宽，陈伯轩，刘格格，高歆，皇甫佳悦，陈莉 . 基于密度 Canopy 的评论文本主题识别方法 [J]. 河北科技大学学报，2023，44(5): 493-501.
[51] 朱旭飞，童春初 . 基于图像处理的织物密度快速检测方法的研究 [J]. 中国纤检，2023(10): 83-85.
[52] 刘志红，赵宁，董妍，邵丽 . 决策树 C4. 5 算法在提升儿科医疗设备管理质量中的价值研究 [J]. 中国医学装备，2023，20(10): 172-176.
[53] 张婷婷 . 基于产品画像的电信产品推荐方法研究 [J]. 通信管理与技术，2023(5): 50-52.
[54] 陈韬宇，安海燕，陈杰 . 基于 ID3 算法对农民工城市融入影响因素分析 [J]. 软件工程，2023，26(10): 45-48.
[55] 董勃，罗森林 . 小数据集文本语义相似性分析模型的优化与应用 [J]. 信息安全研究，2023，9(10): 980-985.
[56] 望西雅 . 引导基金研究进展与热点分析——基于 CiteSpace 可视化模型 [J]. 产业创新研究，2023(18): 49-51.
[57] 黄润龙，沙勇 . 我国老年人口死亡率分布及变化特征——基于近四次人口普查死亡人口数据分析 [J]. 人口与经济，2023(5): 41-56.
[58] 张弛，刘寅，田国梁，王明秋 . 广义狄利克雷型分布不完全分类数据的统计分析及贝叶斯抽样 [J]. 数理统计与管理，2023，42(5): 808-821.
[59] 王莉，王玉春 . 具有马尔可夫跳的多重定时滞随机神经网络的依分布渐近稳定性 [J]. 山西师范大学学报 (自然科学版)，2023，37(3): 9-15.
[60] 张彬，游善平，谢晓尧，于徐红，梁楠 . 基于机器学习的单脉冲搜索候选体识别对 FAST 观测 CRAFTS 数据的应用研究 [J]. 天文学进展，2023，41(3): 415-428.
[61] 王宏杰，徐胜超 . 基于希尔伯特相似度的云平台异常传输数据聚类方法 [J]. 计算机与现代化，2023(9): 27-31+37.
[62] 侯玉霞，李杨雯 . 柳州市旅游网络关注度时空分布特征——基于百度指数的分析 [J]. 中共桂林市委党校学报，2023，23(3): 36-41.
[63] 宋美蓉，谢伟，梁高丽，关浩 . 提高传感器数据质量的辅助信息管理软件设计 [J]. 信息技术与信息化，2023(8): 27-30.
[64] 产品推荐 [J]. 流程工业，2023(8): 86-87.
[65] 武兰芬，郑静，廖文和 . 基于元易创新和 TextRank-RFM 的技术创新路径识别与评价研究——以工业机器人为例 [J]. 情报探索，2023(8): 38-45.

[66] 耿钦涛，王洋洋 . 区块链下的可搜索高校数据共享方案研究 [J]. 电脑知识与技术，2023，19(23): 77-80.

[67] 王子恒，李鹏，陈静 . 基于特征选择和模糊类支持度的模糊分类关联规则挖掘算法 [J]. 软件，2023，44(8): 15-22.

[68] 薛永福，刘炜，樊瑶，赵尔平 . 基于规则的面向对象分类与监督分类对比研究——以 WorldView-2 影像为例 [J]. 四川轻化工大学学报 (自然科学版)，2023，36(4): 43-51.

[69] 彭珂，王华伟，倪晓梅，刘伟伟 . 基于 TextRank 的空管特情案例特征提取技术 [J]. 航空计算技术，2023，53(4): 56-60.

[70] 李东昆，高险峰，张乃平，卢宇亭 . 基于改进 K-means 算法的光通信数据异常检测预警方法 [J]. 自动化与仪器仪表，2023(7): 51-54.

[71] 石大亮，张毅然，湛日景，林赫，邱爱华，刘佳彬 . 基于关联规则分类的船用柴油机故障诊断 [J]. 内燃机学报，2023，41(4): 369-375.

[72] 梁英杰，张明元，姜锋，王迪，平作为 . 融合 Informer 和深度哈希的时序数据相似性搜索研究 [J]. 控制工程，2023，30(7): 1317-1323.

[73] 许莉莉，杨柔 . 泊松分布基于 Fisher 信息的临床试验样本量计算 [J]. 湖南文理学院学报 (自然科学版)，2023，35(3): 1-5+11.

[74] 于春艳，张育梅 . 基于有序聚类方程的数据相似性识别数学建模 [J]. 计算机仿真，2023，40(7): 514-518.

[75] 孙慧静，马启建，王丽英 . 与二项分布有关的概率分布之间关系注记 [J]. 高等数学研究，2023，26(4): 1-5+105.

[76] 第十一届网络空间智慧搜索暨未来数据高峰论坛在京成功举办 [J]. 中文信息学报，2023，37(7): 113.

[77] 张墨琰，马海群，霍渤文 . 基于文本相似度的我国府际大数据产业政策比较分析 [J]. 图书馆理论与实践，2023(4): 63-71.

[78] 陈衡，刘海涛 . 语言复杂网络研究——现状与前瞻 [J]. 中国外语，2023，20(4): 54-60.

[79] 徐懿德，尚正永 . 国内农村人口研究现状及热点分析——基于 CiteSpace 的可视化分析 [J]. 建筑与文化，2023(6): 83-86.

[80] 孙梦嘉 . 基于用户画像的数据地图智能搜索功能设计与实现 [J]. 冶金自动化，2023，47(S1): 423-425.

[81] 贾超广，肖海霞 . 基于贝叶斯分类器的液压泵故障分级诊断方法 [J]. 液压与气动，2023，47(6): 181-188.

[82] 王博琼 . 基于区块链技术的多源异构数据聚类分析方法 [J]. 信息与电脑 (理论版)，2023，35(11): 80-82.

[83] 徐莉，刘威，常兴治 . 改进型 SimHash 算法用于代码数据相似度检测 [J]. 福建电脑，2023，39(6): 41-45.

[84] 张成，李明业，潘立志，李元 . 基于独立分量相异性分析的动态过程监控研究 [J]. 应用科技，2023，50(5): 17-24.

[85] 张秉楠 . 基于用户行为分析的多样化推荐算法研究 [D]. 太原：山西大学，2023.

[86] 翟慧敏，张鑫仕，程启先，刘博文，王佳楠，闫美利 . 基于 VOSviewer 的水资源生态承载力文献计量与研究热点可视化分析——兼议中外数据库的比较 [J]. 商丘师范学院学报，2023，39(6): 41-46.

[87] 赵阳 . 基于弹性搜索的北京市不动产登记专题数据仓库设计与实现 [J]. 北京测绘，2023，37(5): 784-789.

[88] 李忠伟，高东，刘昕，吴金燠 . 基于知识图谱的海洋数值预报数据推荐算法 [J]. 计算机工程与设计，2023，44(5): 1385-1391.
[89] 李川，刘洲洲 . 基于决策树算法的 IT 专业就业模型 [J]. 兵工自动化，2023，42(5): 50-53+74.
[90] 王影，李柯景 . 基于最小哈希的网络多路虚假数据清洗算法 [J]. 计算机仿真，2023，40(5): 511-514+519.
[91] 刘静静，邓浩江，李杨 . 一种隐私保护的文本数据确权方法 [J]. 电子设计工程，2023，31(9): 24-28.
[92] 蒋丽丽，于翔，顾晓丽，陈琰 . 基于朴素贝叶斯算法的环境污染监测数据分类方法 [J]. 信息记录材料，2023，24(5): 154-156.
[93] 杨杉 . 基于相似度的装备数据聚合方法 [J]. 空军工程大学学报，2023，24(2): 98-103.
[94] 白然 . 基于极值理论的供应链采购风险度量方法 [J]. 自动化技术与应用，2023，42(4): 167-170.
[95] 张媛，张慧钧 . 基于有序聚类方程的数据相似性精准识别仿真 [J]. 计算机仿真，2023，40(4): 402-406.
[96] 李莹，杨士，唐静，蔡继永 . 基于 TF-IDF 与 LSA 模型的社会救援组织主题分析 [J]. 电脑知识与技术，2023，19(8): 19-21.
[97] 毛晓俊 . 融媒体背景下广播电视和视听新媒体监测监管策略探析 [J]. 广播电视信息，2023，30(3): 38+40.
[98] 吴伟 . 基于 C4.5 算法的高校招生数据模型研究 [J]. 数据，2023(1): 21-22.
[99] Vaibhav Gulati,Deepika Kumar,Daniela Elena Popescu，et al. Extractive Article Summarization Using Integrated TextRank and BM25+ Algorithm[J]. Electronics，2023，12(2): 372-372.
[100] 陆佳行，戴华，刘源龙，周倩，杨庚 . 面向云环境密文排序检索的字典划分向量空间模型 [J]. 计算机应用，2023，43(7): 1994-2000.
[101] Zicheng Zhang，Xinyue Lin，Shanshan Wu. A hybrid algorithm for clinical decision support in precision medicine based on machine learning[J]. BMC Bioinform.，2023，24(1): 3.
[102] 黄诚杰 . 基于极值理论的湾区股票尾部风险的研究 [J]. 现代商业，2022(36): 127-130.
[103] 王向伟 . 基于多算法耦合的水电站自主智能优化调度应用 [J]. 技术与市场，2022，29(12): 7-11.
[104] 罗玉波，罗子辰，陆丹青 . 基于 Benford 定律澳门 GDP 影响因素问题研究 [J]. 广东石油化工学院学报，2022，32(6): 70-75.
[105] 房悦 . 基于向量空间模型的网络信息智能检索算法 [J]. 信息与电脑 (理论版)，2022，34(14): 86-88.
[106] 王倩倩，刘萌 . ID3 算法在高校大学生综合素质测评中的应用研究 [J]. 信息与电脑 (理论版)，2022，34(11): 35-39.
[107] 孟雅蕾，周千明，师红宇，马楠 . 基于改进 ID3 算法的数据分类方法 [J]. 计算机仿真，2022，39(5): 329-332+417.
[108] 安元伟，王新喆 . 省级融媒体监测监管平台检测方法研究 [J]. 中国有线电视，2022(5): 5-9.
[109] 杨非凡，张遵国 . 基于概率论和边际理论对特种作业人员的安全管理 [J]. 能源技术与管理，2022，47(2): 198-200.
[110] 吴小坤 . 基于社交媒体数据挖掘的计算传播研究 [D]. 广州：华南理工大学，2022.
[111] 关慧，马天宇，王广伟 . 相异性在语义相似度计算中的应用 [J]. 沈阳化工大学学报，2022，36(2): 167-179.
[112] 冯泽琪，彭霞，吴亚朝 . 基于社交媒体数据挖掘的旅游者情绪感知 [J]. 地理与地理信息科学，2022，38(1): 31-36.

[113] 袁莉芬，刘韬，何怡刚，张鹤鸣，束海星 . 基于 LSA-MP 改进原子分解的电能质量数据压缩方法 [J]. 电子测量与仪器学报，2022，36(1): 98-108.

[114] 张宇昭，许奕，王子路，王雅倩 . 新冠肺炎疫情下上海市政务新媒体的大学生爱国主义媒介形象研究——基于新浪微博的数据挖掘 [J]. 新媒体公共传播，2021(2): 29-44.

[115] 谢鑫，张贤勇，杨霁琳 . 邻域等价关系诱导的改进 ID3 决策树算法 [J]. 计算机应用研究，2022，39(1): 102-105+112.

[116] 王美芝，赖建英，刘财辉 . 改进的 ID3 算法及其在大学公共体育教学中的应用 [J]. 赣南师范大学学报，2021，42(6): 68-73.

[117] 郑玲玲 . 基于深度数据挖掘的传播数据分析与评估模型仿真 [J]. 电子设计工程，2021，29(18): 161-165.

[118] 何晶，范宏宇，杨海卉 . 数据挖掘在教学诊断与改进中的智能算法的应用研究 [J]. 安徽职业技术学院学报，2021，20(3): 34-37+68.

[119] 徐俪凤 . 新媒体时代电商企业营销管理策略探讨 [J]. 企业科技与发展，2021(9): 168-170.

[120] 孙玲莉，杨贵军，王禹童 . 基于 Benford 律的随机森林模型及其在财务风险预警的应用 [J]. 数量经济技术经济研究，2021，38(9): 159-177.

[121] 陈捷洁 . 基于 ZIPF 分布的多址通讯快速动态信道分配方法 [J]. 黑龙江工业学院学报 (综合版)，2021，21(6): 76-81.

[122] 普顿，加央甲，尼玛扎西，李震松，赵启军 . 基于 Zipf 分布拟合的藏文字词发展演变研究 [J]. 高原科学研究，2021，5(2): 104-116.

[123] KINGMANEESENGKEO DAMDUAN MS. 基于数据挖掘的社交媒体数据对数字货币价格的预测研究 [D]. 湖南大学，2021.

[124] 李汉波，魏福义，张嘉龙，刘志伟 . 基于相异性邻域的改进 K-means 算法 [J]. 现代信息科技，2021，5(7): 67-70.

[125] 王妤萱 . 新冠肺炎疫情报道中主流媒体数据新闻传播力研究 [D]. 西南财经大学，2021.

[126] 梁波 . 基于增量贝叶斯分类的自适应访问大数据的统计方法 [J]. 微型电脑应用，2021，37(3): 39-43.

[127] 雷玄 . 消费投诉分布显现“二八定律”[J]. 中国质量万里行，2021(3): 5-9.

[128] 杨叶姿 . 概率论模型在医疗工作中的应用 [J]. 科学技术创新，2021(2): 17-20.

[129] A Page-topic Relevance Algorithm Based on BM25 and Paragraph-Semantic Correlation[J]. Journal of Physics: Conference Series，2021，1757(1): 012115.

[130] 路阳，彭海晖，王震宇 . 基于 LSA 模型的恶意程序识别分类方法 [J]. 信息工程大学学报，2020，21(6): 689-693.

[131] 肖磊 . 肖磊 . 空间统计模型在经济社会发展中的应用研究 [M]. 武汉：武汉大学出版社，2020: 274.

[132] 王培刚，梁静，张刚鸣，王培刚，梁静，张刚鸣 . 多元统计分析与 SAS 实现 [M]. 武汉：武汉大学出版社，2020: 338.

[133] 高永奇，高永奇 . 语料库与 SPSS 统计分析方法 [M]. 苏州：苏州大学出版社，2020: 293.

[134] 廖纪勇，吴晟，刘爱莲 . 基于相异性度量选取初始聚类中心改进的 K-means 聚类算法 [J]. 控制与决策，2021，36(12): 3083-3090.

[135] 高祖新，言方荣，高祖新，言方荣 . 概率论与数理统计 [M]. 南京：南京大学出版社，2020: 404.

[136] 李荣玲 . 概率论与数理统计 [M]. 昆明：云南大学出版社，2020: 202.

[137] 王晶 . 基于数据挖掘的新媒体信息通信技术科学传播话语分析研究 [J]. 外国语文，2020，36(3): 152-157.

[138] 刘亚东，覃森 . 基于节点相异性指标的网络社团检测算法 [J]. 杭州电子科技大学学报 (自然科学版)，2020，40(3): 92-97.

[139] 刘亮 . 基于集成学习的社交媒体信息对股票预测作用研究 [D]. 长沙：湖南大学，2020.

[140] 韦俊，葛玉凤，韦俊，葛玉凤 . 概率论与数理统计 [M]. 南京：南京大学出版社，2020: 211.

[141] 华艳 . 基于新媒体信息的数据挖掘研究 [J]. 电脑编程技巧与维护，2019(12): 129-131.

[142] 徐安德，赵亚康，张月群，鲁杨 . 基于相异性空间和多分类器融合的文本分类方法 [J]. 兵器装备工程学报，2019，40(12): 136-141.

[143] 王彩卓，方庆霞 . 基于线性回归模型的概率论与数理统计教学研究 [J]. 教育现代化，2019，6(29): 102-103.

[144] 王志平 . 王志平 . 数据、模型与软件统计分析 [M]. 南昌：江西高校出版社，2019: 194.

[145] 邹显强，李剑锋 . 邹显强 ; 李剑锋 . 统计基础与应用 [M]. 南京：南京大学出版社，2018: 230.

[146] 乔永卫，张宇翔，肖春景 . 基于会话时序相似性的矩阵分解数据填充 [J]. 计算机应用，2018，38(8): 2236-2242.

[147] 钱凌，翟玉庆 . 一种基于顺序博弈的 UWSNs 覆盖控制算法 [J]. 计算机科学，2015，42(S2): 213-217.

[148] 阎春宁，山石，史定华 . 幂律思考系列文章 4——论 Heaps 律与 Zipf 律等价的条件 [J]. 复杂系统与复杂性科学，2014，11(4): 1-3.

[149] 贾聪聪 . 二八定律和正态分布对档案文献利用率的贡献 [J]. 山西档案，2014(4): 87-89.

[150] 斯蒂文·M. 斯蒂格勒，鲜祖德 . 统计探源 [M]. 杭州：浙江工商大学出版社，2014: 404.

[151] 孟凡淇 . 信息检索模型研究综述 [J]. 信息通信，2013(3): 76.

[152] 胡兆芹 . 传统信息检索模型及其优化策略研究 [J]. 情报探索，2013(2): 95-98.

[153] Jaejik Kim，Lynne Billard. Dissimilarity measures and divisive clustering for symbolic multimodal-valued data[J]. Comput. Stat. Data Anal.，2012，56(9): 2795-2808.

[154] 金光赫，王兴伟，曲大鹏，蒋定德 . 一种基于相关反馈的信息检索模型 [J]. 计算机科学，2012，39(7): 140-143.

[155] 田欢 . 浅析信息检索模型的现状及趋势 [J]. 计算机光盘软件与应用，2012(1): 22+46.

[156] 曲佳彬 . 网络信息检索中常用检索模型分析 [J]. 产业与科技论坛，2010，9(3): 133-135.

[157] 刘佳 . 国外关于概念检索实现方法的研究综述 [J]. 新世纪图书馆，2010(1): 89-93.

[158] Ashwin Nayak. Inverting a Permutation is as Hard as Unordered Search[J]. Theory Comput.，2011，7(1): 19-25.

[159] 李真，杨森斌，周林 . 一种改进搜索无序数据库最小值的量子算法 [J]. 现代电子技术，2009，32(14): 146-148+151.

[160] 陈国利 . 全球石油储量和产量分布中的“二八定律”现象 [J]. 石油知识，2003(5): 14.

[161] 康耀红，K. W. Chang. 关于 Salton 扩展布尔情报检索模型的一个注记 [J]. 情报学报，2002(2): 164-166.

[162] 李广原 . 扩展布尔检索模型——Salton 模型 [J]. 广西科学院学报，2000(S1): 153-155.

[163] MBA 智库 . 80/20 法则 [DB/OL]. https://wiki.mbalib.com/wiki/Pareto_Principle，2009.

[164] IT 常识 . 现代信息检索：布尔检索 [DB/OL]. https://it.cha138.com/nginx/show-195909.html，2021.

[165] CSND. 数据可视化的常见方法 [DB/OL]. https://blog.csdn.net/liverpool_deng_lee/article/details/ 97142811，2019.

[166] 爱码网 . Python 数据可视化基础讲解 [DB/OL]. http://www.likecs.com/show-113008.html，2023.

[167] 知乎 . 数据挖掘：度量数据的相似性和相异性 [DB/OL]. https://zhuanlan.zhihu.com/p/347253198，2022.

[168] 聂红江. 新媒体环境下的媒介融合——兼议传统电视媒体发展之路 [J]. 电视研究 ,2009,000(6):61-62.

[169] 曾来海．新媒体概论 [M]. 南京：南京师范大学出版社，2015.

[170] Atrey P K，Hossain M A，El Saddik A，et al. Multimodal fusion for multimedia analysis: a survey[J]. Multimedia systems，2010，16(6): 345-379.

[171] Alex Ely Kossovsky. Benford's law: Theory，the general law of relative quantities，and forensic fraud detection applications[M]. New Jersey : World Scientific，2014.

[172] Ray R. Larson. Introduction to Information Retrieval. J. Assoc. Inf. Sci. Technol.，2010，61(4): 852-853.

[173] 刘奕群，马少平，洪涛，刘子正．搜索引擎技术基础 [M]．北京：清华大学出版社，2010.

[174] JiaweiHan，Micheline Kamber，JianPei. 数据挖掘——概念与技术 (原书第 3 版)[M]. 北京：机械工业出版社，2022.

[175] 樊银亭，夏敏捷 . 数据可视化原理及应用 [M]. 北京：清华大学出版社，2019.

[176] 刘建明 . 宣传舆论学大辞典 [M]. 北京：经济日报出版社，1993.

[177] 斯蒂尔 . 数据可视化之美 [M]. 北京：机械工业出版社，2011.

[178] 毛国君 . 数据挖掘原理与算法 (第 3 版)[M]. 北京：清华大学出版社，2017.

[179] Agrawal R .Mining Association Rules between Sets of Items in Large Database[C]//Proc. of the 1993 ACM SIGMOD Conference，Washington DC，USA.1993.

[180] Freitag D B .Machine learning for information extraction in informal domains.[D].Carnegie Mellon University. 1999.

[181] 集智百科 . 什么是无标度网络 [DB/OL]. https://www.163.com/dy/article/FBJ8MMTA0511D05M.html，2020.

[182] CSDN. 现代信息检索——布尔检索 [DB/OL]. https://blog.csdn.net/baishuiniyaonulia/article/details/120242097，2021.

[183] CSND. 大数据案例分析（2）—— 特征工程概述 [DB/OL]. https://blog.csdn.net/weixin_44440552/article/details/104480334，2020.

[184] CSND. 斯坦福 Stanford coreNLP 宾州树库的词性标注规范 [DB/OL]. https://blog.csdn.net/eli00001/article/details/75088444，2017.

[185] 360doc. 可视化笔记 [DB/OL]. http://www.360doc.com/document/22/0822/19/99071_1044885633.shtml，2022.

[186] Christopher D. Manning，Hinrich Schütze，Prabhakar Raghavan. 信息检索导论 [M]. 王斌，译 . 北京：人民邮电出版社，2010.

[187] 知乎 .《信息检索导论》第八章 信息检索的评价——学习笔记及要点整理 [DB/OL]. https://zhuanlan.zhihu.com/p/541568686，2022.

[188] RicardoBaeza-Yates，BerthierRibeiro-Neto. 现代信息检索 [M]. 姚中平，张善杰，李军华，译 . 上海：上海交通大学出版社，2019.

[189] Jiawei Han，Micheline Kamber. 数据挖掘概念与技术 [M]. 范明，孟小峰，译 . 北京：机械工业出版社，2007.

[190] Scott C. Deerwester，Susan T. Dumais，Thomas K. Landauer，et al. Indexing by Latent Semantic

Analysis[J]. J. Am. Soc. Inf. Sci., 1990, 41(6): 391-407.

[191] Thomas K Landauer, Peter W. Foltz. An Introduction to Latent Semantic Analysis[R]. Discourse Processes. 1998: 25:259 ± 284.

[192] Thomas Hofmann. Probabilistic Latent Semantic Indexing[J]. SIGIR Forum, 2017, 51(2): 211-218.

[193] David M. Blei, Andrew Y. Ng, Michael I. Jordan. Latent Dirichlet Allocation[C]. NIPS 2001: 601-608.

[194] Btihal El Ghali, Abderrahim El Qadi. Context-aware query expansion method using Language Models and Latent Semantic Analyses. Knowl. Inf. Syst., 2017, 50(3): 751-762.

[195] Martijn Kagie, Matthijs van der Loos, Michiel C. van Wezel. Including item characteristics in the probabilistic latent semantic analysis model for collaborative filtering. AI Commun., 2009, 22(4): 249-265.

[196] Leonard Kaufman, Peter J. Rousseeuw. Finding Groups in Data: An Introduction to Cluster Analysis[M]. John Wiley 1990.

[197] Page L., Brin S., Motwani R., et al. The PageRank citation ranking: Bringing order to the web[R]. Stanford InfoLab, 1999.

[198] Matthew Richardson, Pedro M. Domingos. The Intelligent surfer: Probabilistic Combination of Link and Content Information in PageRank[C]. NIPS 2001: 1441-1448.

[199] Rada Mihalcea, Paul Tarau. TextRank: Bringing Order into Text[C]. EMNLP 2004: 404-411.

[200] MacQueen, James. Some methods for classification and analysis of multivariate observations[C]. Proceedings of the fifth Berkeley symposium on mathematical statistics and probability, 1967.

[201] Kernighan, Brian W., and Shen Lin. An efficient heuristic procedure for partitioning graphs[J]. The Bell system technical journal49.2 (1970): 291-307.

[202] Girvan, Michelle, Mark EJ Newman. Community structure in social and biological networks[J]. Proceedings of the national academy of sciences, 2002: 7821-7826.

[203] Donath, William E., and Alan J. Hoffman. Lower bounds for the partitioning of graphs[J].IBM Journal of Research and Development, 1973: 420-425.

[204] Ng, Raymond T., and Jiawei Han. CLARANS: A method for clustering objects for spatial data mining[J]. IEEE transactions on knowledge and data engineering, 2002: 1003-1016.

[205] Kirkpatrick, Scott, C. Daniel Gelatt Jr, Mario P. Vecchi. Optimization by simulated annealing[J]. science, 1983: 671-680.